甘蔗气象智能监测与智慧服务

主　编：匡昭敏
副主编：李　莉　马瑞升　丁美花

U0333784

气象出版社
China Meteorological Press

内容简介

本书是一本研究甘蔗气象自动观测、长势和灾害监测评估、产量预报与智慧化服务的专著,主要阐述甘蔗农业气象自动化观测、甘蔗干旱致灾指标试验与动态监测评估技术、基于 CLDAS 模型的甘蔗寒冻害监测评估技术、甘蔗长势卫星遥感动态监测评估技术、甘蔗种植区遥感识别与面积估算技术、基于低空遥感(航拍)的甘蔗灾害监测与评估技术、甘蔗生长模拟模型的引进与应用、甘蔗光合、生长和发育的模拟、基于卫星遥感的原料甘蔗产量预报、基于互联网+的甘蔗智慧气象服务和基于 GIS 的蔗糖产量预报与灾害监测评估预警智能制作发布系统,可供气象、涉糖行业人员和相关研究人员参考使用。

图书在版编目(CIP)数据

甘蔗气象智能监测与智慧服务/匡昭敏主编. --北京:气象出版社,2019.8
ISBN 978-7-5029-6962-2

Ⅰ.①甘… Ⅱ.①匡… Ⅲ.①甘蔗—栽培技术—农业气象灾害—监测 ②甘蔗—栽培技术—农业气象—气象服务
Ⅳ.①S566.1 ②S165

中国版本图书馆 CIP 数据核字(2019)第 080944 号

Ganzhe Qixiang Zhineng Jiance yu Zhihui Fuwu
甘蔗气象智能监测与智慧服务

出版发行:气象出版社

地　　址:北京市海淀区中关村南大街 46 号	邮政编码:100081
电　　话:010-68407112(总编室)　010-68408042(发行部)	
网　　址:http://www.qxcbs.com	E-mail:qxcbs@cma.gov.cn
责任编辑:张　媛	终　　审:吴晓鹏
责任校对:王丽梅	责任技编:赵相宁
封面设计:博雅思企划	
印　　刷:北京建宏印刷有限责任公司	
开　　本:700 mm×1000 mm　1/16	印　　张:17.75
字　　数:325 千字	
版　　次:2019 年 8 月第 1 版	印　　次:2019 年 8 月第 1 次印刷
定　　价:100.00 元	

前　言

　　食糖是人们日常生活的必需品,是食品工业的重要原料。改革开放以来,我国食糖消费持续增长,年人均消费量由改革开放前的 3 千克提高到 10 千克以上。随着经济发展和人们生活水平的提高,今后食糖消费仍将保持增长态势。

　　蔗糖是我国食糖消费的主体,占食糖消费的 90% 以上。广东、广西、福建、云南、海南等 12 个省(区)均曾种植糖料蔗。改革开放之初,广东是最大的糖料蔗产区,其面积、产量分别占全国糖料蔗面积和产量的 37% 和 42%,广西、云南两省(区)种植面积、产量之和分别仅占全国的 34% 和 25%。20 世纪 90 年代以来,随着东部沿海地区劳动力、土地成本的不断上升,糖料蔗种植开始向广西、云南等西南地区集中。2013 年,广西、云南两省(区)种植面积和产量分别为 2201 万亩和 10250 万吨,均占全国的 80% 以上,集中了全国 90% 以上的榨糖企业,成为我国最重要的蔗糖产区。糖业也是两省(区)重要的支柱产业和农民收入的重要渠道。

　　目前,甘蔗的主产省(区)主要为广西、云南、广东和海南。自 20 世纪 90 年代中期以来,广西甘蔗种植面积、产糖量一直位居全国首位,甘蔗产量和产糖量均占全国的 60% 以上,广西对我国食糖的供求平衡发挥了重要作用,同时也促进了广西经济发展和农民增收致富。广西有 51% 的市、县种植甘蔗,有 450 万贫困人口靠种植甘蔗脱贫,2000 多万蔗区人口直接从种植甘蔗中增加收入,糖业的税收占全区财政收入的 13%～17%。

　　根据党的十八大、十八届三中全会精神、中央 1 号文件和国务院领导的一系列批示精神,2015 年国家发展和改革委员会、农业部会同有关部门编制了《糖料蔗主产区生产发展规划(2015—2020 年)》,按照统筹兼顾、突出重点的原则,打造糖料蔗核心产区,着力解决制约主产区糖料蔗生产的突出问题,提高我国糖料蔗生产水平。2016 年,广西发布《广西糖业发展"十三五"规划》,对提高甘蔗种植面积、提高单产、提高种植规模化、促进产业融合等指明了产业升级的方向。

　　2012 年中国气象局批准了"甘蔗气象"为广西壮族自治区气象局特色领域

---

　　①　1 亩＝1/15 公顷,下同。

发展方向,并组建广西甘蔗气象科技创新团队;从 2015 年开始,受广西壮族自治区政府的委托,广西壮族自治区气象局联合国家气象中心开展了中国及巴西、澳大利亚、泰国、印度等世界甘蔗主产国蔗糖产量预报工作。2017 年,广西壮族自治区气象局和广西壮族自治区糖业发展办公室联合申报并获批成立由中国气象局和农业农村部共同认定的"甘蔗气象服务中心"。广西壮族自治区气象局和广西壮族自治区糖业发展办公室为联合牵头单位,广西壮族自治区气象科学研究所和广西农业科学研究院甘蔗研究所为依托单位,云南省气象局、广东省气象局、海南省气象局为成员单位,国家气象中心负责技术指导和协调。通过该中心的建设,开展广西、全国乃至全球的蔗糖产业气象服务,全面提升气象部门为国家战略决策服务和社会化服务的水平和质量,推进蔗糖产业的可持续发展,将甘蔗气象服务中心建成有特色、有实力、有影响力的服务全国蔗糖产业和对外交流合作的平台。

近年来,在科技部公益性行业(气象)科研专项:GYHY201406030"蔗糖产量预测及气象灾害监测评估技术研究"和中国气象局业务建设项目"山洪地质灾害防治气象保障工程 2018 年建设项目"等多项项目的支撑下,我们在甘蔗农业气象自动化观测、甘蔗种植面积遥感估算、甘蔗长势监测及气象灾害对甘蔗影响精细化评估、蔗糖产量动态预报、甘蔗气象智慧精准服务等方面开展了研究,取得了系列研究成果,并转化应用服务于甘蔗生产全过程,建设了多个智能精准气象服务示范基地,创建了集成"土壤墒情实况+天气预报+长势"等的水肥一体化智能精准管理模式,实现了甘蔗生产的节本增效。系列研究成果及应用服务不仅为国家制订食糖价格和进口配额提供科学的决策依据,更为"一带一路"国家未来战略布局提供了有力支撑。乡村振兴战略和糖业二次创业的新要求,为气象部门与涉蔗机构在更广领域、更深程度的合作,进一步开拓了思路和空间。

本书主要阐述甘蔗农业气象自动化观测、甘蔗干旱致灾指标试验与动态监测评估技术、基于 CLDAS 模型的甘蔗冻害监测评估技术、甘蔗寒冻害和长势卫星遥感动态监测评估技术、甘蔗种植区遥感识别与面积估算技术、基于低空遥感(航拍)的甘蔗灾害监测与评估技术、甘蔗生长模拟模型的引进与应用、我国亚热带地区甘蔗光合、生长和发育的模拟、基于卫星遥感的原料蔗产量预报、基于"互联网+"的甘蔗智慧气象服务和基于 GIS 的蔗糖产量预报与灾害监测评估预警智能制作发布系统。

全书共 11 章,第 1 章、甘蔗农业气象自动化观测(刘志平、韩清延、匡昭敏、吴炫柯、刘永裕);第 2 章、甘蔗干旱致灾指标试验与动态监测评估技术中的 2.1~2.4 和 2.6 节(李莉、匡昭敏),2.5 节(陈燕丽、莫建飞、罗永明、匡昭敏);第 3 章、基于 CLDAS 模型的甘蔗寒冻害监测评估技术(陈燕丽、罗永明、莫建飞、匡昭敏、莫伟华）;第4章、甘蔗长势卫星遥感动态监测评估技术（丁美花、孙瑞静、陈燕丽、匡昭敏、刘志平、莫伟华）;第5章、甘蔗种植区遥感识别与面积估算技术（周振、宋晓东、黄敬峰）;第6章、基于低空遥感（航拍）的甘蔗灾害监测与评估技术（孙明、马瑞升、刘志平）;第7章、甘蔗生长模拟模型的引进与应用（黄智刚、阮红燕）;第8章、甘蔗光合、生长和发育的模拟（李俊、刘杨杨、匡昭敏、刘芳、刘少春、李莉、余凌翔、于强）;第9章、基于卫星遥感的原料蔗产量预报（丁美花、匡昭敏、刘梅、孙瑞静、刘志平）;第10章、基于"互联网＋"的甘蔗智慧气象服务（马瑞升、李莉、匡昭敏）;第11章、基于GIS的蔗糖产量预报与灾害监测评估预警智能制作发布系统（黄永璘、欧钊荣、匡昭敏）。

由于编者水平有限,本书难免有不足之处,敬请读者和同行专家批评指正。

编者

2018 年 6 月

目　　录

第 1 章　甘蔗农业气象自动化观测

1.1　甘蔗农业气象观测现状及其分析

　　广西自然条件复杂、生态环境脆弱,农业基础设施相对落后,干旱、洪涝、台风、寒冻害等农业气象灾害种类多、分布广、频率高、成灾比例高,给农业生产造成巨大损失,严重制约着社会经济的发展。据资料统计,广西历年农作物遭受各种灾害面积 2250 万～4050 万亩[①],其中成灾面积占受灾面积比重达 30%～70%。事实上,在全球气候变暖、极端气候事件频发背景下,高产、优质新品种的引进、消化及现代农业呈规模化、集约化发展趋势,必然增加现代农业发展的风险,对现代农业发展造成的损失和影响越来越大。

　　甘蔗喜高温、高湿,耐贫瘠土壤,生长期长达 10～14 个月,对低温、干旱等各种气象灾害相当敏感,气象条件是甘蔗产量的关键影响因素。多年以来,气象部门一直把为农服务作为非常重要的工作,在为地方提供甘蔗种植面积估算、甘蔗产量监测和预报、重大农业气象灾害预警预报等方面做了大量的工作。随着现代甘蔗产业的快速发展,则要求气象为农服务产品必须具备针对性、精细化、定量化等特点与之相适应。但是,由于广西农业气象业务能力建设明显滞后,为农气象服务能力远远不能满足社会经济发展的需求,尤其是气象为农服务观测体系基础薄弱,农业气象试验站设施落后、农业气象观测、试验等缺乏系统性,导致各级气象部门获取现代农业生产相关信息手段有限。特别是从 2014 年起,因为甘蔗不属于中国气象局规定的农业气象观测作物品种被取消观测,造成了甘蔗农业气象观测资料中断。在 2014 年前,广西气象部门自 1998 年开始先后有 6 个站点开展了甘蔗农业气象观测,但甘蔗农业气象观测基本处在以目测或简单器测、手工记录和报表寄送、纸质存档等非电子化阶段,只是在 2010 年后才形成了电子文档,而且这些站点的观测也并不连续,期间时断时续,观测站点也偏少,观测资料的可用性明显满足不了开展甘蔗气象业务服务的需求,主要表现在以下方面:

---

　　① 　1 亩＝1/15 hm^2,下同。

　　1. 甘蔗农业气象观测的要素实际观测精度有限。由于人工观测的专业素质、熟练程度、观测习惯等原因,甘蔗的生育期、密度、苗情长势、土壤水分等观测在取样、判断、量化等环节上不可避免地存在主观因素的影响,故其实际观测精度存在主观偏差。

　　2. 甘蔗气象观测的时效性不甚理想。只是在主要生育期进行取样定量观测,病虫害及各类气象灾害的田间实况资料很少,难以满足甘蔗气象服务需求。

　　3. 甘蔗农田小气候观测基本是空白。农田小气候资料可反映农田的真实情况,与气象台站的观测资料有一定的差异。由于小气候田间观测对人员素质和仪器设备的要求较高,同时受到经费的限制,田间小气候自动观测技术未能发挥作用,导致常常缺乏田间小气候观测资料,实际服务只使用了气象台站的常规观测资料,一定程度上影响了服务产品的质量和服务效果。

　　4. 缺少甘蔗田间土壤水分观测。广西全区自1998年起只有几个站点进行了甘蔗田间土壤水分观测,并且观测年份不连续,而干旱是甘蔗的主要气象灾害,因此,难以开展精细化、定量化、连续的甘蔗干旱灾害监测评估服务。

　　5. 甘蔗气象观测的农田背景信息未能发挥应有作用。由于农事活动、环境变化等信息的记录方式不够规范且没有适时上传,致使这些重要的背景信息未能在实际应用中发挥应有作用。

　　由此可见,现行的甘蔗农业气象观测仍停留在以人工观测为主的传统观测阶段,观测方法耗时耗力。甘蔗田间观测主要靠人工目测或简单器测、记录观测数值,无法再现观测场景,且观测频次、样本测点、要素种类少,边远点、全天候、连续性观测能力弱,定量化、标准化、规范化水平低,观测结果的主观臆断性大,信息汇总结果滞后需求,并不能完全满足农业气象的实际服务需求。再者是现行的甘蔗农业气象观测均是以提供资料为主要目的,而与之相关的甘蔗农业气象服务特别是适时农田气象灾害的预警服务仍然依赖人工进行,农田气象灾害的实时预警能力差。传统的甘蔗农业气象观测方法难以开展甘蔗生产全程的气象条件适应性的观测、试验、示范等基础工作,无法针对性地开展新品种、优质新品种引进的气候适应性试验,模拟气候变化、气象灾害对甘蔗生产影响评估等研究和服务,与气象业务现代化建设要求相差甚远,提高甘蔗农业气象自动观测能力势在必行。

1.2　甘蔗农业气象自动观测技术

　　随着先进传感器、通信网络和图像技术的发展,使甘蔗农业气象观测由人工向自动观测的转变成为必然趋势和可能。相关研究表明,农业气象自动化观测可以有效提高工作效率、增强观测资料的客观性、减少人为主观误差、提高业务的时效性和针对性,更能满足现代甘蔗产业发展对甘蔗农业气象服务的要求。

　　基于数据采集技术、CAN 总线技术、CANopen 技术和"积木化"组态,以及适应光纤/4G/Wifi 等多种通信方式,农电/太阳能等供电方式实现了集农田小气候、甘蔗长势、土壤水分观测和安全报警为一体的甘蔗农业气象自动观测。甘蔗农业气象自动观测系统是对甘蔗及甘蔗赖以生存的环境(田间、土壤)进行实时的监测,通过甘蔗实景—大气—田间小气候—土壤一体化的观测系统,可及时掌握甘蔗生长状况、实现农田气象灾害的实时预警,为科学评估气象因子对甘蔗生长的影响、分析甘蔗农业气象灾害实况与评估、制作甘蔗产量预报、改进甘蔗模型和陆面模型、规划农事活动和现代化农田管理措施提供依据,并且对提高卫星遥感应用的解译精度与验证能力等具有重要的应用价值。

1.2.1　甘蔗农业气象自动观测站结构

　　甘蔗农业气象自动观测系统从功能方面分为:农田小气候观测子系统、甘蔗长势观测子系统、株间温湿度观测子系统、安全监控子系统及供电子系统。该系统采用 CAN 总线技术和"积木化"组态,实现了土壤水分、土壤温度、冠层温度、气象六要素(气压、空气温度、空气湿度、风向、风速、雨量)、总辐射、光合有效辐射、甘蔗生长特征、环境信息等要素的自动化观测。系统组成结构见图 1.1,观测要素技术指标见表 1.1,环境适应性指标见表 1.2。

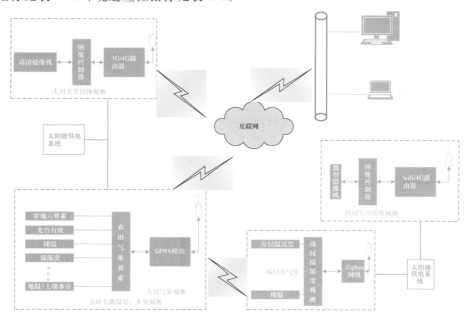

图 1.1　WUSH-AOSA 甘蔗农业气象自动观测站系统构架图

表 1.1　甘蔗农业气象自动观测要素指标

项目	测量范围	分辨率	最大允许误差
气温	−40~50℃	0.1℃	±0.3℃
相对湿度	5%~100%	1%	±3%(≤80%) ±5%(>80%)
风向	0~360°	3°	±5°
风速	0~60 m·s⁻¹	0.1 m·s⁻¹	±(0.5+0.03 V) m·s⁻¹
降水量	雨强 0~4 mm·min⁻¹	0.1 mm	±0.4 mm(≤10 mm) ±4%(>10 mm)
光合有效辐射	0~5000 μmol·s⁻¹·m⁻²	10 μmol·s⁻¹·m⁻²	±10%(日累计)
总辐射	0~2000 W·m⁻²	5 W·m⁻²	±5%(日累计)
日照	0~24 h	1 min	±10%(月累计)
冠层叶温	−40~70℃	0.1℃	±0.5℃
土壤温度	−40~80℃	0.1℃	±0.5℃(50~80℃) ±0.3℃(−40~50℃)
土壤水分	体积含水量 0~100%	0.1%	±2.5%(实验室) ±5%(田间)
图像传感器	有效像素不小于 1200 万		

表 1.2　甘蔗农业气象自动观测系统环境适应性指标

要素	指标	要素	指标
工作温度	−40~60℃	防护等级	IP65
工作湿度	0~100%	振动	GB/T 2423.10
抗风等级	>60 m·s⁻¹	盐雾	GB/T 2423.17

　　甘蔗农业气象自动观测系统的田间观测设备(见图1.2、图1.3、图1.4)由相互独立又密切关联的四大部分基本功能组成:田间气象要素观测、甘蔗生长实景观测、田间甘蔗层内温湿度观测和土壤温度、水分观测。为保证田间观测设备的可靠运行,将农田气象与小气候数据和甘蔗长势图片分开传输到中心站,并可通过互联网直接访问观测信息管理平台查询、浏览、管理数据和监控设备运行。为监视田间观测设备安全,系统设立门禁安全报警和株间气象仪联动告警。门禁监控用于监测机箱是否被打开,若机箱开启则启动声光报警器,并且启动摄像机朝向机箱的位置进行图片抓拍;株间气象仪联动告警指的是当节点倾倒或被移动之后,节点会触发位置告警,启动设备端的声光报警器,并启动摄像机朝向安装节点时候预先设定的位置进行图片抓拍。当系统接收到上述 2 个异常告警在图像抓拍完毕后,会及时将图片上传到中心站,告警图片存储在中心站服务器端,供有需要时调用。

图 1.2　甘蔗农业气象　　　　　　图 1.3　农田甘蔗株间温湿小
自动观测站实景图　　　　　　　　　气候观测仪实景图

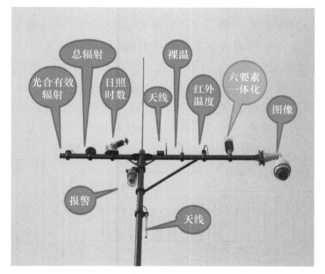

图 1.4　田间气象传感器等仪器安装实景图

1.2.2　甘蔗农业气象自动观测内容

1. 农田气象要素观测(传感器安装见图 1.4):安装高度统一规范化为 5.8 m,满足现代农业不影响大型机械化作业的特点。主要观测:空气温度、空气湿度、风向、风速、雨量、气压等六要素,以及红外温度、裸温、日照、总辐射、光合有效辐射等要素,为实现大风、暴雨、高温、热害、霜冻等农田气象灾害的实时自动报警提供基础数据。

2. 农田实景高清观测(见图 1.2):高频次获取观测点的甘蔗图像,取代目前的田间人工观测,为甘蔗长势分析、甘蔗的播种、灌溉、收获等针对性精细化农业生产活动信息服务,以及卫星遥感的解译应用与精度验证提供可靠依据。

3. 农田甘蔗层内的温、湿小气候观测(见图 1.3):在 200 m 半径范围内,可通过 ZigBee 与农田观测主站(图 1.3 中的主立柱)组网,实现一站多种作物层内温、湿小气候不同高度的温度、湿度自动观测,为甘蔗寒热害等农业气象灾害预警提供基础数据。

4. 土壤温度与含水量观测:土壤水分、地温分为 5 层观测,通过观测的土壤温湿度及土壤含水量等信息,为土壤墒情等指导农事活动的服务提供基础数据。

1.2.3 甘蔗农业气象自动观测信息监控管理平台

甘蔗农业气象自动观测信息监控管理平台是基于 B/S 架构和 Java 应用技术,可以在不同的操作系统运行,具备高配置型和可控性,其体系结构由业务软件、消息中间件、数据库服务器、FTP 服务器、通信软件和远程采集器组成。平台实现了甘蔗农业气象观测的信息采集和传输、信息质量控制、信息入库的自动化,并实现了甘蔗农业气象自动观测站的运行状态实时监控和观测场信息处理、甘蔗生长图像的可视化展示、甘蔗生育期和株高等生长信息自动化观测和提取、甘蔗农田小气候观测数据处理和统计分析、以及观测站点设备运行监控等功能,其功能架构见图 1.5 所示。用户可以通过 WEB 访问中心站服务器,浏览、查询和分析获取所需要的服务。

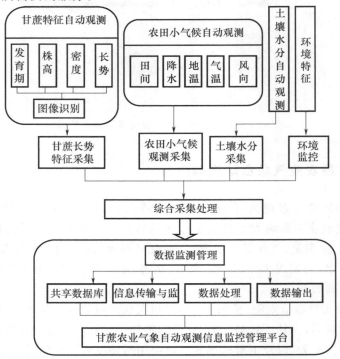

图 1.5　甘蔗农业气象自动观测信息监控管理平台功能架构图

1.3　甘蔗农业气象自动观测数据分析

采用数据稳定性、一致性和极值来检验观测数据的可信度,并通过与常规气象站观测数据的对比分析来判断数据的差异性,为观测数据应用奠定基础。

1.3.1　数据信度检验

由于甘蔗农业气象观测要素设置、采样频率、观测环境和下垫面的差异,相当一部分观测站获取的数据与常规气象台站的观测数据间无法比拟。本试验中采用观测值的极值及相关性、"稳定性"、相关数据的"一致性"作为判断甘蔗农业气象自动观测站数据质量的标准。

1.3.1.1　极值及相关性检验

以气象要素的时间、空间变化规律和各要素间相互联系为线索,分析气象资料是否可用。采用最低气温、最高气温和不同天气情况下日较差温来检测不同梯度层次温度的变化情况。图 1.6～图 1.8 展示了甘蔗层间梯度温度极值的变化情况,从图中可以看出,最低气温、最高气温和日较差温的变化趋势都具有较好的一致性。

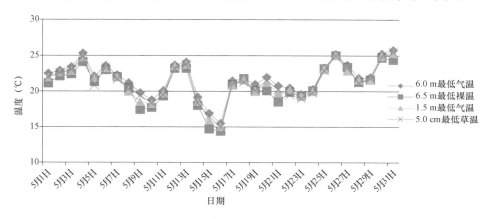

图 1.6　2016 年 5 月柳州站甘蔗层间梯度最低气温变化情况

1.3.1.2　数据一致性检验

相关数据一致性主要通过考察同一站点、同一时间、同类型要素间数据的相关系数,进而判断测量值是否符合内在的逻辑关系。对观测站的气温、土壤温度

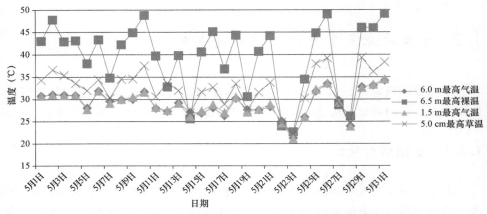

图 1.7　2016 年 5 月柳州站甘蔗层间梯度最高气温变化情况

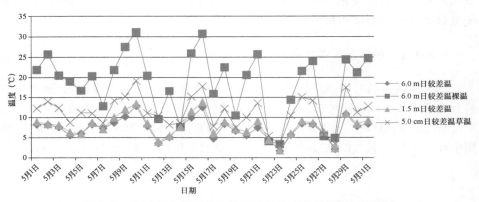

图 1.8　2016 年 5 月柳州站甘蔗层间梯度日较差温变化情况

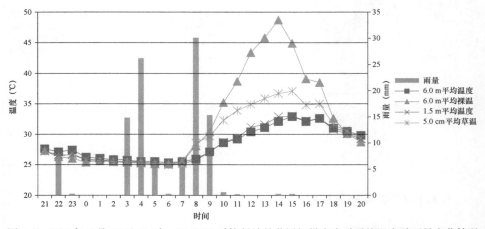

图 1.9　2016 年 5 月 26 日 21 时—27 日 20 时柳州站甘蔗层间梯度小时平均温度随雨量变化情况

和土壤湿度各层次间的关系系数进行检验,检验结果见表 1.3。由表 1.3 可知,各层气温存在较好的一致性,土壤温湿度相关系数随着土层加深而减少,这与土层越深湿度越稳定的趋势是一致的,因此,观测数据具有逻辑上的可信度。

表 1.3　甘蔗农业气象自动观测系统观测气温-土壤温度-土壤湿度相关系数

观测要素及梯度	柳州站相关系数	扶绥站相关系数
田间气温 6.0～1.5 m	0.971	0.954
土壤温度 10～20 cm	0.950	0.966
土壤温度 10～30 cm	0.933	0.958
土壤温度 10～40 cm	0.879	0.910
土壤温度 10～50 cm	0.924	0.938
土壤体积含水量 10～20 cm	0.865	0.941
土壤体积含水量 10～30 cm	0.654	0.752
土壤体积含水量 10～40 cm	0.612	0.719
土壤体积含水量 10～50 cm	0.604	0.628

1.3.1.3　数据稳定性检验

数据稳定性是指采用同一方法对同一对象进行测量时,测量工具能否稳定地测量观测对象,即测量结果是否具有跨时间的一致性。对于温度、湿度、气压等参数而言,同一观测地点的数据变化应为连续且缓慢的,通常不会出现突变,故相邻时间的数据幅值变化较温和,且变幅的变异系数较小。若相邻数据值的变化幅度或总体变异系数很大,则说明有误测或误码出现。设第 i 项的数据值为 X_i,前一项数据的值为 X_{i-1},$X_i - X_{i-1}$ 是两两相邻数据的差值,第 i 个数据变化幅度 K_i 即为方程:

$$K_i = |X_i - X_{i-1}| \tag{1.1}$$

若观测次数为 n,则有 $n-1$ 个差值,K_{ave} 为相邻观测值变幅的平均值,同一要素变化的幅度的标准差 σ 为:

$$\sigma = \sqrt{\frac{1}{n-1}\sum_{i=2}^{n}(K_i - K_{ave})^2} \tag{1.2}$$

对柳州甘蔗农业气象自动观测数据的稳定性进行了检验,检验结果见表 1.4。由表 1.4 可知,大气湿度和温度的上层变幅比下层大,可能是受风影响,下面空气流动小,气温波动小。甘蔗冠层间气温变幅较冠层顶端气温变幅小,是由于甘蔗冠层间温度传感器有蔗叶遮挡,而顶端温度传感器无遮挡,受日照变化影响较大。另外,土壤温度和土壤含水量变幅均随着深度增加而明显减少,深层土壤温度和含水量变化幅度小,这与土层越深,温湿度越稳定的规律一致。

表 1.4　柳州甘蔗农业气象自动观测站数据稳定性

观测要素	R_{ave}	σ	观测要素	R_{ave}	σ
土壤体积含水量（—10 cm）	0.250	0.434	土壤温度（—10 cm）	0.604	0.484
土壤体积含水量（—20 cm）	0.210	0.270	土壤温度（—20 cm）	0.238	0.187
土壤体积含水量（—30 cm）	0.042	0.199	土壤温度（—30 cm）	0.179	0.137
土壤体积含水量（—40 cm）	0.125	0.200	土壤温度（—40 cm）	0.125	0.166
土壤体积含水量（—50 cm）	0.042	0.120	土壤温度（—50 cm）	0.117	0.024
大气湿度（6.0 m）	2.760	2.847	气温（6.0 m）	0.830	0.950
大气湿度（1.5 m）	2.383	2.661	气温（1.5 m）	0.786	0.532
冠层温度（2.5 m）	0.857	0.551	气压	0.480	0.267
冠层温度（3.0 m）	1.265	1.016	水气压	0.760	0.605
冠层温度（4.0 m）	0.585	0.557	露点温度（6.0 m）	0.513	0.446

1.3.2　观测站数据与常规气象站数据差异分析

　　甘蔗农业气象自动观测站与常规气象站的观测目的、侧重点不同，后者用于日常天气变化的观测记录；而前者则着眼于气象变化对甘蔗及其生长环境的影响，因此，更关注甘蔗植被活动层以及对甘蔗植被生长有直接影响的要素。

　　对 2015 年柳州站甘蔗农业气象自动观测站甘蔗主要生长期气温、冠层温度与就近的常规站气温进行了对比分析，分析结果见图 1.10～图 1.13。从图 1.10～图 1.13 可以发现，冠层温度与常规气象站温度相差—2～4 ℃，常规站与系统观测温度具有一致的变化趋势，但后者更准确地反映了农田小气候的实际状况。

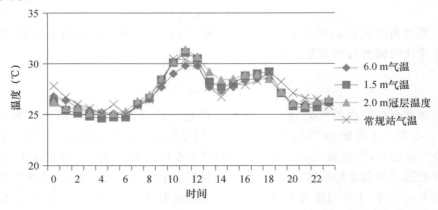

图 1.10　2015 年甘蔗茎伸长前期柳州站梯度温度与常规站日变化差异情况

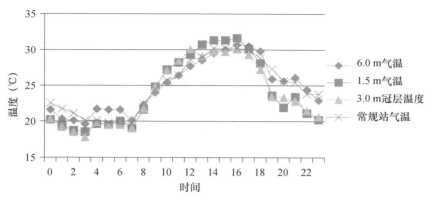

图 1.11　2015 年甘蔗茎伸长中期柳州站梯度温度与常规站日变化差异情况

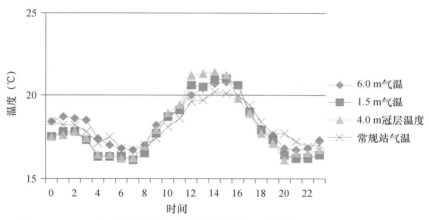

图 1.12　2015 年甘蔗茎伸长后期柳州站梯度温度与常规站日变化差异情况

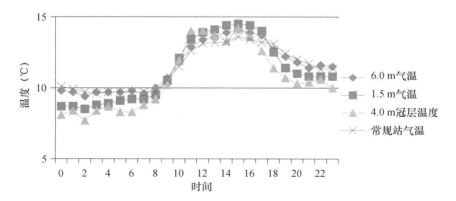

图 1.13　2015 年甘蔗工艺成熟期柳州站梯度温度与常规站日变化差异情况

1.3.3　土壤水分观测仪田间标定与数据分析

目前,国内土壤水分测定方法主要有人工取土烘干称重法、中子法、时域发生法(TDR)、频域反射法(FDR)、电阻法和遥感法等。综合各种观测方法的优缺点、经济性和业务应用情况,以及甘蔗种植土壤性状,甘蔗土壤水分采用国内普遍应用的 FDR 观测。自动土壤水分观测仪是一种利用 FDR 原理来测定土壤体积含水量的自动化观测仪器。原理简述如下:平行排列的原型金属环组成一个电容,电容与振荡器组成一个调谐电路,用 100 MHz 正弦曲线信号扫描土壤,电容量的变化和两极间被测介质(土壤)的介电常数成正比。因水的介电常数比一般介质的介电常数要大,所以当土壤中的水分增加时,其介电常数相应增大。根据电容量与土壤水分之间的对应关系,即可测出土壤体积含水量。FDR 自动土壤水分观测仪具有测定精度高、快速、准确、连续定点测定,且不扰动土壤,能自动检测土壤水分及其变化,适应于长期定点连续观测,可以减轻人工观测劳动量、提高观测数据的时空密度,为干旱观测、农业气象预报和服务提供实时观测资料。

1.3.3.1　土壤水分观测仪田间标定

根据中国气象局《农业气象观测规范》的规定,田间标定以仪器观测的土层体积含水量变化为判断标准,在<10%,10%~15%,15%~20%,20%~25%,25%~30%,30%~35%和>35%7 个不同土壤体积含水量区间进行相应的人工对比观测。原则上每一个土壤体积含水量等级样本数不少于 4 个,总样本数不少于 30 个。利用线性拟合方法对人工观测数据和自动观测数据进行比较分析,建立传感器标定参数方程。具体过程就是收集某段时间内自动观测的原始土壤体积含水量 θ_v,与同时次人工观测数据 θ_m 做线性拟合,得到直线标定方程(1.3)的参数 A_0、A_1,然后通过标定方程(1.3)对体积含水量观测仪原始观测值 θ_v 进行修正,得到可应用的自动土壤体积含水量观测值 θ_{xy}。

$$\theta_{xy} = A_1\theta_v + A_0 \qquad (1.3)$$

各层土壤体积含水量的标定方程和土壤间相关系数见表 1.5。从表 1.5 可以发现,各层间土壤体积含水量存在显著相关或强相关性。土壤体积含水量的人工与自动观测数据对比见图 1.14~图 1.18。

表 1.5　土壤体积含水量标定技术参数

土层深度	标定方程(y)	层内相关系数(r)
0~10 cm	$y = 0.211 + 0.134x$	0.883
10~20 cm	$y = 0.248 + 0.322x$	0.681

土层深度	标定方程(y)	层内相关系数(r)
20～30 cm	$y=0.287+0.347x$	0.824
30～40 cm	$y=0.248+0.67x$	0.818
40～50 cm	$y=0.345+0.08x$	0.910

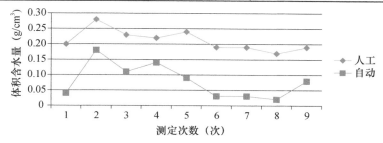

图 1.14　10 cm 层土壤体积含水量人工与自动观测对比

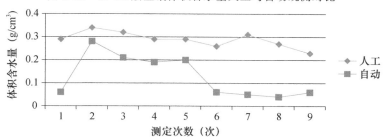

图 1.15　20 cm 层土壤体积含水量人工与自动观测对比

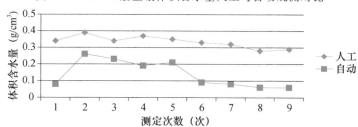

图 1.16　30 cm 层土壤体积含水量人工与自动观测对比

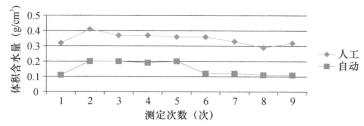

图 1.17　40 cm 层土壤体积含水量人工与自动观测对比

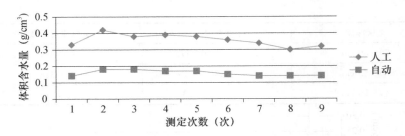

图 1.18　50 cm 层土壤体积含水量人工与自动观测对比

1.3.3.2　土壤水分观测数据变化分析

采用了长时间序列和短时间序列方法对土壤水分数据进行分析。选取了柳州站甘蔗主要生育期整月份的日平均土壤相对湿度,包括 2015 年 3 月(出苗)、5 月(分蘖)、8 月(茎伸长期)、12 月(工艺成熟期)的土壤相对湿度,并选取了 2016 年 4 月 21 日—5 月 20 日雨量数据,分析结果见图 1.19～图 1.26。从图中可以发现,土壤相对湿度能较好地反映出各层土壤水分的变化情况,并且土壤相对湿度变化趋势与雨量变化的响应具有较好的一致性。同时选取了在晴天、阴天、雨天不同天气情况下 24 h 内的小时平均土壤相对湿度,图 1.24～图 1.26 展示了三种不同天气情况下土壤相对湿度的响应情况,结果表明土壤水分仪器能较好地表征土壤水分的变化特征。

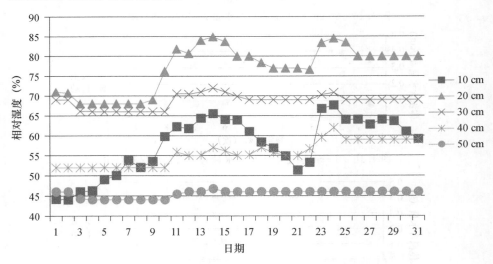

图 1.19　甘蔗出苗期土壤相对湿度变化情况

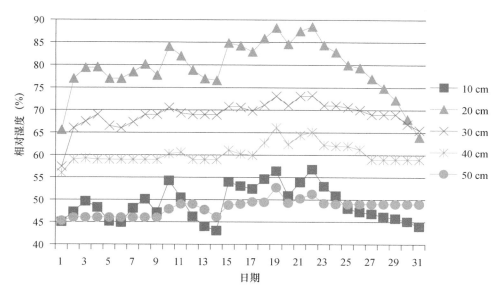

图 1.20　甘蔗分蘖期土壤相对湿度变化情况

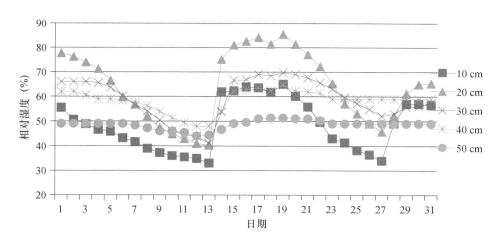

图 1.21　甘蔗茎伸长期土壤相对湿度变化情况

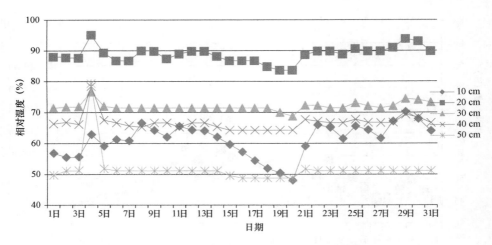

图 1.22　甘蔗工艺成熟期土壤相对湿度变化情况

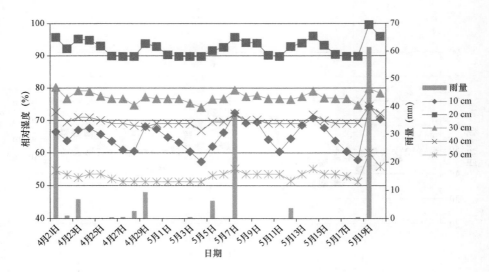

图 1.23　土壤相对湿度随雨量变化情况

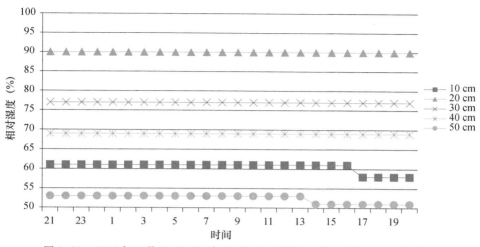

图 1.24　2016 年 5 月 17 日 21 时—5 月 18 日阴天土壤相对湿度日变化情况

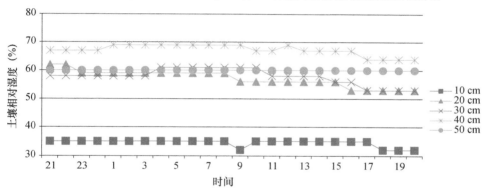

图 1.25　2016 年 5 月 17 日 21 时—5 月 18 日晴天土壤相对湿度日变化

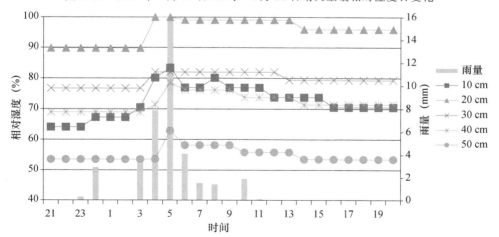

图 1.26　2016 年 5 月 17 时 21 时—5 月 18 日雨天土壤相对湿度日变化

1.4 基于甘蔗生长图像的发育期自动观测方法

1.4.1 甘蔗生育期观测现状

精准农业实施的关键基础之一是实时准确地提取作物生长信息及其生长环境状态。因为农作物的收成好坏除了取决于种子外,还和当地的气象条件和生产、管理水平密切相关,并且在每个生育期中得以体现。因此,作物发育期信息一直以来都是农业生产、管理和农业气象领域关注的重点。通过准确的观测作物发育的速度和进程等信息,可以科学地指导灌溉、施肥、病虫害防治等生产活动;通过对作物生长发育的农业气象条件进行分析,进而为高效和精准农业服务;通过准确地获取作物生长发育信息并应用于作物生长模型,可以提高作物产量预测的准确性,为政府进行决策提供科学依据。同时,从现代全球物候变化的研究来看,作物生育信息如发育期也是物候观测的一部分,它可以提高利用遥感技术对作物生长的季节变化进行定量分析的准确性,以了解大气与陆地生物圈碳交换时间特性等。因此,各国对农作物的发育期进行了严格定义和描述,并对其进行长期的观测与记录。

目前,甘蔗发育期信息获取主要是通过人工观测来实现的。人工观测的主要方法是通过观测人员按照《农业气象观测规范》中甘蔗各个发育期的定义和描述,对田间甘蔗进行实地的目测或简单器测。这种方式存在工作强度大、人为误差、对甘蔗生长环境产生破坏已经无法保证对甘蔗连续观测,已不能满足现代甘蔗生产需求。因此,需要寻找新的途径和方式对甘蔗发育期进行自动观测,以减少劳动成本,提供观测的实时性、准确性和连续性,并避免对甘蔗生长破坏。

近年来,计算机视觉技术在自动化农业领域受到越来越多的关注,作为计算机视觉领域重要课题的图像处理技术,也开始广泛应用到精准农业领域,并取得了丰硕成果,这些成果主要集中在病虫害检测、大田杂草识别、营养信息检测、外部生产参数测量和生育信息观测等领域。其中某些领域已经取得了较大的研究进展,投入实际的生产过程中,成为精准化农业的具体应用。与此同时,遥感技术广泛应用于作物的生长状态监测,但农作物发育期地面观测仍不可替代,主要是因为遥感图像成像距离远、分辨率低,更适合大尺度下的作物整体生长状态分析,更因为是遥感解译模型需要地面实测数据补充修正。然而,很少有关于利用图像识别技术直接近距离对甘蔗发育期进行自动观测的研究报道。为此,以田间甘蔗为研究对象,综合目前人工观测的多年实际经验,将计算机视觉技术引入甘蔗发育期自动观测领域,提供能够客观反映甘蔗发育期特点的图像特征描述方法,并结合人工观测资料进行检验,以期实现甘蔗发育期的客观准确获取,为甘蔗精准化服务奠定技术基础。

1.4.2 甘蔗生长发育特征分析

在作物的生长过程中,其生长状态可以从外部的形态特征得以体现。因此,在生产实践中不断总结经验,通过作物外部形态特征的改变来确定作物发育期的进程。目前,《农业气象观测规范》中将甘蔗主要生育期划分为出苗期、分蘖期、茎伸长期和工艺成熟期,其发育期见图 1.27,相对应的观测标准见表 1.6。

表 1.6 甘蔗发育期的观测标准

发育期名称	观测定义
出苗期	锥状幼芽露出地面,长约 2.0 cm
分蘖期	幼茎基部节上的芽萌发出土,长约 2.0 cm
茎伸长期	茎节迅速伸长,地面上出现主茎的第一个节,伸长的节间约 3.0 cm
工艺成熟期	枯黄叶增多,梢叶短小,茎的外皮干燥光滑,蜡粉稀薄色淡,蔗汁呈淡黄色,断面中间显有灰白色小点

参考表 1.6 观测标准,结合观测实际情况,观测人员对甘蔗的每一个发育期都给出了具体的观测定义。"出苗期"指的是锥状幼芽露出地面,长约 2.0 cm,当萌发出土后的蔗牙有 10% 发生第一片真叶起,到有 50% 以上的蔗苗长出 5 片真叶时止。"分蘖期"是指幼茎基部节上的芽萌发出土,长约 2.0 cm,一般当幼苗具有 3~4 片真叶时,侧芽便开始萌动,待长出 7~8 片叶时,第一个分蘖出土,8~9 片叶时第二个分蘖出土,10~13 片叶时,第三个分蘖出土,当有 10% 的分蘖苗数起到 80% 分蘖苗数时止。"茎伸长期"指一般长出 12 片真叶以后蔗茎开始伸长,蔗茎平均伸长速度初期每旬 3 cm 以上起至盛期每旬 10 cm 以上到后期 10 cm 以下止。上述的人工观测规范是观测者建立在可以判断已发生的农事活动、并通过眼睛观测、手触判别和主观判断的基础上进行综合决策操作来记录甘蔗整个生长发育过程中各个发育期出现的时间。

借助甘蔗农业气象自动观测系统获取的田间图像,直接照搬人工观测方法去判断是难以实现的,也不能符合图像判别的特点和体现其优势。从甘蔗生长发育规律出发,根据观测规范中对甘蔗发育期的定义和描述,结合农业气象观测人员的多年观测经验,可以获取客观反映甘蔗主要生育期特点的图像特征描述方法和观测方法。

从甘蔗生长发育规律可以发现,生长过程主要为营养生长阶段,即作为营养器官根、茎、叶的生长,见图 1.27。生长阶段的不同所体现的外部形态特征也会不同,从各阶段分化特征所属的生长阶段可以发现,甘蔗发育期图像具有两个图

形特征,即突变性和渐变性特征。从图像中可以发现甘蔗出苗期和分蘖期可以
发现非常明显的新结构体,符合突变性的特点;而甘蔗茎伸长期和工艺成熟期仅
有量的变化,没有质的改变,符合渐变性的特点。因此,通过检测甘蔗的突变性
特征可以完成甘蔗出苗期和分蘖期的识别,通过收集甘蔗的位置、顶点等统计特
征,结合叶绿素面积和高度信息可以综合判断茎伸长期和工艺成熟期。

(a) 出苗期　　　　　　　　　　　　(b) 分蘖期

(c) 茎伸长期　　　　　　　　　　　(d) 工艺成熟期

图 1.27　甘蔗生长主要发育期

1.4.3　甘蔗发育期自动提取思路

借助甘蔗农业气象自动观测系统,可以获取甘蔗全生育期生长图像。应
用计算机图像处理技术,对采集的农作物图像进行光学特征、形态结构特征的
处理,获取图像的特征信息,再与建立的甘蔗生育期图像特征库进行相似度分
析、结合气象指标、农学参数、光学特性等,实现甘蔗不同发育期信息的自动提
取,提取的总体技术方案流程见图 1.28。首先获取甘蔗生长图像,检测图片
缺损、污染等情况并进行质量控制,通过图像处理、分析和解译提取图像特
征,对于甘蔗的出苗期可以通过覆盖度的变化来识别;对于分蘖期通过获取
甘蔗几何特征、位置和叶像素等统计特征来识别;对于茎伸长期可以通过确
定甘蔗冠层顶点和底计算生长高度,并结合统计特征完成识别;对于工艺成
熟期,在上述基础上综合颜色特征识别。

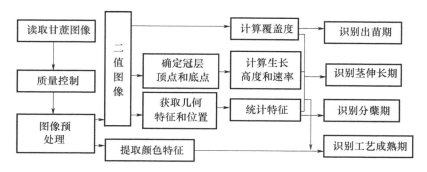

图 1.28　甘蔗生育期自动提取方案流程图

1.4.4　甘蔗生育期提取测试结果与分析

利用图 1.28 所示提取方法,对柳州站 2015 年甘蔗生育期随机样本进行识别测试,并与人工平行观测结果进行比较。结果发现出苗期人工观测时间为 3 月 19 日,自动识别时间为 3 月 17 日,自动识别比人工观测时间提前了 2 d;分蘖期人工观测时间为 4 月 2 日,自动识别时间为 4 月 5 日,自动识别比人工观测时间晚了 3 d;茎伸长期人工观测时间为 6 月 5 日,自动识别时间为 5 月 29 日,自动识别比人工观测时间提前了 8 d;工艺成熟期人工观测时间为 11 月 20 日,自动识别时间为 11 月 2 日,自动识别比人工观测时间提前了 18 d。与人工观测相比,在出苗和分蘖两个时期,图像自动提取结果在 3 d 以内,到茎伸长期,自动提取结果的误差为 8 d,到生育末期的工艺成熟期,自动提取结果的误差增加至 18 d,主要原因是甘蔗生育期是基于田间甘蔗生长图像,并根据甘蔗生长高度和覆盖度两个指标进行间接判断实现。随着甘蔗生长进程的推进,上述两个指标计算干扰因素增多、难度增大从而使计算结果误差不断累积所导致。甘蔗覆盖度随机样本测试结果见表 1.7,甘蔗生长高度随机样本测试结果见表 1.8,生育期随机样本测试结果见表 1.9。

表 1.7　甘蔗生长高度测试结果

观测时间	观测结果(cm)	人工平行观测(cm)	误差(cm)
2015－03－17	16.6	/	/
2015－03－26	18.2	/	/
2015－03－31	19.9	/	/
2015－04－05	23.1	/	/
2015－04－10	20.4	/	/
2015－04－14	23.8	/	/

观测时间	观测结果（cm）	人工平行观测（cm）	误差（cm）
2015－04－15	28.7	/	/
2015－04－20	33.7	/	/
2015－05－09	61.6	/	/
2015－05－11	57.4	/	/
2015－06－23	145.5	109.85（06－20）	/
2015－06－26	186.3	109.85（06－20）	/
2015－06－30	183.1	142.25（06－30）	－40.85
2015－07－06	189.6	158.075（07－10）	－31.525
2015－07－09	200.2	158.075（07－10）	－42.125
2015－07－25	223.4	190.225（07－31）	－33.175
2015－09－01	243.3	245.05（08－31）	1.75
2015－10－20	297.0	299.125（10－20）	2.125
2015－11－10	300.1	304.85（11－10）	4.75
2015－11－20	301.1	304.85（11－10）	3.75
2015－11－30	279.4	304.85（11－10）	25.45
2015－12－04	272.1	304.85（11－20）	32.75

表 1.8　甘蔗覆盖度测试结果

原始图片	分割结果	覆盖度
		0.099323
		0.611411

续表

原始图片	分割结果	覆盖度
		0.881471
		0.977731

表 1.9　甘蔗生育期自动提取测试结果

人工观测	样本图像时间	自动识别发育期	发育期持续天数(d)	与人工平行观测误差(d)
2015－03－19 出苗期	2015－03－17	出苗期	1	＋2
	2015－03－26	出苗期	10	
	2015－03－31	出苗期	15	
2015－04－02 分蘖期	2015－04－05	分蘖期	1	－3
	2015－04－10	分蘖期	6	
	2015－04－14	分蘖期	10	
	2015－04－15	分蘖期	11	
	2015－04－20	分蘖期	16	
	2015－05－09	分蘖期	35	
	2015－05－11	分蘖期	37	
2015－06－05 茎伸长期	2015－05－29	茎伸长期	1	＋8
	2015－06－26	茎伸长期	4	
	2015－07－06	茎伸长期	14	
	2015－07－09	茎伸长期	17	
	2015－07－25	茎伸长期	33	
	2015－09－01	茎伸长期	71	

续表

人工观测	样本图像时间	自动识别发育期	发育期持续天数(d)	与人工平行观测误差(d)
2015－11－20 成熟期	2015－11－02	成熟期	1	＋18
	2015－11－10	成熟期	22	
	2015－11－20	成熟期	32	
	2015－11－30	成熟期	61	
	2015－12－04	成熟期	65	

由于甘蔗种植背景复杂,存在土壤、积水、杂草等背景干扰,同时野外环境下图像受到光照不均匀、相机距地面较高导致的图像像素代表的空间分辨率较低以及在甘蔗生长后期出现的倒伏和遮挡等情况下很难准确测量空间中实际生长高度和生长速率,这些因素都会影响覆盖度和生长高度的计算,导致生育期判断出现一定程度的误差。针对上述甘蔗生育期自动观测的难点,未来将进一步研究甘蔗植株的自动提取方法和各生育期的自动检测方法,为甘蔗业务化应用奠定技术基础。

第 2 章　甘蔗干旱致灾指标试验与动态监测评估技术

　　广西是全国年降水量最丰富的省份之一,但因广西地处东亚季风区域,受季风气候影响,降水时空分布不均,季节性干旱频繁发生,对广西的农业生产造成了严重的影响。蔗糖产业是广西农业生产中最主要的经济支柱产业之一,春、秋两季干旱对蔗糖业生产影响最明显。甘蔗在春季处于发育前期,如遭遇干旱尤其是严重干旱,则直接影响春植蔗的整地、下种和出苗,也不利于宿根蔗的破垄松苑和发株;甘蔗的生长、分蘖也会受到影响,造成缺苗断垄,分蘖数减少则导致单位面积甘蔗有效茎减少等。这些不利影响最终会影响到进厂原料蔗的产量。甘蔗在秋季处于茎伸长后期和糖分积累期等生长关键期,如遭受严重的干旱灾害,处于茎伸长期的甘蔗会降低光合作用强度,加强呼吸作用,影响甘蔗的伸长,导致产量明显下降;处于糖分积累期的甘蔗糖分含量降低,胶质比重增大,出糖率和回收率就会下降,商品糖品质下降。因此,有可能影响糖业市场的价格走向,进而导致整个产业链受影响,对于蔗农和当地农业经济都有不利影响。因此,需要加强对甘蔗干旱致灾指标及干旱的动态监测评估技术的研究。

2.1　甘蔗干旱致灾指标试验

　　通过在甘蔗主产区进行甘蔗水分控制试验(试验小区)和同步观测、调查(试验小区和大田),研究分析甘蔗对不同强度的干旱灾害及其持续时间响应的生物学特征与影响机制,构建甘蔗干旱致灾临界指标。

2.1.1　甘蔗干旱致灾试验设计方案

　　水分控制试验小区场地选择确定在柳州市沙塘镇农业气象试验站中的耕地(见图 2.1)。该试验站气象条件为亚热带季风气候,耕地类型为旱地,地势平坦,土壤类型为沙壤土,微酸性,土壤肥力中等。所处乡镇位于广西甘蔗在桂中的主产区,而且属多年春秋旱易发区。

图 2.1　柳州市沙塘镇农业气象试验站

　　大田对比试验场地选择在距离农业气象试验站车程约 20 min 的柳城县社冲乡平村的农户甘蔗种植区(见图 2.2)。气象条件、土壤条件等与水分控制试验小区相同,但管理等措施由农户进行。

图 2.2　柳城县社冲乡平村的农户甘蔗种植区

　　同步在各甘蔗主产省市(云南、海南等省)进行平行观测。

　　通过对沙塘农业气象试验站的地形和耕地空间分布(见图 2.3)进行分析,且考虑未来管理方便等方面因素,最终确定拆除农业气象温室大棚区域的大棚,使用该处建设水分控制试验小区。

　　根据对甘蔗生长的历年观测数据和经验分析,考虑设置水分梯度最低值为15%(影响极其严重),变化步长为 10%。结合考虑地形条件,以及基于减少试验误差原则,令不同水分控制条件的小区随机分布(盖钧镒,2002),避免相互交叉影响,设置了水分控制小区的场地分布(见图 2.4)。

　　水分控制小区包括三个重复,每个重复含 6 个梯度的水分条件小区(明道绪,2013),共计 18 个小区。在水分控制小区左右两侧分别是缓冲区和空白对照区,同期种植相同品种的甘蔗,即种植该地区该时期的主栽品种甘蔗(新台糖 22 号)。

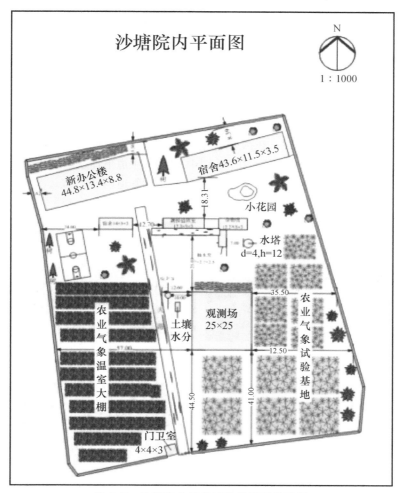

图 2.3　沙塘农业气象试验站平面示意图

2.1.2　甘蔗干旱致灾试验场地建设

(1)试验小区地下部分

　　每个试验小区为 3 m(宽)×4 m(长)×1.5 m(高)的长方体,小区之间的隔离区域用小型挖沟机开挖沟渠道(见图 2.5),放置双层隔水膜(见图 2.6)以防水隔离,以确

空白	缓冲区	土壤相对湿度 45%~55%	土壤相对湿度 15%~25%	土壤相对湿度 35%~45%	土壤相对湿度 55%~65%	土壤相对湿度 25%~35%	缓冲区	空白对照
对照		土壤相对湿度 45%~55%	土壤相对湿度 35%~45%	土壤相对湿度 55%~65%	土壤相对湿度 15%~25%	土壤相对湿度 >65%		
空白	空白	缓冲区	土壤相对湿度 35%~45%	土壤相对湿度 45%~55%	土壤相对湿度 25%~35%	土壤相对湿度 55%~65%	缓冲区	空白对照
对照	对照		土壤相对湿度 >65%	土壤相对湿度 15%~25%	土壤相对湿度 >65%	土壤相对湿度 25%~35%		

图 2.4　甘蔗水分控制试验小区土壤水分控制分布图

保每个小区的水分定量供给。在沟渠道铺置好隔水膜后,将原土回填,在地表铺设砖石,作为进行试验时的交通路径。在两行小区之间的主道下埋设电线线路,用于安装购置的土壤水分监测仪器、定量灌水设备等的线路和管道(见图 2.7)。

图 2.5　小型挖沟机开挖沟渠道

图 2.6　在小区之间放置双层隔水厚膜

（2）试验小区地上部分

建立遮雨大棚,避免降水对水分条件控制的影响。遮雨棚高为 4 m,顶部设计为斜楞条结构,利于迅速排水,整体为钢架结构,覆盖隔水帆布(见图 2.8)。遮雨棚覆盖范围在地面试验小区范围基础上均往外扩展 1 m,作为缓冲,避免有

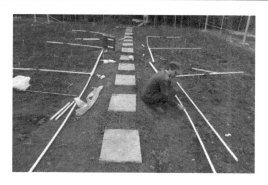

图 2.7　小区间铺设通道和线路管道

角度降雨的影响。用隔水帆布覆盖钢架结构,在顶部安装电机,用于自动收放帆布,实现当降水时,帆布放下用于遮雨;当降水停止,帆布收起,不影响作物的光合等生理过程(见图 2.9、图 2.10)。

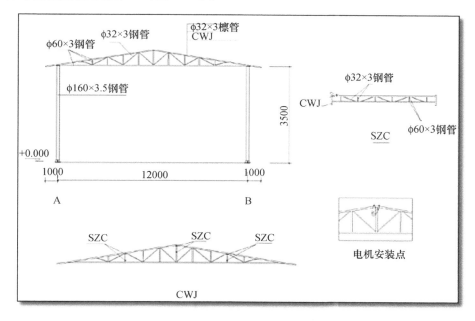

图 2.8　遮雨大棚建造示意图(单位:mm)

(3)试验小区仪器部分

每个水分控制小区以及空白对照区均安装土壤水分监测探头,探头深度为 30 cm 和 50 cm(见图 2.11),每 5 min 采集一次土壤体积含水率数据,每 1 h 上传至接收端(见图 2.12),并实时传输至业务计算机。在水分控制小区的浇水设备上安装可直接读取灌水量的流量统计表,根据小区土壤水分实际条件和所需的水分梯度计算所需灌水量,进行定量浇灌(见图 2.13)。

图 2.9　无雨时帆布收起无遮挡　　　　图 2.10　降雨时放下帆布遮挡

图 2.11　土壤水分监测探头　　　　　图 2.12　土壤水分数据接收端
　　　安装深度示意图

图 2.13　流量统计表

2.1.3　甘蔗干旱致灾试验参数观测及数据处理

（1）测量天气要求

常规测量前未发生气象灾害，晴朗天气较为适宜。

（2）选点取样原则

小区测定点的选择：在小区的近中央部分，以免受相邻小区和试验区边界的影响。各自选取有代表性的数个点（植株生长既非最好也非最差的情况）。为了增强代表性，各点位置交错排列。

大田测定点的选择：将大田试验地段按田字型分成相等的 4 个区，作为 4 个重复，各项观测均在 4 个区内进行。在各区内任取多点，同样选取有代表性的植株进行测量。

（3）测量参数及仪器要求

试验测量参数主要包括：甘蔗结构参数（株高、茎径、种植行距、种植密度等）；甘蔗农艺性状（叶绿素含量、叶片面积、叶片长度、叶片鲜重、叶片干重、单株有效叶片数、蔗株锤度等）；土壤水分含量（主要是大田需测，小区土壤水分含量采用经过校正的土壤水分监测探头数据）；发育期；产量等。

对应使用的仪器设备主要包括：米尺（可测 3 m 以上）、卷尺、游标卡尺；SPAD-502 叶绿素仪、1242 便携式手持叶面积仪、电子天平、PAL-1 数显手持式糖度计、冠层分析仪；土壤水分速测仪及常规取土测土壤水分的取土钻等。辅助设备材料包括：扶梯、剪刀、镰刀、取样袋、标签、记号笔、烘箱、托盘、毛巾、手套等。

（4）参数测量（许维娜，1993）

选定样点和样株后，做好标记和标签记录。

① 株高测定

在每个测点选择具有代表性的植株，利用米尺连续测量 5 株植株的株高，数据准确到小数点后一位（测量甘蔗株高，是指在甘蔗拔节期后，成长为有效茎，才可测量株高，测量的部位是从地面直至其茎顶部的三叉位置）。

② 茎径测定

测定株高之后，在每株蔗茎中部节间的中间位置，用游标卡尺测量甘蔗蔗茎直径 3～5 次，取其平均。

③ 种植行距、密度测定

米尺测量两行甘蔗之间的距离，为甘蔗种植的行距；

密度测定则需测量 1 m 内行数、1 m 内株（茎）数来求算：

1 m 内行数：每个测点测 10 个行距（1～11 行）的宽度，以 m 为单位，取二位小数（即厘米），然后数出行距数，4 个测点总行距数除以所量总宽度，即为平均 1 m 内行数。

1 m 内株（茎）数：每个测点在相邻的两行各取 0.5 长错开的一段（相加为 1 m）数其中的株（茎）数，共测量 4 个测点，各测点 1 m 内株（茎）数之和除以 4，求得平均 1 m 内株（茎）数。

1 m² 株(茎)数:1 m² 株(茎)数＝平均 1 m 内行数×平均 1 m 内株(茎)数

④ 叶绿素含量测定

使用 SPAD-502 叶绿素仪(具体操作步骤参看仪器使用说明)测量活体甘蔗叶片的叶绿素浓度,每株分三层(上、中、下层),每层测量 2～3 片叶子,每片叶子沿叶片一端至另一端大致均匀距离测 3～5 次(取平均值),每个测点测 5～6 株。

⑤ 单株有效叶片数测定

目测并数清样点甘蔗植株单株的叶片数,叶片要求:完整,无损伤,仍具有光合作用和蒸腾作用。

⑥ 叶片面积、叶长测定

使用剪刀等工具,将测完叶绿素含量的甘蔗叶片完整取下,使用 1242 便携式手持叶面积仪(具体操作步骤参看仪器使用说明),每片叶片需匀速移动叶片重复测定叶片面积三次,同步测定叶片长度三次,皆取平均值。

⑦ 叶片鲜重、叶片干重测定

使用电子天平,对已测完叶面积的叶片样品进行称重,此为叶片鲜重。将叶片放置进烘箱专用铁盒,放入烘箱,设置温度为 110 ℃,时长 15～20 min,杀青完成。烘干:样品经过杀青之后,应立即降低烘箱的温度,维持在 70～80 ℃直到样品烘干至恒重为止,一般样品所需时间大约为 12 h(烘干所需的时间根据所取样品叶片的数量和含水量、烘箱的容积和通风性能来调整。烘干时应注意温度不能过高,否则会把样品烤焦),取出烘干好的叶片样品使用电子天平称重,此为叶片干重。

⑧ 甘蔗锤度测定

选定甘蔗样株后,从地面至顶端的肥厚带将其长度减去 40 cm 或者减去梢部,然后分为三等份,即基、中、梢三部分,在各部分选择其中间位置的节间作为钻取蔗汁的部位。按基、中、梢三部分的顺序依次进行测定,在节间由下而上的1/3 处,钻头插入角度与蔗茎成 75°～90°,插入到蔗茎的中心较为适宜,力度适中将钻略下压,蔗汁会顺势流入钻头沟槽中,迅速将蔗汁滴入已清洁并校准清零的手持式糖度计的棱镜表面,以完全覆盖该表面为宜,记录其读数。

⑨ 土壤水分测定

以两种形式分别测量土壤水分,进行校准对比。

第一种:用取土钻从样区取土样装入铝盒(铝盒均编号,且预先烘干称重,得铝盒及盒盖重量),在室内将装有土样并盖上盒盖的铝盒称重,揭开盒盖后铝盒放入烘箱中,在 105 ℃下烘至恒重(6～8 h),取出盖上盒盖后称其质量。再根据公式求算土壤相对含水量。

第二种:使用土壤水分速测仪对样区土壤水分进行测定(具体操作步骤参看仪器使用说明)。

两组数据进行对比,以取土烘干测定的土壤水分含量为基准对土壤水分速测仪测定的结果进行校准。

⑩ 发育期观测

观测方法:出苗后,在每个观测点固定选取 10 穴(共 40 穴)定点观测(选定后做标记),当分蘖开始时注意加密观测,每次观测都要做记录。

分蘖百分率(%)=(40 穴总茎数-40 穴总株数)/40 穴总株数×100%

当分蘖百分率达到 10%时为开始期,达到 50%时为普遍期,达到 80%时为末期停止分蘖观测。其余 3 个发育期为目测记录。

观测标准:

出苗期:锥状幼芽露出地面,长约 2 cm。

分蘖期:幼茎基部节上的芽萌发出土,长约 2 cm。

茎伸长期:茎节迅速伸长,地面上出现主茎的第一节,节间伸长约 3 cm。

工艺成熟期:(目测)枯黄叶增多,梢叶短小,茎的处皮干燥光滑,蜡粉稀薄色淡,蔗汁呈淡黄色,断面中间显有灰白色小点,为工艺成熟期。也可进行锤度测定,如上、下部锤度之比达 0.9~1.0 时,为工艺成熟期。

⑪ 产量结构测定

每个测点连续选取 10 茎,共 10 茎。按照收获甘蔗规格砍下蔗茎,去梢、去叶、削根随即进行分析。

茎长(cm):逐个量取样本茎的长度,求平均。

茎粗(mm):测量蔗茎最粗节间中部的最大直径,求平均。

茎鲜重(g):称取样本总重量,求平均。

理论产量(g/m²):理论产量=单茎鲜重×1 m² 茎数。

(5)试验数据处理

利用所测的各个参数进一步通过公式计算其他不能直接观测的参数,获得:

① 叶片相对含水率

叶片相对含水率=[叶片鲜重(g)-叶片干重(g)]/叶片鲜重(g)

② 密度

1 m² 株(茎)数:1 m² 株(茎)数=平均 1 m 内行数×平均 1 m 内株(茎)数

③ 叶面积指数

利用实际测量的单片叶面积(分上、中、下三层)、单株叶片数、密度(1 m² 株茎数)来计算。

$$叶面积指数=\sum(单叶叶面积×单株叶片数)×密度\,\sigma$$

④ 产量

理论产量(g/m²):理论产量=单茎鲜重×1 m² 茎数。

2.1.4　甘蔗干旱致灾试验观测数据分析

(1)整理柳州观测点甘蔗的历年同期平均株高、2014—2016 年的株高进行比较,图 2.14 表明,2015 年植株高度高于 2016 年、2014 年和多年平均的植株高度。同期旬降水量(见图 2.15)显示,该地区 2015 年逐旬旬降水量同样高于 2016 年、2014 年和多年平均旬降水量,表明在甘蔗茎伸长期,同一地区充足的水分条件能更利于甘蔗茎伸长的增加。

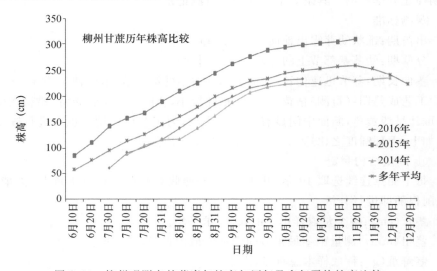

图 2.14　柳州观测点甘蔗当年株高与历年及多年平均株高比较

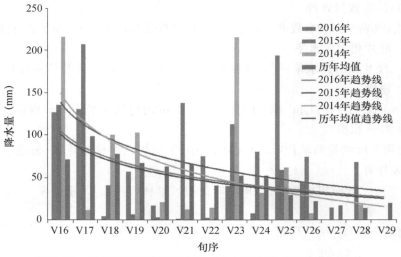

图 2.15　柳州甘蔗区当年逐旬降水量与历年及多年水雨量比较

（2）整理柳州、河池两地观测点甘蔗（以下简称柳州、河池甘蔗）当年同期株高及同期旬平均气温进行比较。2016 年的 6 月初至 8 月初,柳州甘蔗与河池甘蔗植株株高相差较小（见图 2.16）,柳州同期逐旬旬平均气温与河池逐旬旬平均气温也接近一致（见图 2.17）;8 月中至 10 月初,柳州甘蔗的植株株高明显高于河池甘蔗（见图 2.16）,与此相似,同期柳州逐旬旬平均气温也高于河池逐旬旬平均气温（见图 2.17）。表明在甘蔗茎伸长期,不同种植地区的旬平均气温能够明显影响甘蔗植株株高的增长;在一定范围内,温度越高,越利于甘蔗植株株高的增长。

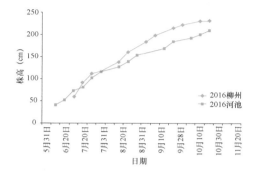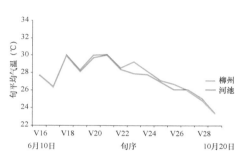

图 2.16　2016 年 6—10 月柳州、河池　　　　图 2.17　2016 年 6—10 月柳州、河池
两地观测点甘蔗株高比较　　　　　　　　两个地区旬平均气温比较

2016 年 8 月中至 10 月初,柳州、河池两地的株高变化差异情况与同期的旬平均气温及旬降雨量的变化情况较为一致（见图 2.17,图 2.18）,表明在 8 月中,甘蔗进入茎伸长盛期后,旬平均气温、旬降雨量对甘蔗植株的株高有明显的影响。在一定范围内,旬平均气温、旬降雨量越高,植株株高增长越快。

（3）整理河池观测点甘蔗当年与 2015 年同期株高（见图 2.19）、叶绿素（见图 2.20）、叶片面积（见图 2.21）进行比较。

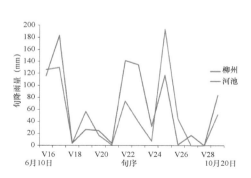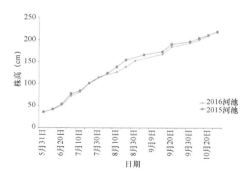

图 2.18　2016 年 6—10 月柳州、河池　　　　图 2.19　河池甘蔗观测点 2016 年与
两个地区旬降雨量比较　　　　　　　　　2015 年同期植株株高比较

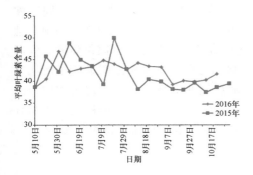

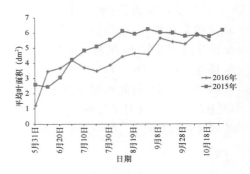

图 2.20　河池甘蔗观测点 2016 年与
2015 年同期叶片叶绿素含量比较

图 2.21　河池甘蔗观测点 2016 年与
2015 年同期叶片叶面积比较

　　河池甘蔗观测点的甘蔗株高,2016 年与 2015 年总体比较相近,8 月初至 9月末的甘蔗茎伸长盛期,2015 年株高高于 2016 年株高;甘蔗叶片叶绿素,7 月初至 10 月中的甘蔗茎伸长期,2016 年叶片叶绿素含量高于 2015 年;甘蔗叶片叶面积,7 月初至 10 月中的甘蔗茎伸长期,2015 年叶片叶面积大于 2015 年。

　　根据同期气象条件分析,包括旬降雨量(见图 2.22)和旬日照时数(见图 2.23),总体而言,2015 年河池甘蔗观测点旬降雨量高于 2016 年。初步认为,在甘蔗茎伸长期,降水条件越好,越有利于甘蔗植株茎生长和叶片面积的增加,利于生物量增加。相应地,总体上 2016 年河池甘蔗观测点旬日照时数多于2015 年。初步可认为,在甘蔗茎伸长期,日照条件越好,甘蔗叶片叶绿素含量越高,利于甘蔗叶片光合作用的发生。

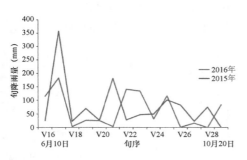

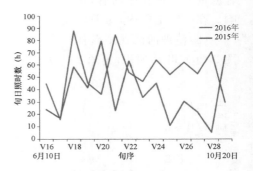

图 2.22　河池甘蔗观测点 2016 年与
2015 年同期旬降雨量比较

图 2.23　河池甘蔗观测点 2016 年与
2015 年同期旬日照时数比较

　　(4)整理柳州甘蔗观测点甘蔗叶片数据,经过计算,得到柳州 2015 年甘蔗叶面积指数(LAI)的变化规律(见图 2.24)。LAI 呈抛物线变化规律,在苗期到分蘖期阶段,甘蔗植株的叶片数不断增加,单叶片面积逐渐增大,以利于光合作用,促使 LAI 不断增加;进入茎伸长期,在茎伸长始期开始,为满足根、叶自身的生长需要以及茎的生长即增加茎长和茎重所需的光合产物,光合作用强烈,叶面积迅速增大,LAI 也随之迅速增大,且可以不断地长出新叶,补充枯死叶;到达茎伸长盛期,甘蔗植株已经生长大量叶片,LAI 达到最大值,但之后叶片间出现相互遮掩的情况,有效的叶面积并不一定会与 LAI 成正比,且叶片生长开始放缓速度,逐渐出现干叶或者枯叶,于是 LAI 开始逐渐下降;进入茎伸长末期,到成熟期为止,叶片的光合作用产物主要用于茎的伸长和糖分的积累,叶片比例不断下降,逐渐衰老脱落,LAI 迅速减小。

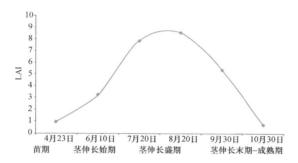

图 2.24　柳州 2015 年 4—10 月甘蔗叶面积指数(LAI)的变化规律

(5)分析叶绿素的变化规律,包括同层的叶片处于不同生育期的叶绿素变化趋势,以及在同一个生育期不同层叶片的叶绿素变化趋势。

① 同层的叶片处于不同生育期的叶绿素变化趋势(图 2.25～图 2.27)

根据图 2.25～图 2.27,初步认为:在甘蔗从茎伸长期向糖分积累期生长的过程中,上层和中层的叶片叶绿素,从茎伸长前期到茎伸长后期,是逐渐增大的,但进入糖分积累期则会有所下降;下层的叶片叶绿素则是逐渐减小。

② 同一个生育期不同层叶片的叶绿素变化趋势(图 2.28～图 2.30)

根据图 2.28～图 2.30,初步认为:在茎伸长前期,叶片叶绿素下层最大,中层次之,上层最小;在茎伸长后期和糖分积累期,则是上层最大,中层次之,下层最小。整体而言,叶片叶绿素由茎伸长前期,经过茎伸长后期,至糖分积累期,是一个逐渐减小的过程。这与叶片的生长发育状况有极大的关系。

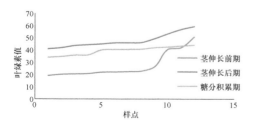

图 2.25　上层叶片叶绿素变化趋势

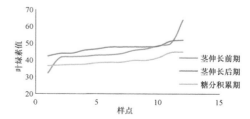

图 2.26　中层叶片叶绿素变化趋势

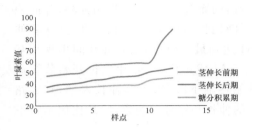

图 2.27　下层叶片叶绿素变化趋势

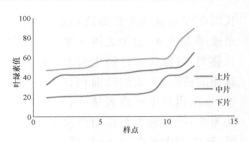

图 2.28　茎伸长前期不同层
叶片叶绿素变化

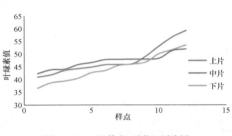

图 2.29　茎伸长后期不同层
叶片叶绿素变化

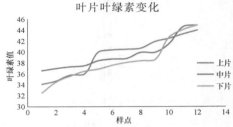

图 2.30　糖分积累期不同层
叶片叶绿素变化

（6）分析叶片含水量的变化规律,包括考虑同层的叶片处于不同生育期的叶片含水量变化趋势,以及在同一个生育期不同层叶片的叶片含水量变化趋势。

① 同层的叶片处于不同生育期的叶片含水量变化趋势（图 2.31～图 2.33）

根据图 2.31～图 2.33,初步认为:在甘蔗从茎伸长期向糖分积累期生长的过程中,上层叶片含水量逐渐减小,但茎伸长前期到后期的减小幅度比茎伸长后期到糖分积累期减小幅度要大;上层叶片和中层叶片相似之处在于从茎伸长前期到后期,含水量减少幅度较大,而茎伸长后期与糖分积累期之间叶片含水量比较接近;下层叶片含水量随着生育期递进而均匀减少。

② 同一个生育期不同层叶片的叶片含水量变化趋势（图 2.34～图 2.36）

根据图 2.34～图 2.36,初步认为:上层叶片含水量在这几个生育期中比中、下层叶片的含水量略大。整体而言,叶片含水量由茎伸长前期,经过茎伸长后期,至糖分积累期,是一个逐渐减小的过程。

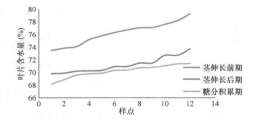

图 2.31　上层叶片含水量变化趋势

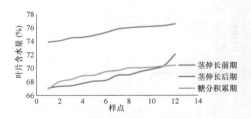

图 2.32　中层叶片含水量变化趋势

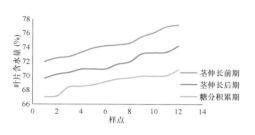

图 2.33　下层叶片含水量变化趋势

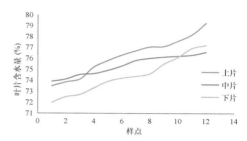

图 2.34　茎伸长前期不同层
叶片含水量变化

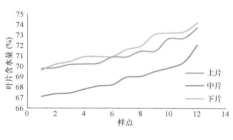

图 2.35　茎伸长后期不同层
叶片含水量变化

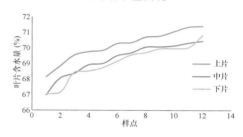

图 2.36　糖分积累期不同层
叶片含水量变化

(7)分析叶片面积的变化规律,包括考虑同层的叶片处于不同生育期的叶片面积变化趋势,以及在同一个生育期不同层叶片的叶片面积变化趋势。

① 同层的叶片处于不同生育期的叶片面积变化趋势(图 2.37~图 2.39)

根据图 2.37~图 2.39,初步认为:上、中、下层的叶片,在这三个生育期阶段,均为在糖分积累期叶片面积最大,在茎伸长后期次之,在茎伸长前期为最小。且在糖分积累期和茎伸长后期阶段相距不大,但分别与茎伸长前期相比,差别较大。

② 同一个生育期不同层叶片的叶片面积变化趋势(图 2.40~图 2.42)

根据图 2.40~图 2.42,初步认为:在茎伸长前期,上、中、下三层叶片之间面积区别较大,在茎伸长后期和糖分积累期则面积大小相近。整体而言,则从茎伸长前期生长发育至糖分积累期,三层叶片的面积是逐渐增大的。

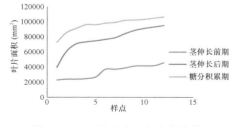

图 2.37　上层叶片面积变化趋势

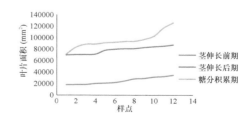

图 2.38　中层叶片面积变化趋势

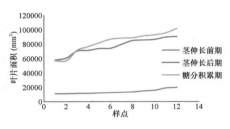

图 2.39　下层叶片面积变化趋势

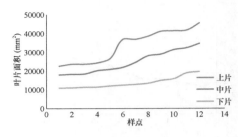

图 2.40　茎伸长前期不同
层叶片面积变化

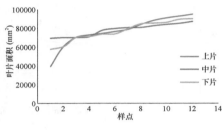

图 2.41　茎伸长后期不同
层叶片面积变化

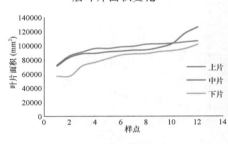

图 2.42　糖分积累期不同
层叶片面积变化

2.2　基于土壤相对湿度的甘蔗干旱灾害等级指标

　　结合查阅文献、历史积累资料、观测数据资料分析等,在国家标准《甘蔗干旱灾害等级》(G/BT_34809—2017)的基础上细化了基于土壤相对湿度的甘蔗干旱灾害等级指标,并将在后续试验和应用中进一步验证(见表 2.1)。

表 2.1　基于土壤相对湿度(R_{sm})的甘蔗干旱灾害等级指标

等级	类型	土壤相对湿度(%)			
		萌芽期-幼苗期 (土层 30 cm)	分蘖期 (土层 50 cm)	茎伸长期 (土层 50 cm)	工艺成熟期 (土层 50 cm)
1	轻旱	$55{\leqslant}R_{sm}{<}60$	$60{\leqslant}R_{sm}{<}65$	$65{\leqslant}R_{sm}{<}70$	$55{\leqslant}R_{sm}{<}60$
2	中旱	$50{\leqslant}R_{sm}{<}55$	$55{\leqslant}R_{sm}{<}60$	$60{\leqslant}R_{sm}{<}65$	$50{\leqslant}R_{sm}{<}55$
3	重旱	$40{\leqslant}R_{sm}{<}50$	$45{\leqslant}R_{sm}{<}55$	$50{\leqslant}R_{sm}{<}60$	$40{\leqslant}R_{sm}{<}50$
4	特旱	$R_{sm}{<}40$	$R_{sm}{<}45$	$R_{sm}{<}50$	$R_{sm}{<}40$

注:具体标准文本见附录。

2.3　基于水分亏缺距平指数的甘蔗干旱灾害等级指标

结合查阅文献、历史积累资料、观测数据资料分析等,构建了基于水分亏缺距平指数的甘蔗干旱灾害等级指标(G/BT_34809—2017 甘蔗干旱灾害等级),并将在后续试验和应用中进一步验证(见表 2.2)。

表 2.2　基于水分亏缺距平指数(CWDIa)的甘蔗干旱灾害等级

等级	类型	水分亏缺距平指数(%)	
		茎伸长期	其余发育期
1	轻旱	30≤CWDIa<45	35≤CWDIa<50
2	中旱	45≤CWDIa<60	50≤CWDIa<65
3	重旱	60≤CWDIa<75	65≤CWDIa<80
4	特旱	CWDIa≥75	CWDIa≥80

注:具体标准文本见附录。

2.4　基于农艺性状的甘蔗干旱灾害等级

结合查阅文献、历史积累资料、观测数据资料分析等,构建了基于农艺性状的甘蔗干旱灾害等级指标,并在后续试验中进一步验证(见表 2.3)。

表 2.3　基于农艺性状的甘蔗干旱灾害等级

等级	类型	农艺性状指标(茎伸长期)	
		叶绿素(Cab)	叶片含水量(LWC)
1	轻旱	30≤Cab<40	55%≤LWC<65%
2	中旱	20≤Cab<30	40%≤LWC<55%
3	重旱	15≤Cab<20	25%≤LWC<40%
4	特旱	Cab<15	LWC<25%

2.5　基于 CLDAS 模型的甘蔗干旱动态监测评估技术

旱灾是我国当前影响最严重的农业气象灾害,由于甘蔗种植区内多喀斯特地形地貌,坡耕地水分条件差,基础设施不完善,抗旱保墒能力差,干旱成灾率高(朱钟麟,2009),对原料蔗的产量和糖分影响很大(张凌云　等,2009),旱灾已成为影响甘蔗生产最频繁、范围最广、损失最严重的自然灾害之一。因此,探索研究甘蔗干旱客观定量精细化监测方法,提高甘蔗干旱程度的评估能力对于甘蔗生产和管理具有重要意义。

目前,农业干旱监测研究主要包括传统农业干旱和遥感干旱监测两大类,两种方法均研究构建了多种指标(张强　等,2011;刘宪峰　等,2015;邹旭恺　等,2005;韩宇平　等,2013;路京选　等,2009;王学锋　等,2012;曲学斌　等,2005,2016),但针对甘蔗干旱监测评估研究的文献资料并不多。匡昭敏等编制的国家标准《甘蔗干旱灾害等级》(GBT_34809—2017)中,划定了土壤相对湿度、水分亏缺率距平、形态指标三种甘蔗干旱等级指标,成为甘蔗干旱灾害定量化评价的重要依据。莫建飞等(2015)利用降水量和降水量小于 5 mm 日数构建甘蔗干旱灾害指数,依托 GIS 技术分析了 1961—2010 年甘蔗萌芽分蘖期干旱时空分布特征。在遥感甘蔗干旱监测方面,Lovick 等(1991)发现 Landsat TM 数据 4,5,7 波段能够提供更多表征甘蔗状况的信号,这些波段的反射率越低,表明甘蔗体内水分含量越高。Yang 等(2010)发现利用 Landsat TM 可以有效估算区域尺度的甘蔗种植区蒸散状况。Schmidt 等(2001)发现利用 DMSV 传感器监测甘蔗冠层光谱信息可以识别甘蔗发育早期不同程度的水分胁迫。匡昭敏等(2007)以高空间分辨率 ETM 卫星数据提取研究区甘蔗种植信息,利用 MODIS 卫星数据采用植被状态指数(VCI)和温度条件指数(TCI)构建干旱指数(DI)遥感监测模型,应用该模型对广西来宾市兴宾区典型甘蔗种植区 2004 年、2005 年秋旱进行了监测评估,通过与旱情实况数据对比分析,证明该模型适用于甘蔗旱情监测。王君华等(2010)利用 MODIS 数据,采用植被温度指数模型对 2004—2008 年广西崇左市甘蔗种植区秋旱进行遥感监测,发现该指数能较客观、全面地反映大范围甘蔗种植区干旱的发生、发展情况,但该方法中干旱等级划分标准的选取具有一定的人为主观性。

土壤水分是反演旱情最客观的指标之一,但目前站点观测和卫星反演都具有较大的局限性。国家气象信息中心从 2013 年 11 月开始发布 CLDAS V1.0 (China meteorological administration land data assimilation system),其可提供时空连续且分辨率较高的土壤体积含水量产品(韩帅　等,2015),本研究利用该产品,结合世界土壤数据库 HWSD(Harmonized World Soil Database V1.1)获取的田间持水量等土壤属性数据,推算土壤相对湿度并参考中国国家标准《甘蔗干旱灾害等级》和气象行业标准《农业干旱等级》对广西蔗区干旱进行监测评估,并在此基础上进行 CLDAS 干旱监测指标调整,为改进和提高利用多源空间信息进行甘蔗干旱客观、定量及精细化监测评估探索一种新的有效途径。

2.5.1　数据及方法

2.5.1.1　CLDAS 土壤湿度数据

陆面数据同化技术是获取高质量土壤湿度数据的有效手段,国家气象信息中心师春香主持研发了 CLDAS 土壤湿度产品,利用数据融合同化技术,对地面观测、卫星监测、数值模式产品等多种来源的数据进行融合,获取高质量的大气驱动场(温度、气压、湿度、风速、降水、辐射)格点数据,进而驱动陆面过程模型,获取土壤湿度数据(见图 2.43)。数据范围覆盖整个东亚地区,各点分辨率为 $1/16° \times 1/16°$,时间分辨率为 1 h,包括 5 个深度:0~5 cm、0~10 cm、10~40 cm、40~80 cm、80~200 cm。该产品利用中国气象局 2012 年业务运行的自动站 100~300 d 的观测数据进行了相关分析和验证,相关系数 0.8922,偏差 0.0356,均方根误差 0.037(韩帅 等,2015)。

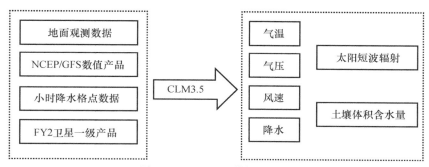

图 2.43 CLDAS 数据概况表

CLDAS 数据采用 NC 格式进行存储,本研究所采用的影像处理软件为 ENVI 5.0,不支持该数据的读取。因此,需对所下载的 NC 数据进行读取与格式转换处理。利用 IDL 程序编写相关程序,将 .nc 文件转为 .img 文件,并对后者写入头文件(见图 2.44、图 2.45),从而实现该数据在 ENVI 软件的读取及后续处理。

图 2.44 NC 数据格式转换界面

图 2.45 IMG 数据格式写入文件头界面

根据 CLDAS—V1.0 中国区域各层土壤体积含水量产品数据,将 0~10 cm、10~40 cm、40~80 cm 三个剖面数据通过公式(2.1)计算得到 50 cm 深度土壤层平均土壤体积含水量。

$$SM_{0\sim50\ cm} = \frac{SM_1 \times Z_1 + SM_2 \times Z_2 + SM_3 \times (Z - Z_1 - Z_2)}{Z} \qquad (2.1)$$

式中,$SM_{0\sim50\ cm}$ 为 0~50 cm 的土壤体积含水量,SM_1 为 0~10 cm 的土壤体积含水量,SM_2 为 10~40 cm 的土壤体积含水量,SM_3 为 40~80 cm 的土壤体积含水量;三层所占的权重按照各层所占到 50 cm 总深度的比例确定,Z 为需要计算的土壤层的最大深度即 50 cm,Z_i 为第 i 层的土壤厚度(单位:cm),可知 Z_1,Z_2 分别为 10 cm、30 cm;Z_1/Z、Z_2/Z、$(Z-Z_1-Z_2)/Z$ 分别为第 1,2,3 层所占总深度的权重,通过计算可知其分别为 0.2,0.6,0.2。

2.5.1.2 HWSD 土壤属性数据

土壤田间持水量是土壤相对湿度计算过程中非常重要的物理量。本研究使用了来源于联合国粮农组织(FAO)和维也纳国际应用系统研究所(IIASA)所构建的世界土壤数据库 HWSD,中国境内数据源为南京土壤所所提供的 $1:1\times10^6$ 第二次全国土地调查土壤数据。数据空间分辨率为 1 km,土壤数据分两层 0~30 cm,30~100 cm。采用 Koren 等(2004)研究的土壤转换函数以沙粒、粘粒百分含量及土壤质地等参数作为输入值(见图 2.46),可以估算田间持水量等多种土壤水文参数(见图 2.47)。

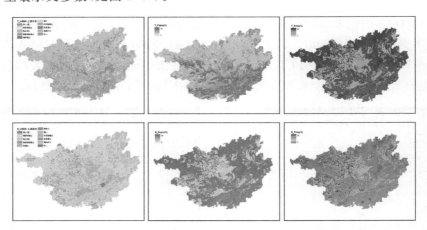

图 2.46　广西上下层土壤属性(质地、沙粒百分比、粘粒百分比)数字图

考虑到不同土层所占的权重,利用公式(2.2)将田间持水量数据插值到对应的 0~50 cm 的平均值。

$$fc = \frac{fc_1 \times Z_1 + fc_2 \times (Z - Z_1)}{Z} \qquad (2.2)$$

式中,fc 为所求深度的土壤田间持水量(单位:$cm^{-3} \cdot cm^{-3}$);Z_i 为第 i 层的土壤厚度(单位:m);fci 为第 i 层土壤田间持水量平均值(单位:$cm^{-3} \cdot cm^{-3}$);Z 为所

需计算的总深度即 50 cm；Z_i 为第 i 层的土壤厚度（单位：cm），Z_1/Z、$(Z-Z_1)/Z$ 分别为第 1,2 层所占总深度的权重，通过计算可知其分别为 0.6,0.4。

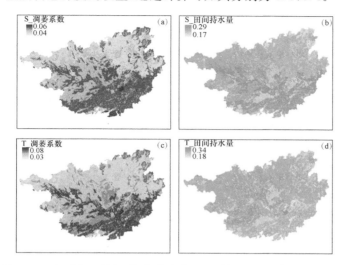

图 2.47　广西上、下层土壤水分常数（田间持水量、凋萎系数）数字图

2.5.1.3　干旱灾害等级划分参考依据

本研究参考了两种干旱等级划分指标：中国国家标准《甘蔗干旱灾害等级》和气象行业标准《农业干旱等级》（见表 2.4），两种指标均采用土壤湿度判定干旱等级。

表 2.4　干旱等级划分参考依据

等级	类型	《农业干旱等级》	《甘蔗干旱灾害等级》
0	无旱	$R_{sm}>60$	$R_{sm}\geqslant70$
1	轻旱	$50<R_{sm}\leqslant60$	$65\leqslant R_{sm}<70$
2	中旱	$40<R_{sm}\leqslant50$	$60\leqslant R_{sm}<65$
3	重旱	$30<R_{sm}\leqslant40$	$50\leqslant R_{sm}<60$
4	特旱	$R_{sm}<30$	$R_{sm}<50$

2.5.2　干旱监测评价结果

2011 年 7 月 1 日—9 月 28 日，广西各地降水量 120.0～913.7 mm，与常年同期相比，大部地区偏少 2～7 成，全区平均气温 27.7 ℃，大部地区比常年同期偏高 0.5～1.5 ℃，降水量偏少和气温偏高，导致广西出现大范围干旱。利用 CLDAS 0～50 cm 土壤体积含水量和 HWSD 田间持水量数据，参照中国国家标准《甘蔗干旱灾害等级》和气象行业标准《农业干旱等级》中的干旱等级划分标准,制作旱情最严重时期 9 月上、中、下旬干旱等级时空分布图(见图 2.48)。

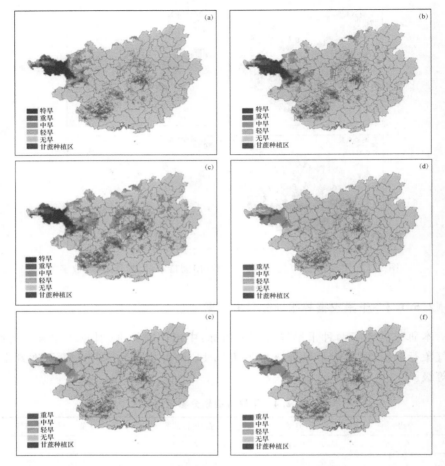

图 2.48　2011 年 9 月干旱等级时空分布图
(甘蔗干旱等级:a.2011-09-08,b.2011-09-18,c.2011-09-28;农业干旱等级:
d.2011-09-08,e.2011-09-18,f.2011-09-28;)

　　对比分析两种干旱指标的监测结果得知,参照《农业干旱等级》广西蔗区基本不受此期间干旱过程影响,而依据《甘蔗干旱等级》蔗区则不同程度受旱,总体上,《甘蔗干旱灾害等级》划分的标准反映的旱情程度比《农业干旱灾害等级》严重。对照 2011 年甘蔗旱灾普查数据,两种指标监测结果所反映的旱情均偏轻。根据上述两种干旱等级指标旱情反演结果,结合灾情普查数据,对 CLDAS 土壤相对湿度干旱等级指标进行调整(见表 2.5)。依据该指标反演了此次干旱全过程,调整后干旱指标可以较客观地反演干旱的发生、发展及消退过程(见图 2.49)。

表 2.5　CLDAS 甘蔗干旱监测指标

类型	无旱	轻旱	中旱	重旱	特旱
CLDAS 甘蔗干旱指标	$R_{sm} \geqslant 75$	$70 \leqslant R_{sm} < 75$	$65 \leqslant R_{sm} < 70$	$55 \leqslant R_{sm} < 65$	$R_{sm} < 55$

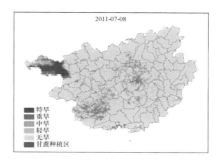

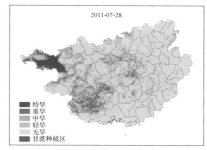

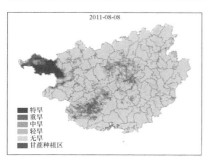

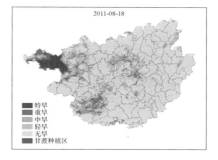

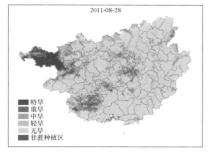

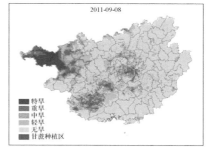

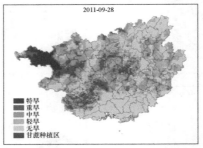

图 2.49　2011 年 7—9 月干旱等级时空分布图(CLDAS 干旱监测指标)

(1)轻、中旱区:轻旱、中旱发生时,甘蔗叶片不同程度萎蔫,影响光合作用,如灌溉措施跟不上则对产量会造成不同程度的影响。2011 年 7—9 月,CLDAS干旱监测指标反演结果显示,7 月下旬轻、中旱区扩展,主要分布于崇左市、南宁市良庆区及防城港市北部部分地区,但 8 月上旬该地区旱情基本解除;从 8 月下旬开始至 9 月下旬,轻、中旱情逐步扩展,以崇左、南宁、来宾为中心分别向西北东南沿线扩展,至 9 月下旬,广西中部的大部分地区处于不同程度的干旱状态。

(2)重、特旱区:重旱、特旱发生时,土壤处于严重缺水状态,农作物根系从土壤中吸收水分困难,严重影响农业生产。2011 年 7—9 月,CCLDAS 干旱监测指标反演结果显示,至 8 月上旬,重至特旱区主要分布于西林县东南部、田林县大部地区及百色市辖区西部部分地区,期间 7 月下旬田林县局部地区得到缓解,但从 8 月上旬开始该县旱情进一步严重,北部部分地区由重旱发展至特旱;9 月上旬开始,旱情进一步扩展。百色市辖区东部及中部地区由原来的无旱或轻旱状态发展至重旱,蔗区干旱状况在 10 月上旬几乎全部解除。

2.5.3　干旱评估结果验证

利用广西 10 个农气站观测的土壤相对湿度与 CLDAS 反演的土壤相对湿度进行比较,计算两者的相关系数 r 及均方根误差 RMSE(见图 2.50)。两者的相关系数 r 在 0.4~0.88,其中隆林、平果两站实测土壤相对湿度与 CLDAS 反演值相关性较低,r 分别为 0.50、0.40;玉林、百色、扶绥、桂林、来宾、苍梧 6 个站两者的相关性较高,r 均大于 0.7。两种相对湿度的的 RMSE 在 11.53~23.54,隆林、扶绥、平果三站 RMSE 较大,分别为 23.54、21.02、17.67;百色、沙塘、贵港、桂林、来宾、苍梧 6 个站 RMSE 均小于 15。总体来说,CLDAS 反演的土壤相对湿度与实测土壤相对湿度数据相关性较好。

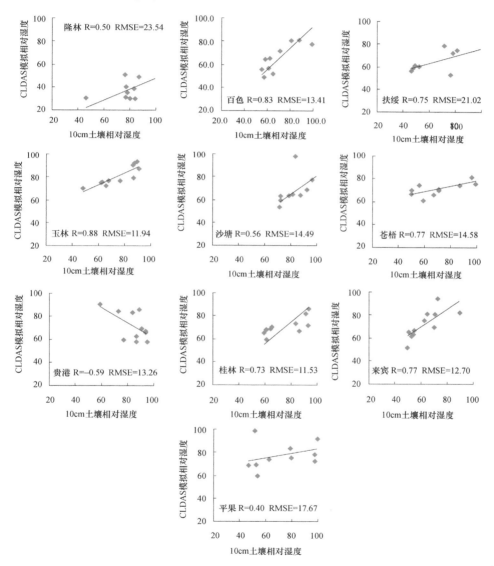

图 2.50　CLDAS 反演土壤相对湿度与 10 cm 土壤相对湿度的线性关系

2.5.4　干旱指标应用

图 2.51 是 2016 年 10 月 17 日四省(区)甘蔗干旱灾害监测图。

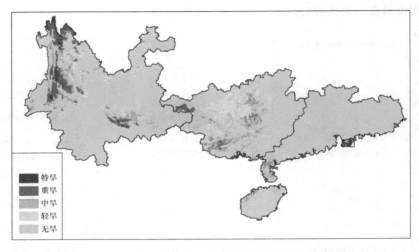

图 2.51　2016 年 10 月 17 日四省(区)甘蔗干旱灾害监测图

2.5.5　小结

本节利用国家气象信息中心 CLDAS 反演的土壤体积含水量和由 HWSD 获取的田间持水量等数据,推算土壤相对湿度,并参照中国国家标准《甘蔗干旱灾害等级》和气象行业标准《农业干旱等级》中的干旱指标,进一步调整确定基于 CLDAS 反演的土壤相对湿度的甘蔗干旱灾害监测指标。结果表明,基于 CLDAS 反演的土壤相对湿度的干旱监测指标可以较好地反映旱情,其监测评估结果与实际受灾空间分布吻合度较高,相关系数分别为 0.774,显著性水平为 0.05。CLDAS 反演的土壤相对湿度与地面观测数据一致性较高,偏差在 -0.15~0.15,平均偏差为 0.02,均方根误差 0.0484,相关系数多大于 0.7。

CLDAS 甘蔗秋旱反演结果与实际灾情数据空间分布基本一致,与实测土壤相对湿度误差较小,但仍存在局部地区偏重、偏轻情况。由于广西甘蔗种植地区多为丘陵山地,土壤属性变化较大,格点化的田间持水量无法细致表现其土壤地形的复杂程度,对比分析发现,与实测结果相比,利用 HWSD 数据计算所得的田间持水量上层(0~30 cm)偏大、下层(30~100 cm)偏小,因此由其推算反演出的本研究所用 50 cm 田间持水量与实际数据存在不同程度的偏差,由此影响了CLDAS 土壤相对湿度反演结果的精度。

对 CLDAS 反演的土壤相对湿度日变化结果分析得知,在非雨日其变化稳定,日变幅<1%,但在雨日其变化差异剧烈,而土壤水分实测数据受人工操作的影响,其测量时间并不固定。在利用实测数据对模式模拟结果进行评估时并未考虑天气条件的影响,这可能也是影响其误差的原因之一。

2.6　甘蔗干旱灾情调查

2.6.1　近年甘蔗干旱灾情个例

(1)广西柳州甘蔗旱情

2014 年 10 月中下旬,柳州各地蔗区旬平均气温为 22~25 ℃,比常年同期偏高;各观测地段甘蔗株高度比历年偏矮,蔗区旬内无雨,以多云天气为主。旬内大部蔗区光温条件适宜,促进甘蔗糖分转化,但部分蔗区降水偏少明显,不利于甘蔗茎节的后期伸长,甘蔗植株长势偏矮。据柳州市农业气象试验站 10 月 20 日测定的甘蔗株高为 225 cm,比上旬测定的高度仅增加了 1 cm,比常年高度偏矮了 22 cm,甘蔗地各层次的土壤相对湿度分别为:0~10 cm 为 54%、10~20 cm 为 77%、20~30 cm 为 76%、30~40 cm 为 69%、40~50 cm 为 70%,土壤水分含量各层均偏小,属轻旱;造成柳州甘蔗茎伸长缓慢。

(2)广西崇左江州区甘蔗旱情

2013 年 12 月—2014 年 1 月,降雨量同期偏少,处于成熟中期(榨季中期)的甘蔗受旱。

12 月底株高调查,结果显示为新根蔗株高 264 cm,宿根蔗株高 285 cm,新根蔗株高较 2012 年少 11 cm,宿根蔗株高较 2012 年增加 2 cm,新根蔗株高相比较 2012 年相差较大,宿根株高较 2012 年增加,新根甘蔗高度较 2012 年差距在缩小;月生长速度为宿根 2 cm,新根 3 cm,生长速度已逐渐下降。

12 月底,新根蔗糖分 13.62%,宿根蔗糖分 14.56%,新根蔗较 2012 年糖分低 0.75 个百分点,宿根蔗较 2012 年糖分低 0.37 个百分点,甘蔗受旱及伴随霜冻是甘蔗糖分下降的主要原因。

(3)广西防城港上思甘蔗旱情

① 2016 年 9—10 月持续干旱

9 月上旬至 10 月上旬,由于天气持续高温,降雨偏少,上思县蔗区部分甘蔗出现了不同程度的旱情。截至 10 月 10 日,全县甘蔗受旱面积 1.7 万亩,约占甘蔗种植面积的 4%,其中:严重受旱面积 2000 亩,主要表现为蔗叶几乎全部干枯,有少数甘蔗生长点已经枯死；一般受旱面积 1.5 万亩，主要表现为蔗叶出现部分枯萎焦黄。受旱甘蔗主要分布在土层较薄、风化石蔗地居多的平福乡、叫安镇、华兰镇等。

② 2017 年 1—5 月持续干旱

2017 年 1 月 1 日—5 月 5 日，上思县气候呈现降水量明显偏少、气温偏高的特点，降雨量共 115.8 mm，与历年同期相比大部地区偏少 2～3 成。其中 4 月至今上思降水量仅为 15.7 mm，与常年同期相比，偏少了 8 成左右。5 月 5 日，按气象干旱综合监测指标进行监测，上思已达到重旱。

降雨明显偏少的情况下，上思的稻田和甘蔗地都出现了裂缝，甚至部分甘蔗旱死，生长参差不齐，受灾较严重。部分农民已开展自救，通过抽水灌溉农作物。

(4)广东湛江甘蔗旱情

2015 年受厄尔尼诺事件发生的影响，广东湛江、广西、云南及海南等甘蔗主产区均受到不同程度的干旱。

2015 年春季（3 月 1 日—5 月 31 日）湛江市的平均降雨量只有 100～200 mm，距往年平均降雨量减少了 2～5 成，平均气温相较往年平均气温提高了 1～2 ℃，高温少雨的天气导致雷州半岛从 3 月底就出现了中旱。6 月 1 日至 7 月 14 日雷州半岛依旧维持着高温少雨的天气，平均气温较往年正常水平高出 1～2 ℃，虽然湛江地区遭遇了"鲸鱼"与"莲花"两个台风，但两个台风与湛江地区均只是擦肩而过，导致降雨量不足，其中湛江北部降雨较往年平均水平减少 5～8 成，湛江中部和南部的降雨量较往年减少了 8～10 成，造成整个湛江地区干旱非常严重。

从湛江蔗区实地调研的情况来看，湛江南部蔗区旱情非常严重，北部蔗区虽然也受干旱影响，但受灾程度不如南部蔗区严重。唐家镇、纪家镇、河头镇、客路镇这些位于湛江南部的蔗区随处可以看到有大片甘蔗因为高温晴热天气被烘烤得焦白，甘蔗叶出现卷心、干枯发黄，植株矮小，节间短，蔗茎细，蔗地土壤也是极为干燥，沿路目测大约有八成以上的甘蔗都受到了较为严重的旱情影响，这其中又有两成左右的甘蔗已近乎绝收，即使不绝收的部分，后期单产出现大幅下降也已成定局。而岭北镇、洋青镇、杨柑镇、北坡镇、城月镇等湛江北部蔗区的受灾情况则不如南部蔗区那么严重，北部各蔗区沿路目测大约有一半的甘蔗长势相对比较正常，甘蔗叶子仍是以青绿色为主，仅有部分甘蔗叶片出现卷曲发黄，部分甘蔗已经进入到正常的分蘖伸长期，如果后期能够出现有效降雨，这部分甘蔗还是可以正常生长，后期产量受到的影响也会较小。

(5)云南元阳甘蔗旱情

2013 年 11 月—2014 年 5 月，元阳蔗区降雨逐渐减少，连续近 6 个月没有有效降雨发生，干旱逐步发生并呈蔓延态势；2014 年 5 月初有过几场短时阵雨，但随之出现的持续高温天气使得干旱面积迅速扩展。根据 2014 年 5 月 25 日统计数据,元阳蔗区甘蔗受灾总面积达到 36530 亩,其中严重受灾,新植蔗和宿根蔗不出苗或出苗率极低,几乎绝收的面积有 8850 亩;受灾较重,严重影响甘蔗正常分蘖和生长,减产将超过 50% 的面积有 17480 亩;受灾较轻,叶片变黄、卷曲,造成甘蔗减产在 25% 左右的面积有 10200 亩。

2.6.2　甘蔗干旱历史灾情

广西、广东、云南、海南等省(区)的几个主要甘蔗产县市 1983—2010 年的甘蔗干旱历史灾情,具体见表 2.6~表 2.11。

表 2.6　广西扶绥甘蔗干旱历史灾情

年份	干旱类型	最大级别
1985	秋旱	中
1987	春旱	中
1989	夏旱	中
1991	秋旱	特
1992	春旱	重
1993	春旱	重
1995	春旱	特
1996	秋旱	重
1999	春旱	特
2000	夏旱	重
2001	秋旱	中
2002	春旱	中
2003	秋冬旱	重
2004	秋旱	特
2005	秋旱	重
2006	秋旱	特
2009—2010	夏秋冬春连旱	特

表 2.7　广西来宾甘蔗干旱历史灾情

年份	干旱类型	最大级别
1984	夏旱	中
1985	秋旱	特
1986	春旱	中
1989	秋旱	特
1990	夏旱	重
1991	春旱	特

年份	干旱类型	最大级别
1995	夏旱	重
1996	秋旱	重
2000	冬旱	重
2001	秋旱	重
2004	秋旱	特
2005	夏旱	中
2006	秋旱	重
2007	夏旱	轻
2009—2010	夏秋冬春连旱	特

表 2.8 广东湛江甘蔗干旱历史灾情

年份	干旱类型	最大级别
1984	秋旱	轻
1986	秋旱	重
1989	春旱	重
1992	秋旱	轻
1994	秋旱	中
1998	春旱	中
1999	冬旱	轻
2001	秋旱	轻
2002	春旱	轻
2003	春旱	重
2004	秋旱	中

表 2.9 云南元江甘蔗干旱历史灾情

年份	干旱类型	最大级别
1988	夏旱	中
1995	秋旱	中
2000	秋冬旱	中
2004	春旱	特
2005	春旱	特

表 2.10 云南保山甘蔗干旱历史灾情

年份	干旱类型	最大级别
1985	秋冬旱	重
1986	夏旱	重
1989	夏旱	中

年份	干旱类型	最大级别
1991	夏旱	特
1992	夏旱	中
1994	秋旱	轻
1995	春旱	轻
1999	夏旱	中
2005	夏旱	重

表 2.11　海南儋州甘蔗干旱历史灾情

年份	干旱类型	最大级别
1984	春旱	重
1985	冬旱	特
1987	夏旱	中
1988	春旱	重
1990	春旱	重
1992	春旱	特
1992－1993	冬旱	轻
1994－1995	秋冬春连旱	特
2003	春旱	重

第3章　基于 CLDAS 模型的甘蔗寒冻害
监测评估技术

3.1　数据介绍

国家气象信息中心师春香团队(韩帅　等,2015)主持研发了 CLDAS 数据产品集,利用数据融合同化技术,对地面观测、卫星监测、数值模式产品等多种来源的数据进行融合,获取高质量的大气驱动场(温度、气压、湿度、风速、降水、辐射)格点数据,进而驱动陆面过程模型,获取土壤湿度数据(见图3.1)。数据范围覆盖整个东亚地区,各点分辨率为 $1/16° \times 1/16°$,时间分辨率为 1 h。数据起始时间为 2009 年 1 月 1 日,广西壮族自治区气象科学研究所从 2015 年 8 月开始实时接收。本研究采用 CLDAS V1.0 版本,选用了实时模拟的大气驱动场气温分量数据。

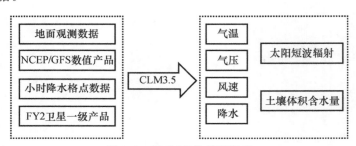

图 3.1　CLDAS 数据概况表

3.2　基于 CLDAS 的甘蔗寒冻害监测评估技术

3.2.1　CLDAS 数据预处理

1. 数据读取与格式转换

CLDAS 数据采用 NC 格式进行存储,本研究所采用的影像处理软件为

ENVI 5.0,不支持该数据的读取。因此,需对所下载的 NC 数据进行读取与格式转换处理。利用 IDL 程序编写相关程序,将 .nc 文件转为 .img 文件,并对后者写入头文件(见图 3.2、图 3.3),从而实现该数据在 ENVI 软件的读取及后续处理。

图 3.2　NC 数据格式转换界面　　　　图 3.3　IMG 数据格式写入文件头界面

2. 日最低气温求算

由于 CLDAS 气温分量存储单位为开尔文(K),利用公式 $t = T - 273.15$ 可以进行温度单位转换,此外,甘蔗寒冻害监测评估中需要用到日最低气温,需对 CLDAS 的逐小时数据进行多波段文件数据合成后计算日最低气温。利用 IDL 程序对已转换成 .img 格式进行数据合成和日最低气温求算(见图 3.4、图 3.5)。

图 3.4　多波段数据文件合成界面

图 3.5　日最低气温求算界面

3.2.2　基于 CLDAS 的甘蔗寒冻害监测评估指标

表 3.1　甘蔗平流型寒冻害等级指标及灾损指标

致灾等级	1级(轻)	2级(中)	3级(重)	4级(严重)
最低气温(℃)	2.0~4.0	0.0~1.9	−1.5~−0.1	<−1.5
过程日最低气温≤4 ℃持续天数(d)	5~8	9~15	16~28	≥28
过程日最低气温≤4 ℃的积寒(℃)	10.0~50.0	50.1~300.0	300.1~900.0	≥900.1

3.2.3　基于 CLDAS 的甘蔗寒冻害监测评估技术流程

图 3.6　甘蔗寒冻害监测评估技术流程图

3.3　甘蔗寒冻害监测评估案例分析

3.3.1　监测评估结果

灾害实况:2016 年 1 月 21 日以来,受强冷空气影响,广西全区出现入冬最寒冷的天气,过程最低气温:高寒山区−13~−5 ℃,桂北−6~3 ℃,桂中−2~2 ℃,桂南 0~4 ℃。全区有 258 个乡镇最低气温降至 0 ℃以下。

利用 CLDAS 预处理后数据,参考甘蔗寒冻害监测评估指标,分别制作逐日低温区分布图(见图 3.7)、寒冻害等级分布图(见图 3.8),最后结合甘蔗遥感本底矢量数据制作甘蔗寒冻害等级分布图(见图 3.9)。

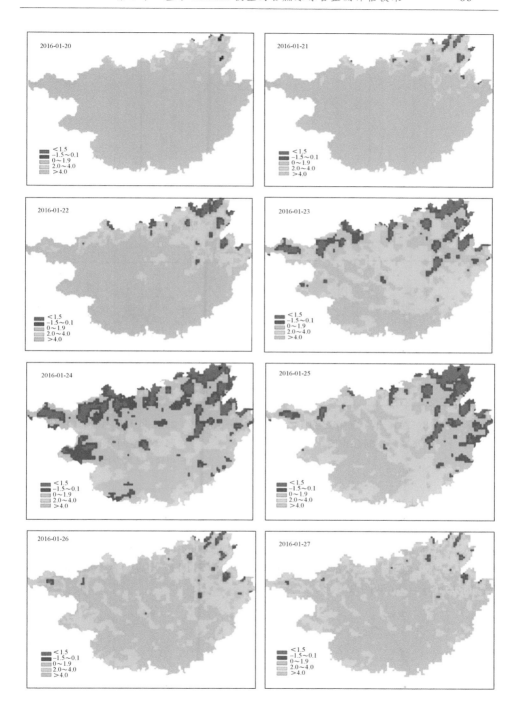

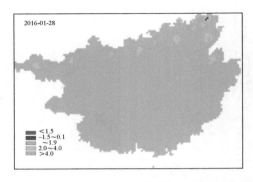

图 3.7　2016 年 1 月 20—28 日最低气温(℃)等级分布图

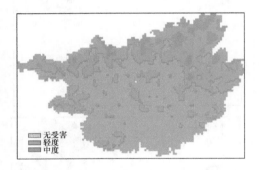

图 3.8　2016 年 1 月 16—29 日
寒冻害空间分布图

图 3.9　2016 年 1 月 16—29 日甘蔗
寒冻害空间分布图
(图中绿色区域为甘蔗植区)

3.3.2　台站资料验证

　　CLDAS 融合气温产品与本次试验随机选取的 5 个站点气温数据偏差在
0.5 ℃之内。融合气温数据在部分站点有"错位",即最低或最高气温提前或滞
后,时差小于 1 h(见图 3.10)。

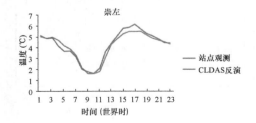

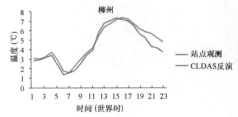

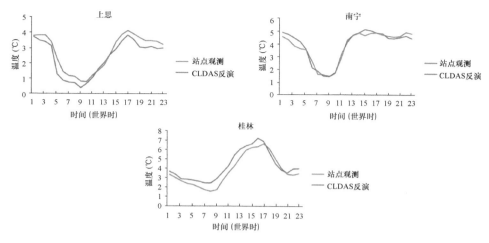

图 3.10　CLDAS 反演气温与地面观测气温（℃）比较图

3.4　基于 CLDAS 的甘蔗寒冻害监测评估指标应用

应用基于 CLDAS 的甘蔗寒冻害监测评估指标，对 2016 年 1 月出现的我国甘蔗主产省区（广西、云南、广东、海南）的低温灾害进行了监测评估，甘蔗寒冻害评估等级详见图 3.11。

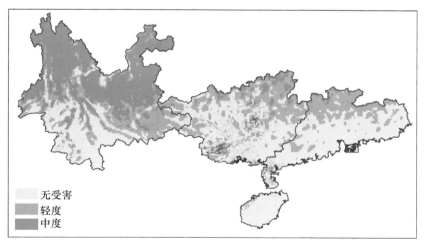

图 3.11　2016 年 1 月中国甘蔗主产省区寒冻害等级监测评估

第4章　甘蔗长势卫星遥感动态监测评估技术

4.1　甘蔗长势遥感动态监测评估技术的国内外研究进展

国内外在作物长势遥感监测方面的研究已取得很多成果。作物长势是指作物生长发育过程中的形态相,其强弱一般通过观测植株的叶面积、叶色、叶倾角、株高和茎粗等形态变化进行衡量。在不同的时段或不同的光、温、水、气(CO_2)和土(土壤)的生长条件下,作物的长势(生长状况)有所不同(李卫国　等,2006)。宏观上,农作物长势监测可以为农业政策的制订和粮食贸易提供决策依据;微观上在田块尺度获取作物长势是动态调整田间管理、实现精准耕作的前提(蒙继华　等,2010)。遥感主要通过记录电磁波信号来获取地表信息,卫星遥感具有实时、宏观、动态等优点,是大范围作物长势监测和产量预测的有效手段。

遥感监测农作物长势主要是利用植被对不同波长辐射吸收、反射和散射的特征实现。对作物遥感监测的原理是建立在作物光谱特征基础之上的,即作物在可见光部分(被叶绿素吸收)有较强的吸收峰,近红外波段(受叶片内部构造影响)有强烈的反射率,形成突峰,这些敏感波段及其组合(通常称为植被指数)可以反映作物生长的空间信息。常用的植被指数有归一化植被指数、差值植被指数、比值植被指数和双差值植被指数等。归一化植被指数 NDVI 是最为常用的指标,即 NDVI=(NIR−R)/(NIR+R),其中,R 为可见光敏感波段的反射率,NIR 为近红外敏感波段的反射率。归一化植被指数与作物的 LAI(叶面积指数)有很好的相关性,在作物的长势监测中,已被作为反映作物生长状况的良好指标(沈掌泉　等,1997;吴炳方　等,2004a,2004b)。

早在 20 世纪 70 年代中期,美国开始进行 LACIE 计划,到 1986 年建立了全球级的农情监测运行系统。欧盟遥感应用研究所通过实施 MARS 计划,建成了欧盟区的农作物估产系统。我国从 20 世纪 80 年代以来利用卫星遥感数据进行了作物生长参数反演、长势实时动态监测、遥感估产理论模型等理论以及业务系统建设的研究。近年来,我国先后开展了小麦、玉米和水稻大面积遥感估产试验研究(吴炳方,2000)。中国科学院先后建立了不同地区乃至国家级的农情监测系统。杨邦杰(1999)曾利用作物的个体与群体定义作物长势,提出了基于植被指数与植被表面温度的长势模型。这些研究主要集中于大规模作物长势监测或长势遥感监测方法研究以及单株作物生长发育过程的模型化分析。作物长势是一个时空变化的过程,提取不同尺度下作物的时空特征对作物长势分析和管理十分重要。另一方面,由于影像分辨率、真实地况差异、相关算法效率、人工误差等诸多因素的存在,大面积作物长势分析、种植面积估算等研究具有很大的不确定性和不可靠性。而近年来普及的遥感技术和 WebGIS、云计算等新技术为上述问题的解决提供了便利(张立国　等,2013)。利用高、中、低等不同层次分辨率的遥感影像可以实现大到区域级、小到单株作物级别的监测和评估,为作物长势分析、产量估算及真实生长模型监控等提供必要的途径。

长势遥感监测的主要方法包括遥感统计监测方法、诊断模型监测方法和应用遥感信息和作物生长模型相结合的方法(包括驱动法和同化法)。

遥感统计监测方法:遥感统计监测方法是统计与长势参数相关的遥感信息,评价作物长势状况。常用的统计方法包括相关、回归分析法,不同长势作物聚类法,某一时期遥感反映的长势的数值与多年平均值或上一年的数值比较法等。1984 年,周嗣松等开始研究探讨应用 AVHRR 资料直接监测我国农作物生长状况的方法(周嗣松　等,1985;1986;肖乾广　等,1986)。史定珊等(1992)研究 AVHRR 合成的植被指数与 LAI、干物重及群体密度等作物农学参数的关系,使用植被指数作为长势分级的标准,监测河南冬小麦长势。刘可群等(1997)研究分析了垂直植被指数与 LAI 的关系,通过垂直植被指数监测汉江平原水稻长势。孙晨红等(2014)为了探讨"旱冻交加"的气候条件下遥感监测小麦苗情的可行性,以河南省冬小麦为例,利用多时相 MODIS 为遥感数据源,引入了广泛用于小麦苗情监测的距平植被指数(AVI),同时基于植被健康状态指数(VHI)和晚霜冻害综合指数(I),构建了旱冻双重胁迫条件下的小麦苗情综合指数(CI),以反映冬小麦拔节期的生长状况,并分别利用实测样点苗情分类和距平植被指数对结果进行验证。祝必琴等(2014)研究利用中分辨率光谱成像仪 FY3B/MERSI 数据进行水稻种植面积信息提取及长势监测,并将研究结果与 MODIS 监测结果进行了对比分析,结果表明,利用中分辨率光谱成像仪 FY3B/MERSI 数据进行水稻种植面积信息提取及长势监测基本可以满足业务化需求。赵虎等(2011)改善归一化植被指数(NDVI)作为遥感监测作物长势指标的性能,分析了归一化植被指数的内在设计缺陷,在不增加额外波段的情况下,以近红外波段和红色波段为基础引入一种新的作物长势遥感监测指标—GRNDVI。通过在像素和区域层次上同其他 4 种指数进行比较发现:GRNDVI 能够改善归一化植被指数在低植被覆盖度时期/地区容易受到作物冠层土壤背景的影响,而在高植被覆盖度时期/地区又容易发生饱和现象的设计缺陷,可以作为遥感监测作物长势过程中替代归一化植被指数的指标。

比较法是当前作物长势遥感监测业务化运行系统的主要方法之一。比较法是通过比较作物某一生长期的反映长势的植被指数、生长曲线与多年统计值进行长势评价，包括实时比较和过程比较。实时比较监测是以当地的苗情为基准，当年与前一年同期长势或多年平均同期长势相比，将比较结果划分成 5 类：差、稍差、持平、稍好、好；再进行不同等级面积统计，实现作物长势的实时监测。过程比较，是先建立作物从播种、出苗、抽穗到成熟收割的 NDVI 动态迹线，再与历史正常的作物 NDVI 生长曲线相比较，反映作物过程长势。江东（2002）根据 NDVI 曲线的变化特征，推测作物的生育状况，监测作物长势。遥感统计方法是目前技术水平易于实现的方法，已建成运行系统，定期提供作物长势信息，服务于中国农业生产管理。但是其一般只使用 NDVI 进行长势监测，缺乏机理，使得此方法只能定性半定量地进行区域作物长势监测，监测精度难以提高。

诊断模型监测方法：诊断模型是通过可见光红外、微波、热红外等多源遥感信息，综合分析包括作物生长的物候、肥料亏缺、水分胁迫、病虫害蔓延、杂草发展等各方面生长及环境信息，评价作物长势；其主要为了满足田间管理需要（杨邦杰，1999）。杨邦杰 1999 以冬小麦长势遥感监测为例，认为热红外反演的植被表面温度 Ts 与可见光红外提取的 NDVI 建立矢量空间可以诊断水分的胁迫并描述小麦的长势。Ts 的变化与土壤的蒸发和植被的蒸腾相关，蒸腾量小时则表面温度高，即 Ts 高时作物受到水分的胁迫而缺水；而 NDVI 值的大小与生物量有关，可以表示长势的好坏。刘云等（2008）综合利用 NOAA-17 气象卫星的可见光近红外及热红外遥感数据计算了植被指数 NDVI 与地表温度 Ts，研究基于 NDVI-Ts 特征空间诊断作物的水分亏缺以及监测作物长势的具体方法，取得良好效果。说明可见光红外遥感数据、热红外遥感的综合利用，将能够更全面且及时地对作物地生长环境和长势情况作出诊断。

遥感信息和作物生长模型结合的长势监测方法：遥感数据在农作物长势监测中最大优点是能够及时地提供作物在区域尺度的生长状况信息。但是基于遥感数据与作物长势、产量统计模型的区域作物长势监测及产量估计，存在机理不足的问题。作物生长模拟模型具有充分的机理性，模拟作物从播种到收获的生长与生理生态指标的变化。但不同区域的地表、环境参数难以获取，限制了模型由单点推广到区域作物长势、产量的模拟。遥感信息和作物生长模型结合的长势监测方法能发挥两者各自的优势，使得作物长势遥感监测能以作物生长机理反映作物长势状况，得到作物生育期叶面积指数、生物量、土壤湿度等诸多与作物长势相关的参数，提高区域作物长势监测的精度。

应用遥感信息和作物生长模型相结合的方法包括驱动法和同化法。驱动法就是直接利用遥感数据反演作物生长模型初始参数的值，或者利用遥感反演结果直接更新作物生长模型的某个输出参数值,并将其作为模型下一轮模拟的输入。同化法是通过循环调整作物遗传参数和模型模拟初始条件,将某一或某些模型模拟值与相应遥感数据或产品差异最小化。具体有两种方法:一种是将生长模型模拟值与遥感数据、产品差异最小化;另一种是将作物生长模型与辐射传输模型向结合,将作物冠层模拟辐射值与遥感数据或产品差异最小化(王东伟　等,2008;2010;杨沈斌　等,2009;刘峰　等,2008;李存军　等,2008;杨鹏　等,2007;闫岩　等,2006)。国外已有研究不同生长模型和不同遥感数据相结合,对不同区域的高粱、冬小麦、甜菜、玉米、水稻等作物产量和长势进行模拟(Maas,1988;Delecolle et al,1992;Carbone et al,1996;Clevers et al,1996;Guerif et al,1998;Launay et al,2000;Laura et al,2004;Hadria et al,2006)。国内相关研究也较多。赵燕霞(2005a)以 LAI 为结合点,利用 Powell 优化算法实现 CERES-Wheat 小麦模型与 MODIS 反演 LAI 数据的同化,模拟小麦的产量,结果显示,Powell 算法自身性能影响同化后CERES-Wheat 小麦模型产量模拟的准确性。同时,赵燕霞(2005b)在 COSIM 棉花模型与 MODIS 数据同化的研究中认为,作物模型本身性能的好坏对同化后待优化参数的反演精度影响很大。马玉平等(2004)利用 MODIS 数据得到的土壤调整植被指数 SAVI 与 WOFOST 模型同化,通过调整 WOFOST 模型冬小麦出苗期和返青期生物量的值,减少 WOFOST-SAIL-PRPSPECT 模型模拟作物冠层 SAVI 与遥感观测 SAVI 的差异。结果显示:经过对区域尺度的出苗期重新初始化后,WO-FOST 模型模拟的开花期和成熟期空间分布的准确性比同化前 WOFOST 模拟结果有所改进。闫岩等(2006)讨论了利用复合型混合演化算法实现 CERES-Wheat模型与遥感数据同化的可行性。王东伟等(2008)采用集合卡尔曼滤波算法将作物生长模型 CERES-Wheat 对顺义地区的冬小麦 LAI 进行同化;并针对研究中 LAI同化结果的缺陷,采用中国典型地物标准波谱数据库中冬小麦生长参数数据的统计结果,将 LAI 地面观测先验信息引入到变分数据同化算法。数据同化的目的是对空间分布的环境参数提供物理意义上的一致估计,主要用于从异质、不规则分布、时间不一致、且精度不同的数据中推测动态系统的状态(梁顺林,2009)。因而同化方法适用于长势分布不均的作物动态监测,对于提高作物长势监测精度有巨大潜力。

　　高光谱遥感(Hypesrpeacrt 1 Remotesensnig)是当前遥感技术的前沿领域,其光谱分辨率在 $\lambda/100$ 的遥感信息,它利用很多很窄的电磁波波段从感兴趣的物体获得有关数据,它的出现是遥感界的一场革命,它使本来在宽波段遥感中不可探测的物质,在高光谱遥感中能被探测(浦瑞良　等,2000)。它是在电磁波谱的紫外、可见光、近红外和中红外区域,获取许多非常窄且光谱连续的图像数据技术。由于高光谱遥感所获得的数据是图谱合一的形式,所以在众多的窄波段范围内可对同一目标连续成像使其能反映出目标物所具有的诊断性光谱特征,这是常规遥感所不能做到的,也正是高光谱遥感与常规遥感的主要区别(杨国鹏,2007;路威,2005)。由于高光谱遥感能提供更多的精细光谱信息侧,有些研究者开始研究它在水体、植被与生态、环境资源勘探以及城市遥感中的应用(舒宁,1998;李天宏 等,1997),但目前主要集中在地质(张宗贵 等,2006)、土地利用动态监测(王静,2006)、水稻(黄敬峰 等,2010)、植被和水环境等研究领域。理论上高光谱数据具有区分地表物质诊断性光谱特征的特性,很多研究表明,高光谱能准确提取植被物理参数,如叶面积指数、生物量、植被盖度、FAPAR等,以及植被化学参数,如植被水分状态、叶绿素、纤维素、木质素、N、蛋白质、糖、淀粉等(李建龙,2005)。通过分析这些重要物理、化学参数可以进行精准作物的长势监测。但是目前在轨运行的高光谱传感器很少,数据很难保证,很少使用高光谱数据进行长势监测。此外,高光谱传感器在提高光谱分辨率的同时,也产生数据冗余的问题。在信息提取过程中,并不是所有的数据都发挥了作用(童庆禧,2008)。因此,高光谱遥感在长势监测中的应用还有待于相关理论、技术的发展。随着成像光谱技术的逐渐成熟,高光谱影像分析研究的不断深入,应用领域日益广泛,高光谱遥感技术发展呈现出了以下趋势:成像光谱仪的光谱探测能力将继续提高,成像光谱仪获取影像的空间分辨率逐步提高,正由航空遥感为主转为航空和航天遥感相结合阶段,逐步从遥感定性分析阶段发展到定量分析阶段,应用范围越来越广(杨国鹏 等,2008)。

4.2 甘蔗长势卫星遥感评估技术

利用长时间序列(5~10 a)的 HJ-1、TM、FY-3、MODIS 等卫星遥感数据进行甘蔗长势评估主要包括:遥感数据准备、等级划分评估指标确定和计算、区域评估指标平均值、常年值计算、生育期偏差计算、标准差计算、甘蔗长势等级评价等,具体处理流程见图4.1。

4.2.1 遥感数据准备

4.2.1.1 卫星遥感数据源

甘蔗长势评估使用的卫星遥感数据主要采用我国新一代气象卫星风云三号B星(FY-3B)上搭载的中分辨率光谱成像仪(MERSI)的归一化植被指数(2014—2016 年)各旬产品,时间为 2014—2018 年。其中 FY-3B/MERSI 的旬植被指数产品采用10°×10°分幅的 1 km 均匀网格 HAMMER 投影,NDVI 产品的空间分辨率分别 250 m，MERSI250 m 植被指数产品以 HDF5 格式存储。利用 FY3 数据对甘蔗分蘖期、茎伸长期、糖分积累期及工艺成熟期长势进行定量分级评估。

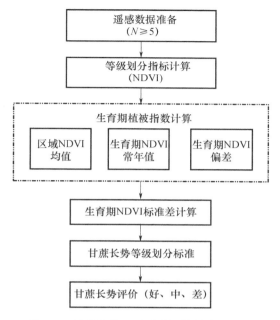

图 4.1　甘蔗长势卫星遥感评估技术流程图

4.2.1.2　卫星遥感数据预处理

FY3B-NDVI 旬产品合成算法中采用的是一种优化的最大值合成方法，最大值合成方法一般是通过云检测、质量检查等步骤后，逐像元地比较几张 NDVI 图像并选取最大的 NDVI 值作为合成后的 NDVI 值。FY3 NDVI 旬产品的合成是在像元基准上进行的，根据输入数据的质量，按照优先次序采用以下 4 种合成方法中的一种：1）BRDF 合成：在合成时段内若有 5 天以上资料是晴天，就对各通道的双向反射率应用 BRDF 模式，将反射率值订正到星下点视角，然后计算太阳在天顶时的植被指数；2）约束视角最大值合成：如果合成时段内无云像元数小于 5 天且大于 1 天，选择其中视角最小的 2 天资料，计算植被指数，取二者中最大值；3）直接计算植被指数：如果只有一天无云，则直接使用这天数据计算植被指数；4）最大值合成：如果合成时段内的资料都有云，则逐日计算植被指数，用植被指数最大值合成方法选择最佳像元。

提取对应网格的数据，进行拼接处理以及 HAMMER 投影转换，再结合广西的矢量边界图得到甘蔗主产区的等经纬度 NDVI 旬产品。本小节主要应用的 FY3B 卫星数据为 2014、2015、2016 和 2017 年四年各旬的 NDVI 数据。

4.2.2　甘蔗长势遥感监测评估指标

甘蔗长势的监测指标在不同发育期有所差异,具体分为两段:出苗(发株)期、分蘖期和工艺成熟期用NDVI作为长势的监测评价指标,在茎伸长期则采用NDVI值超过多年平均值的累积天数作为监测评价指标。

经对观测数据分析可知,叶面积指数LAI与甘蔗株高存在很高的相关性,而株高是指示甘蔗生长状况和产量的一个重要指标。因此,在甘蔗各个生长发育期,以卫星遥感反演的LAI作为评估指标对甘蔗长势进行监测评估。

4.2.2.1　甘蔗生育期农艺性状观测数据与叶面积指数 LAI 和 NDVI 的关系

本研究于2015—2016年连续两年在柳州核心试验区利用LAI-2200植物冠层分析仪开展了甘蔗叶面积指数观测工作,以便于了解甘蔗LAI的年度变化规律。试验区甘蔗种植面积为2.6亩,属于小样地。甘蔗属于由稀疏到浓密的成行的农田,根据作物观测原理和LAI-2200植物冠层分析仪对观测范围的要求,在甘蔗地的中央设定了观测样线,测量设计为ABBBB。以甘蔗生长发育期为依据,开展了连续的甘蔗叶面积指数以及甘蔗株高的观测工作,观测结果见图4.2,从中可见:受人为管理因素影响,2016年试验地甘蔗套种了玉米,严重影响了LAI的观测结果。因此,本节仅对2015年观测结果进行详细分析。

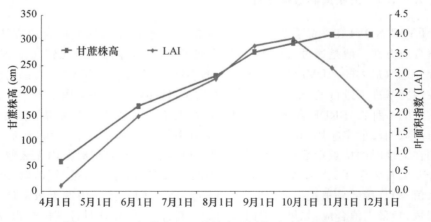

图 4.2　2015 年甘蔗 LAI 和株高观测值随时间变化曲线图

甘蔗株高与LAI:由图4.2可见,在4月,宿根甘蔗正处于发株期,地面覆盖度较低,LAI数值较低(0.15),随着甘蔗进入旺盛生长期(6月以后),LAI随着甘蔗株高增加而增加,到了茎伸长旺盛期(9月底10月初),甘蔗LAI和株高同时达到最大值,数值达 4.0;11 月之后,随着甘蔗进入工艺成熟期,叶片变黄枯萎,田间遮闭度降低,株高不再增加,而 LAI 迅速降低(2.2),甘蔗 LAI 数值的变化符合甘蔗实际生长的规律。对同期观测获得的各生长发育期甘蔗株高和 LAI 数据进行相关性分析,发现二者的相关性很高,尤其是在旺盛生长期相关性更好,相关系数达到 0.91。拟合公式为:$y=19.73x^2+143.5x+33.3$,其中 y 表示株高,单位 cm,x 表示 LAI 观测值。因此,甘蔗 LAI 与株高有着良好的相关性,可以用于甘蔗长势监测评估的指标。

甘蔗农艺形状数据与 NDVI:经对多年数据分析发现,甘蔗地面农艺性状观测数据与甘蔗生长旺盛时期的各旬 NDVI 之间存在较高的相关性。株高与 NDVI 相关性:在 5 月中旬、5 月下旬、6 月上旬相关性为 0.61~0.804;单茎重与 NDVI 相关性:在 5 月下旬、6 月上旬、6 月下旬相关性为 0.53~0.815;40 m 有效茎数与 NDVI 相关性:5 月下旬、6 月下旬、8 月上旬、8 月下旬、9 月上旬、10 月下旬相关性为 0.53~0.76;亩有效茎数与 NDVI 相关性:5 月中旬、5 月下旬、7 月中旬、8 月上旬、8 月下旬相关性为 0.687~0.783。由此可见,处于生长旺盛时期的甘蔗 NDVI 与株高、单茎重、有效茎数等农艺形状因子都存在较好的相关性,可以作为甘蔗长势监测评估的指标。

LAI 与 NDVI:由图 4.2 和图 4.3 可见,二者的变化趋势非常一致,从 4 月开始 LAI 和 NDVI 都处于快速上升期,均在 9 月底达到最高值。进入工艺成熟期后,二者均快速下降。因此,LAI 和 NDVI 均可作为甘蔗长势监测评估的指标。

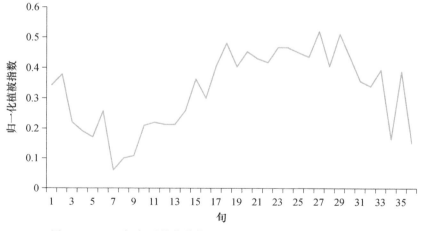

图 4.3　2015 年广西甘蔗种植区 FY3B-NDVI 随时间变化曲线

4.2.2.2　出苗期、发株期、分蘖期和工艺成熟期长势评估参数

用于长势监测的各类遥感反演参数包括光合有效辐射吸收率(FAPAR)、净

初级生产力（NPP）、叶面积指数（LAI）、各类植被指数等。

归一化植被指数（NDVI）是评价植被长势最常用的指标，与其他植被指数相比，NDVI能更好地反映作物的长势情况，而且NDVI可以消除大部分与仪器定标、太阳高度角、地形、云阴影和大气条件有关辐照度的变化，增强了对植被的响应能力，是目前已有的40多种植被指数中应用最广的一种。

叶面积指数是植被的一项重要生态学参数，常用于分析在不同生长期和不同环境条件下植被冠层发育和冠层结构的差异以及植被冠层的动力扰动机理。前人研究以及本研究的地面观测LAI与株高的关系表明，LAI与作物长势之间存在着良好的相关关系，LAI是卫星遥感常用的一个作物长势的评价指标。

依据上述分析，选取NDVI或LAI作为甘蔗出苗（发株）期、分蘖期和工艺成熟期长势遥感等级评估参数。

4.2.2.3　茎伸长期长势评估参数

在甘蔗的茎伸长期所用的长势等级评价指标与其他发育期有所差异，在该时期采用"NDVI（或LAI）超过多年平均值的累积天数"作为判断甘蔗长势状况的等级指标。原因在于：在甘蔗的茎伸长期，是甘蔗生长最旺盛的时期，也是产量形成最关键的时期，植被覆盖度基本超过80%，单一的NDVI（或LAI）因本身的局限性无法有效反映甘蔗的有效茎、密度和株高等存在的差异。作物生长过程实质上是缓慢进行的光合作用累积的过程，因此，NDVI（或LAI）的累积值才能更好地反映某时期内植株的长势状况。遥感数据提供的是瞬时的状态，具有良好的空间特性，却缺乏时间上的连续性。而在南方多云地区，在甘蔗茎伸长期晴空图像较少，很难获得连续的NDVI（或LAI）数据，难以获得NDVI（或LAI）累计值。因此，将"NDVI（或LAI）超过多年平均值的累积天数"作为判断甘蔗茎伸长期内长势状况的等级指标。

4.2.3　甘蔗长势遥感监测评估方法

4.2.3.1　出苗期、发株期、分蘖期和工艺成熟期评估方法

在甘蔗出苗（发株）期、分蘖期和工艺成熟期，参考相关文献，根据归一化植被指数（或LAI）与多年平均值偏差、标准差的大小，参照农气观测规范甘蔗苗情划分标准（一类苗、二类苗和三类苗），将甘蔗长势划分为好、中等和差三个等级。NDVI（或LAI）多年平均值、偏差、标准差的计算公式如下：

1）生育期NDVI（或LAI）多年平均值为某一区域甘蔗NDVI（或LAI）在该

生育期的多年平均值,公式描述如下:

$$\bar{I}_{\mathrm{NDVI}}(r,s) = \frac{1}{N}\sum_{n=1}^{N}\bar{I}_{r,s}(n) \tag{4.1}$$

式中:$\bar{I}_{\mathrm{NDVI}}(r,s)$ 为区域 r 在生育期 s 的 NDVI(或 LAI)多年平均值;$\bar{I}_{r,s}(n)$ 为区域 r 在第 n 年生育期 s 的 NDVI(或 LAI)多年平均值;s 为甘蔗生育期代码;n 为年份序号;N 为统计总年份,取值为 5～10。

2)生育期 NDVI(或 LAI)偏差为其当年值与多年平均值的差值,公式描述如下:

$$\Delta I_{\mathrm{NDVI}}(r,s,n) = I_{\mathrm{NDVI}}(r,s,n) - \bar{I}_{\mathrm{NDVI}}(r,s) \tag{4.2}$$

式中:$\Delta I_{\mathrm{NDVI}}(r,s,n)$ 为区域 r 在第 n 年生育期 s 的 NDVI(或 LAI)偏差;$I_{\mathrm{NDVI}}(r,s,n)$ 为区域 r 在第 n 年生育期 s 的 NDVI(或 LAI)值。

3)标准差 σ 公式描述如下:

$$\sigma = \sqrt{\frac{1}{N-1}\sum_{n=1}^{N}\Delta I_{NDVI}(r,s,n)^2} \tag{4.3}$$

式中:$\Delta I_{\mathrm{NDVI}}(r,s,n)$ 为区域 r 在第 n 年生育期 s 的 NDVI(或 LAI)偏差。

4)长势分级判断标准如下:

若 $\Delta I_{\mathrm{NDVI}}(r,s,n) > \sigma$,则判断为长势好;若 $-\sigma \leqslant \Delta I_{\mathrm{NDVI}}(r,s,n) \leqslant \sigma$,则判断为长势中等;若 $\Delta I_{\mathrm{NDVI}}(r,s,n) < -\sigma$,则判断为长势差。

4.2.3.2　茎伸长期评估方法

在甘蔗的茎伸长期,利用茎伸长期累积天数偏差与标准差 σ 综合判定甘蔗的长势,再参考农气观测规范中甘蔗地面观测等级(一类苗、二类苗和三类苗)标准,将甘蔗长势划分为好、中等和差三个等级。NDVI(或 LAI)多年平均值、NDVI(或 LAI)偏差、NDVI(或 LAI)偏差大于 0 的累积天数 T 和标准差计算公式如下:

1)茎伸长期 NDVI(或 LAI)偏差为其当年值与多年平均值的差值,公式描述如下:

$$\Delta I_{\mathrm{NDVI}}(r,s,n) = I_{\mathrm{NDVI}}(r,s,n) - \bar{I}_{\mathrm{NDVI}}(r,s) \tag{4.4}$$

式中:$\Delta I_{\mathrm{NDVI}}(r,s,n)$ 为区域 r 第 n 年甘蔗茎伸长期 NDVI(或 LAI)偏差;$I_{\mathrm{NDVI}}(r,s,n)$ 为区域 r 第 n 年甘蔗茎伸长期 NDVI(或 LAI)当年值;$\bar{I}_{\mathrm{NDVI}}(r,s)$ 为区域 r 甘蔗茎伸长期 NDVI(或 LAI)多年平均值;r 为区域代码;s 为甘蔗生育期代码,在此代表甘蔗茎伸长期代码;n 为年份识别号。

2)茎伸长期 NDVI(或 LAI)偏差大于 0 的累积天数 T 是判断甘蔗在该生育

期长势的重要标准,累积天数 T 的计算方法:利用示性函数 f_k 统计茎伸长期 NDVI(或 LAI)偏差大于 0 的频次,累积天数 T 为遥感数据合成时段长度与茎伸长期 NDVI(或 LAI)偏差大于 0 的频次数之积,公式描述如下:

$$T = D \times \sum_{k=1}^{K} f_k \tag{4.5}$$

式中:T 为累积天数;D 为遥感数据合成时段长度(给定的观测时间间隔),单位为 d;k 为遥感数据时段序号;K 为满足茎伸长期 NDVI 偏差大于 0 条件的总时段数;f_k 为示性函数,计算公式为:

$$f_k = \begin{cases} 1, \Delta I_{\text{NDVI}}(r,s,n,k) \geqslant 0 \\ 0, 其他 \end{cases} \tag{4.6}$$

式中:$\Delta I_{\text{NDVI}}(r,s,n,k)$ 为区域 r 第 n 年甘蔗茎伸长期在遥感数据合成时段 k 的 NDVI(或 LAI)偏差;s 为甘蔗生育期代码,在公式(4.4)、(4.6)、(4.7)和(4.8)中指甘蔗茎伸长期。

茎伸长期累积天数多年平均值计算方法:

$$\bar{T}(r,s) = \frac{1}{N} \sum_{n=1}^{N} T_n \tag{4.7}$$

式中:$\bar{T}(r,s)$ 为区域 r 甘蔗茎伸长期累积天数多年平均值;T_n 为区域 r 第 n 年甘蔗茎伸长期累积天数。茎伸长期累积天数偏差计算方法:

$$\Delta T(r,s,n) = T(r,s,n) - \bar{T}(r,s) \tag{4.8}$$

式中:$\Delta T(r,s,n)$ 为区域 r 在第 n 年甘蔗茎伸长期的累计时间 T 偏差;$T(r,s,n)$ 为区域 r 在第 n 年甘蔗茎伸长期的累计时间 T。

3)长势分级判定标准如下:

若 $\Delta T(r,s,n) > \sigma$,则判断为长势好;若 $-\sigma \leqslant \Delta T(r,s,n) \leqslant \sigma$,则判断为长势中等;若 $\Delta T(r,s,n) < -\sigma$,则判断为长势差。

4.3　甘蔗长势卫星遥感评估指标及应用

4.3.1　基于 EOS/MODIS 数据的我国甘蔗主产区长势监测评估

根据甘蔗长势遥感监测评估指标和方法,利用长时间序列的 EOS/MODIS—NDVI 数据和地面甘蔗农艺性状观测数据,对我国甘蔗主产区广西、云南、广东湛江和海南的甘蔗生长状况进行了详细分析,确定了基于 EOS/MODIS—NDVI 数据的我国甘蔗生长发育期长势遥感等级指标的参考值。

4.3.1.1　数据收集

收集整理了 2001—2014 年 EOS/MODIS 数据,2008 年以来的部分 FY-3 卫星数据,2007—2009 年的 TM 数据和 2009—2013 年的 HJ-1 等卫星遥感数据。

收集了广西宜州、柳州、来宾、贵港、平果、扶绥等 6 个台站 2001—2011 年的甘蔗物候观测资料,详细分析了各蔗区甘蔗生长发育期规律、各个发育期甘蔗苗情状况、密度、茎鲜重、株高以及整个生育期发生的气象灾害等因素。海南、云南、广东等地气象部门未设定专门的甘蔗物候地面观测点,因此,无法获得相应的地面观测数据。

收集整理了利用 GPS 获得的甘蔗长势野外调查验证样本点和样本区等矢量数据。

4.3.1.2　EOS/MODIS 数据来源及处理方法

(1)EOS/MODIS 数据来源及说明

数据来源:EOS/MODIS 产品为 NASA 数据中心提供的 MODIS 陆地产品系列中的 MOD13Q1,即全球 250 m 分辨率 16 d 合成的植被指数(NDVI)产品。原始影像投影方式为 SIN 投影,数据版本为 V005,用户注册之后,进行数据下载,并免费使用。本项目主要用到的 EOS/MODIS 数据见表 4.1。

表 4.1　广西、广东、云南及海南数据 Tile 及年份

区域	Tile	数据年份
广西	h27v06、h28v06	2001—2014
广东	h28v06	2001—2014
云南	h27v06	2001—2014
海南	h28v06、h28v07	2001—2014

数据说明:MODIS-VI 16 d 数据是以每年的第一天开始,以每个 16 天开始的第一天作为文件名的时间部分;文件的空间位置是该文件在 SIN 地图投影中的位置,每个文件覆盖范围为 2400 km×2400 km,地图投影为 SIN,文件格式为 HDF。该数据的命名规则,以文件"MOD13Q1. A2000049. h27v06. 005. 2002356215500. hdf"为例说明:"MOD13Q1"表示分辨率为 250 m,合成期为 16 d 的 MODIS 植被指数数据集,包括 11 个子数据集;"A2000049"表示合成期第一天为 2000 年第 49 天;"h27v06"表示空间位置在全球 SIN 投影系统中的坐标(Tile 标记),如广西区域涉及到 2 个 Tile,分别为 h27v06 和 h28v06;"005"表示数据版本为 V005;"2002356215500"表示该数据的处理时间为 2002 年第 356 天;"hdf"表示数据格式为 EOS-HDF。

（2）EOS/MODIS 数据预处理

从 NASA 数据中心下载的 MODIS 植被指数产品实际上是格式为 HDF 的数据包，为了达到预处理要求，对所获得的下载数据做以下处理。

数据格式和投影转换：该处理可由 MODLAND 提供的专门软件 HEG 完成，由于数据较多，研究中用 C 编写的程序调用 HEG 子程序进行批处理，可以同时完成子数据集提取、文件格式转换、投影转换、图像空间镶嵌。具体而言，即把时间相同、空间不同的 HDF 数据包（每个 Tile 为一个数据包）作为输入对象，程序运行后，可以提取出所需的 NDVI 图像；文件格式由 hdf 格式转化为 tif 格式；SIN 地图投影转换为 WGS 84/geographic 系统，同时可完成 2 个 Tile 的空间镶嵌。输出图像即可在常用图像处理软件（如 ENVI）做进一步处理。

数据质量检验：MODIS 植被指数产品质量状况是通过文件（Tile）和（Pixel）两个层次进行描述的。在 Tile 层次分为试用产品、临时产品、科学产品三级，只有科学产品可以用于正式科学研究。在 Pixel 层次，对每个像元进行质量描述。SDS 产品并不意味着没有缺陷，但是很清楚地记录了哪些像元可能存在哪些质量问题，以便让数据用户根据研究要求决定是否使用这些像元，进行恰如其分的分析。MODIS-VI 的 Pixel 层次的数据质量分别记录在 2 个波段上，每个波段都由经过压缩的 16-bit 数据组成，分别描述了 8 个单项质量指标和 2 个综合指标（可用性分 16 级，归纳为 4 等）。这些质量信息通过专门的软件解压后，可以像普通影像文件一样显示和分析。

使用 LDOPE 提供的专门软件包中的 unpack_sds.bits 解码软件，解压下载数据的第 2,3 波段。但是，得到的 hdf 文件没有地图坐标信息。使用 cp_proj_param.exe，把原来文件中的地图坐标复制到已经解码的文件，再利用 MODIS Tools 重新投影到需要的地图坐标。最后得到 NDVI 数据在像元层次上质量和可用性。检查发现，如果数据质量等级在合格范围内，可以直接使用。

在上述质量检验的基础上，再通过人工判识的方法，对每一个 16d 合成数据，进行质量检查，凡是研究区图像有失真，则将该数据剔除。

层叠加和研究区提取：经过上述处理，可获得了质量可靠的 MODIS-NDVI 数据。为了达到预处理要求，将处理后图像按年份保存为多波段文件形式，同时用区域边界矢量图层对原图像做进一步切割，提取出研究区范围内的图像。

生成 16d 多年 NDVI 均值图像：求取 2001—2014 年 16d MODIS NDVI 多年平均值，形成研究区域广西、广东湛江、海南儋州和云南耿马等甘蔗区 NDVI（16 d 合成时段）数据集。计算公式如下：

$$I_{\mathrm{NDVI_p}} = \sum I_{x,y,i} / N$$

式中，I_{NDVI_p} 是某区域的 NDVI 多年平均值，p 为区域代码，x 为统计区域像元行数，y 为统计区域内像元列数，i 为对应年份识别号，N 为统计总年份，此处为 14。$I_{x,y,i}$ 是该区域第 i 年某 16d 的 MODIS-NDVI 数值。

4.3.1.3　甘蔗本底信息提取

本研究主要使用 30 m 分辨率的 HJ-1 和 TM 数据，采用监督分类、决策树分类以及多时相数据逐步剔除等方法进行广西区域、广东湛江、海南和云南等主产区甘蔗种植信息提取，为长势评价提供本底信息。

4.3.1.4　MOD13Q1 数据甘蔗长势等级评估指标

根据甘蔗长势卫星遥感评估方法和流程，利用长时间序列的卫星遥感数据 MOD13Q1，制定基于 EOS/MODIS-NDVI 的甘蔗长势评估标准。

（1）甘蔗各生育期多年平均值计算

以甘蔗生长发育期为评估对象，计算获得了 2001—2014 年广西、云南耿马县、广东湛江市和海南儋州市等甘蔗种植区 MODIS-NDVI 多年平均值变化规律（见图 4.4～图 4.7）。综合考虑各省区甘蔗种植面积比重及蔗区资料代表性，计算获得甘蔗主产区各个发育期 NDVI 数值平均值，即为多年平均值（见表 4.2）。表 4.3 给出了图 4.4～图 4.7 横坐标数字所对应的日期。各个省份 NDVI 多年平均值存在差异。

表 4.2　甘蔗生长发育期多年平均值列表

甘蔗发育期	NDVI 多年平均值
新植蔗出苗或宿根蔗发株期	0.34
分蘖期	0.50
茎伸长期	0.70
工艺成熟期	0.57

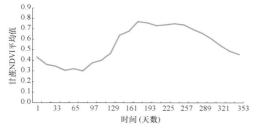

图 4.4　广西区甘蔗种植区 NDVI 多年平均值（2001—2010 年）年内变化规律

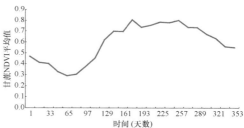

图 4.5　广东省湛江市甘蔗种植区 NDVI 多年平均值（2001—2010 年）年内变化规律

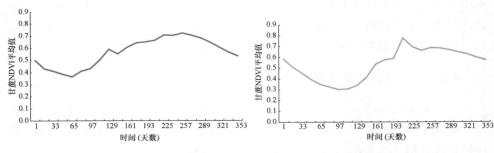

图 4.6　海南省儋州市甘蔗种植区 NDVI
多年平均值(2004—2011 年)年内变化规律

图 4.7　云南省耿马县甘蔗种植区 NDVI
多年平均值(2001—2010 年)年内变化规律

表 4.3　图 4.4～图 4.7 中横坐标数字与日期对应表

横坐标数字	1	17	33	49	65	81	97	113	129	145	161	177
对应日期	1月1日	1月17日	2月2日	2月18日	3月6日	3月22日	4月7日	4月23日	5月9日	5月25日	6月10日	6月26日
横坐标数字	193	209	225	241	257	273	289	305	321	337	353	
对应日期	7月12日	7月28日	8月13日	8月29日	9月14日	9月30日	10月16日	11月1日	11月17日	12月3日	12月19日	

　　(2)甘蔗出苗(发株)期、分蘖期和工艺成熟期等级评估

　　在甘蔗各个发育期,以多年平均值作为中间值,利用标准差分析方法,分析各个发育期各年的甘蔗 NDVI 数值偏离平均值的离散程度。计算获得甘蔗各发育期的 σ 数值见表 4.4。

表 4.4　甘蔗出苗(发株)期、分蘖期和工艺成熟期标准差 σ 值列表

甘蔗发育期	σ 值	备注
新植蔗出苗或宿根蔗发株期	0.03	不同区域同一生育期甘蔗 σ 值存在一定的差异,波动幅度在 10%左右
分蘖期	0.04	
工艺成熟期	0.04	

　　参考表 4.4 甘蔗出苗(发株)期、分蘖期和工艺成熟期长势卫星遥感等级评估判断标准,确定出全国甘蔗出苗(发株)期、分蘖期和工艺成熟期长势好、长势中等和长势差三个级别的基于 MODIS-NDVI 值的长势等级评估指标(见表 4.5)。

表 4.5　甘蔗出苗(发株)期、分蘖期和工艺成熟期长势遥感等级指标

甘蔗发育期	NDVI 多年平均值	遥感等级指标(参考值)	长势遥感等级
出苗期或发株期	0.34	NDVI>0.37	好
		0.31≤NDVI≤0.37	中
		NDVI<0.31	差
分蘖期	0.50	NDVI>0.54	好
		0.46≤NDVI≤0.54	中
		NDVI<0.46	差
工艺成熟期	0.57	NDVI>0.61	好
		0.53≤NDVI≤0.61	中
		NDVI<0.53	差

(3)甘蔗茎伸长期长势等级评估

茎伸长期是甘蔗一生中生长最快的时期,也是决定蔗茎产量的关键时期。茎伸长期长势好,甘蔗最终产量就高。经调查统计,广东湛江甘蔗单产最高,广西第2,云南、海南单产较低。同时对图 4.4～图 4.7进行统计发现:在甘蔗的茎伸长期内,广东湛江甘蔗 NDVI 超过多年平均值的累积天数最长,超过 4 个月,广西为 3 个半月左右,而云南和海南较低,持续时间为 2 个月左右。累积天数越长的省区,相应的单产越高,反之亦然。

依据甘蔗茎伸长期长势卫星遥感等级评估判断标准,根据各个省区单产高低、种植面积比重、茎伸长期 NDVI 偏差大于 0 的累积天数 T 与标准差 σ 综合判定该时期甘蔗的长势,确定出全国甘蔗茎伸长期长势好、长势中等和长势差三个级别的基于 MODIS-NDVI 值等级评估指标(见表 4.6)。

表 4.6　甘蔗茎伸长期长势遥感等级指标数值

遥感等级指标(参考值)	甘蔗长势遥感等级	平均持续时间参考值	σ 参考值
$T>120$ d	好	95 d	25 d
70 d≤T≤120 d	中		
$T<70$ d	差		

(4)基于 EOS/MODIS 的甘蔗长势遥感评估等级指标适用性

上述确定的基于 EOS/MODIS 的甘蔗长势遥感评估等级指标主要适用于利用 EOS/MODIS 数据对全国范围较大面积、连片种植的甘蔗长势进行评估。各个省(区)、县以及小范围区域在评价甘蔗长势状况时,可根据本标准所列的等级评估指标、方法和流程,计算获得区域内甘蔗长势遥感等级评估结果。

此外,将 EOS/MODIS、FY-3 和 HJ-1 等卫星数据反演的 NDVI 数值进行了对比分析发现:同一时次过境的 FY-3 与 EOS/MODIS 数据,存在系统偏差,星下点附近位置的农田、甘蔗、山林地、水体、村镇等主要土地类型的差值范围为 0.083~0.137,FY-3-NDVI 数值普遍低于 EOS/MODIS-NDVI 数值;同一时次过境的 HJ-1 与 EOS/MODIS 也存在差异,HJ-1 反演的 NDVI 数值低于EOS/MODIS-NDVI 数值,星下点附近位置的农田、甘蔗、山林地、水体、村镇等土地类型的差值平均值为 0.09。因此,由 EOS/MODIS 卫星数据确定的甘蔗长势等级划分指标数值不能直接用于 FY-3 和 HJ-1 等卫星数据进行甘蔗长势评估。

4.3.2　基于 FY-3 和 HJ 卫星数据的我国甘蔗主产区长势监测评估

2014—2017 年,在甘蔗的关键生长发育期(5—11 月),根据甘蔗长势评估指标和评估方法,利用 FY-3B-NDVI、HJ-1-NDVI 以及 GF-1-NDVI 等多源卫星数据进行了省级以上、市县以及重点监测区域的甘蔗长势遥感监测评估。

4.3.2.1　甘蔗长势监测遥感资料及处理方法

(1)2014—2017 年由国家卫星气象中心提供的甘蔗主产区各旬的 FY-3B 卫星 NDVI 数据集,空间分辨率为 250 m。

(2)2009—2015 年重点监测县市的 HJ-1 晴空卫星数据,空间分辨率 30 m。

(3)2015—2016 年重点监测区域 GF-1 卫星数据,空间分辨率 16 m。

对上述晴空数据进行了定标、几何校正、镶嵌及裁图等预处理以及归一化植被指数(NDVI)的计算和统计。

4.3.2.2　甘蔗长势监测评估技术方法

(1)针对 FY-3B-NDVI 卫星数据集,采用差值植被指数方法开展区域性(省级以上)的甘蔗长势监测分析。计算当年与上一年甘蔗种植区域的 NDVI 差值,根据差值大小,分析当年与去年同期甘蔗长势的差异。

(2)根据本研究确定的甘蔗长势遥感监测评估指标、方法和流程,计算重点监测区 HJ-1 卫星 NDVI 多年平均值、标准方差和偏差,以重点监测区 NDVI 多年平均值作为常年值,制作当年当月重点监测区甘蔗长势遥感监测图,并计算不同长势等级甘蔗所占面积百分比。

(3)针对 GF-1 号卫星数据,利用归一化植被指数(NDVI)作为长势监测指标,分析重点监测区当年当月甘蔗 NDVI 数值等级和空间分布差异。

4.3.2.3　甘蔗长势监测评估

(1)省级以上区域甘蔗长势卫星遥感监测评估(FY3B)

利用 FY3B-NDVI 卫星数据集,采用差值植被指数方法,在甘蔗关键生长发育期,制作了省级以上区域甘蔗长势动态监测和评估产品。产品定量分析了各月份甘蔗长势与去年同期相比的差异及空间分布,给出好中差各等级的比例,并按月动态展示了甘蔗年度内的生长变化情况,为田间管理和产量预测提供了客观的数据支持。主要监测区域包括广西、云南、广东湛江和海南,其甘蔗长势监测评估如下。

1)2015 年广西甘蔗长势监测评估

由图 4.8～图 4.10 和表 4.7 可见,2015 年广西区域甘蔗长势在分蘖期(5月)与 2014 年基本持平,在茎伸长期(6－9 月)持平稍偏差,在糖分积累期(10月)比 2014 年明显偏好,进入工艺成熟期后,长势以持平稍偏好为主;各月甘蔗长势存在空间差异。结论:2015 年广西全区甘蔗长势稍好于 2014 年。

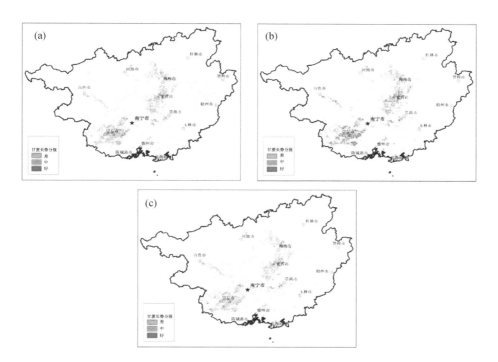

图 4.8　2015 年 5 月(a)、6 月(b)和 7 月(c)广西甘蔗分蘖期和茎伸
长期长势等级空间分布图

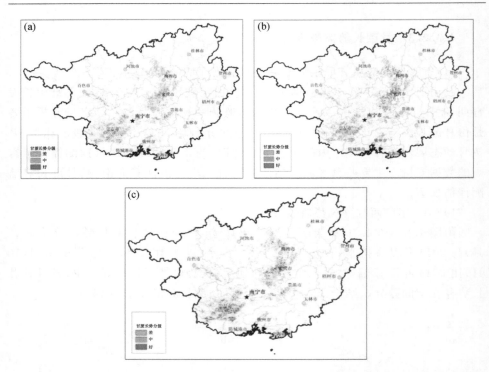

图 4.9　2015 年 8 月(a)、9 月(b)和 10 月(c)广西甘蔗茎伸长期和工艺成熟期
长势等级空间分布图

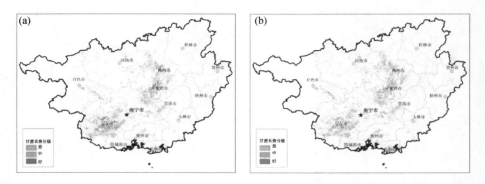

图 4.10　2015 年 11 月(a)和 12 月(b)广西甘蔗工艺成熟期长势等级空间分布图

表 4.7　2015 年 5—12 月广西甘蔗长势分级统计　　　　单位:%

月份	差	中	好
5	23.9	54.7	21.4
6	3.2	25.2	71.6
7	36.0	40.4	23.7

续表

月份	差	中	好
8	18.4	58.1	23.5
9	31.2	47.5	21.4
10	9	29	62
11	26	36	38
12	22	61	17

2015 年广西甘蔗生长前中期气象条件分析:广西甘蔗主产区 3—4 月气象条件与常年比气温正常到偏高 1.7 ℃,降水量偏少 2~9 成。其中,来宾市全部、崇左市局部及田阳、隆安、邕宁、柳州等地偏少 5 成以上;光照正常到偏多 8 成。由于该时期气温偏高、光照充足且无低温影响,利于甘蔗的播种、出苗和分蘖等。期间虽然桂西、桂南局部地区出现了春旱,但对甘蔗生长未造成明显影响,且 5 月上旬以来多数时段降水过程较多,利于甘蔗速生快长。据 6 月的苗情调查数据显示,尤其宿根蔗亩茎数比去年偏多,利于单产提高。7 月上、中旬和 8 月降水量桂西南主要蔗区偏少 3~7 成,导致该蔗区的上思、崇左、扶缓等部分地区出现旱情,加之同期气温持续偏低,对该区甘蔗的生长发育有一定负面影响。广西其他蔗区 7 月、8 月两月降水量正常至略偏少,气温略偏低,总体上对甘蔗的生长发育仍属有利。9—10 月虽然大部蔗区气温仍然偏低,但降水量大部蔗区明显偏多且降水过程比较均匀,对前期出现了旱情的桂西南蔗区解除干旱、加快生长比较有利。

2)2016 年广西甘蔗长势监测评估

由图 4.11~图 4.13 和表 4.8 可见,2016 年广西甘蔗长势在分蘖期(5 月)比 2015 年同期明显偏好,基本持平,在茎伸长期(6—9 月)持平偏好为主,在糖分积累期(10 月)与 2014 年基本持平,进入工艺成熟期后,长势以持平稍偏好为主;各月甘蔗长势存在空间差异。结论:2016 年度广西甘蔗长势好于 2015 年度。

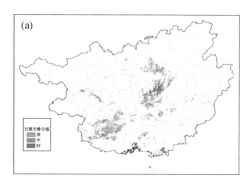
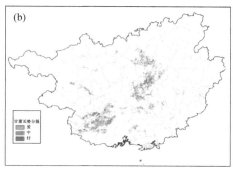

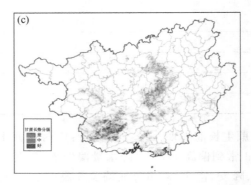

图 4.11　2016 年 5 月(a)、6 月(b)和 7 月(c)广西甘蔗分蘖期和
茎伸长期长势等级空间分布图

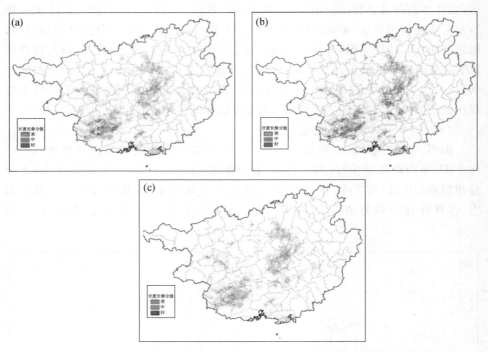

图 4.12　2016 年 8 月(a)、9 月(b)和 10 月(c)广西甘蔗茎伸长期和
糖分积累期长势等级空间分布图

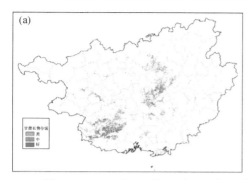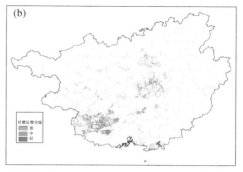

图 4.13　2016 年 11 月(a)和 12 月(b)广西甘蔗工艺成熟期长势等级空间分布图

表 4.8　2016 年 5—12 月广西甘蔗长势分级统计　　　　单位:%

月份	差	中	好
05	5	34	61
06	8	57	35
07	6	55	39
08	13	63	24
09	11	41	48
10	16	68	16
11	16	45	39
12	11	40	49

2016 年气甘蔗关键生育期气象条件分析:广西甘蔗播种出苗期间(3—5 月)大部蔗区降水量正常偏少,平均温度正常偏高,日照时数偏多,气象条件利于甘蔗播种出苗。卫星遥感监测表明,5 月广西全区甘蔗长势以中等偏好为主,约 6 成的甘蔗长势好于去年同期。来宾市、柳州市一带甘蔗长势以中等偏好为主,崇左市、百色市、南宁市、北海市等部分区域因降水偏少影响,甘蔗长势以中等偏差为主。6—8 月,是甘蔗快速生长的关键时期。该时期,蔗区降水量以正常偏多为主,平均气温正常偏高,日照时数偏多,雨热同季,总体气象条件非常利于甘蔗的茎伸长。卫星遥感监测表明 6—8 月广西甘蔗长势以中等偏好为主。9 月 1 日—10 月 17 日,南宁、崇左、北海等蔗区的降水明显偏少,来宾、柳州、河池等地降水正常偏多。蔗区平均温度偏高、日照时数明显偏多,大部蔗区气象条件尚利于甘蔗的茎伸长和糖分积累,但广西西南蔗区因降水偏少出现旱情,对甘蔗生长有一定负面影响。卫星遥感监测表明,南宁、崇左、百色、贵港等地甘蔗长势多为中等稍偏差,相比前期长势转差。18—20 日受 21 号台风影响,全区先后出现了大范围的强降雨天气过程,使大部分蔗区旱情解除或缓和;10 月 18 日—11 月 7 日,蔗区降水大部偏多,温度偏高,日照部分地区略偏少,较有利甘蔗的后期生长和糖分积累。

3)2015年我国甘蔗主产省区长势监测评估

云南:据9月的遥感甘蔗长势监测结果显示,云南省德宏州62%甘蔗长势好于2014年同期(图4.14),临沧市28%(耿马县等地)甘蔗长势(图4.15)好于2014年,元江等部分蔗区6—7月旱情较重,长势差于2014年同期。同时,据耿马、陇川等地面观测点的观测数据也显示出耿马点2015年的甘蔗株高于2014年同期,而陇川点则低于2014年。

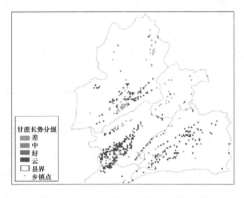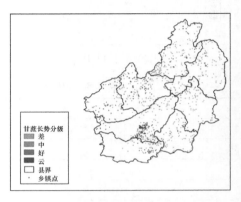

图4.14　2015年9月云南德宏州　　　　图4.15　2015年9月云南临沧市
甘蔗长势遥感监测图(FY-3B)　　　　　甘蔗长势遥感监测图(FY-3B)

广东湛江:据9月的遥感甘蔗长势监测结果显示(图4.16),仅有25%的甘蔗长势好于2014年同期。

海南:据9月的遥感甘蔗长势监测结果显示(图4.17),海南西部大部的甘蔗长势差于2014年同期。儋州地面观测点的观测数据显示该点的甘蔗株高高于2014年同期。

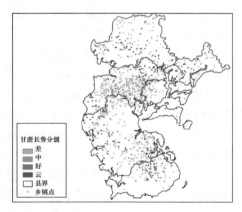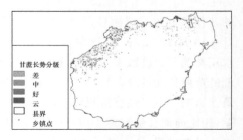

图4.16　2015年9月广东湛江市　　　　图4.17　2015年9月海南省
甘蔗长势遥感监测图(FY-3B)　　　　　甘蔗长势遥感监测图(FY-3B)

4)2016 年我国甘蔗主产省区甘蔗长势监测评估

2016 年 11 月,甘蔗进入工艺成熟期。我国甘蔗主产区(广西、云南、广东湛江和海南)甘蔗长势(图 4.18):与去年同期相比,该月我国甘蔗长势中等偏好为主。其中 36%的甘蔗长势好于去年,55%的甘蔗长势与 2015 年持平,9%的甘蔗长势不如 2015 年。在空间分布上,广西和湛江甘蔗长势好于 2015 年,海南和云南甘蔗长势不如 2015 年(图 4.19～图 2.21)。

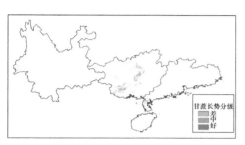

图 4.18 2016 年 11 月我国甘蔗主产区
甘蔗长势遥感监测等级分布图(FY-3B)

图 4.19 2016 年 11 月海南甘蔗
长势遥感监测图(FY-3B)

2016 年 11 月海南甘蔗长势:与 2015 年同期相比,本月海南省甘蔗长势中等偏差为主。其中 18%的甘蔗长势好于 2015 年,38.2%的甘蔗长势与 2015 年持平,43.8%的甘蔗长势不如 2015 年,空间分布较均匀。

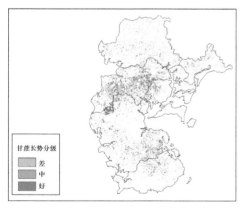

图 4.20 2016 年 11 月湛江
甘蔗长势遥感监测图(FY-3B)

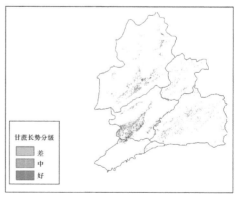

图 4.21 2016 年 11 月云南德宏州
甘蔗长势遥感监测图(FY-3B)

2016 年 11 月湛江甘蔗长势:与 2015 年同期相比,本月湛江市甘蔗长势以中等偏好为主。其中 46%的甘蔗长势好于去年,39.1%的甘蔗长势与 2015 年持平,14.8%的甘蔗长势不如2015年。空间分布存在差异:中、北部甘蔗长势较去年偏好为主,南部偏差(图4.20)。

　　2016年11月云南德宏州甘蔗长势:与2015年同期相比,本月德宏州的甘蔗长势以中等稍偏好为主。其中28.2%的甘蔗长势好于2015年,55.1%的甘蔗长势与去年持平,16.7%的甘蔗长势不如2015年。空间分布较均匀(图4.21)。

　　2016年11月云南临沧市甘蔗长势:与去年同期相比,本月临沧市甘蔗长势以中等稍偏差为主。其中6.1%的甘蔗长势好于去年,76.6%的甘蔗长势与去年持平,17.3%的甘蔗长势不如去年。空间分布较均匀(图4.22)。

　　2016年12月云南甘蔗长势:与2015年同期相比,本月云南省甘蔗长势以中等为主。其中27%的甘蔗长势好于2015年,50%的甘蔗长势与2015年持平,23%的甘蔗长势不如2015年。在空间分布上,西部、西南部甘蔗长势比2015年同期好,而中南部甘蔗长势不如2015年(图4.23)。

　　2016年12月湛江甘蔗长势:与2015年同期相比,本月湛江市甘蔗长势以中等为主。其中25%的甘蔗长势好于2015年,54%的甘蔗长势与2015年持平,21%的甘蔗长势不如2015年。空间分布存在差异:中、北部甘蔗长势较2015年偏好为主,南部偏差(图4.24)。

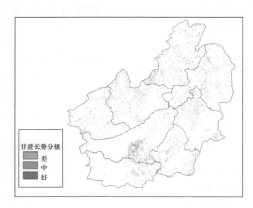

图4.22　2016年11月云南临沧市
甘蔗长势遥感监测图(FY-3B)

图4.23　2016年12月云南
甘蔗长势遥感监测图(FY-3B)

　　2016年12月海南甘蔗长势:与2015年同期相比,本月海南省甘蔗长势中等偏差为主。其中10%的甘蔗长势好于2015年,49%的甘蔗长势与2015年持平,41%的甘蔗长势不如2015年,空间分布较均匀(详见图4.25)。

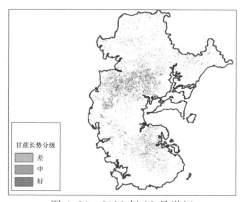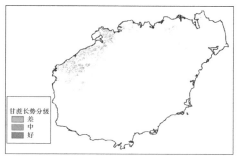

　　图 4.24　2016 年 12 月湛江　　　　　　图 4.25　2016 年 12 月海南
　甘蔗长势遥感监测图(FY-3B)　　　　　甘蔗长势遥感监测图(FY-3B)

　　(2)基于 HJ 卫星数据的甘蔗长势遥感监测评估(HJ-1)

　　根据研究建立的甘蔗长势遥感监测评估指标、方法和流程,利用 2009—2015 年的 HJ-1 卫星数据制作了 2014 年和 2015 年重点监测区域甘蔗关键生长发育期的长势监测评估产品,产品定量分析了各月监测区甘蔗长势与常年同期相比的差异及空间分布,绘制了长势空间分布图,为田间管理和产量预测提供了客观的数据支持。重点监测县市包括:来宾市兴宾区、崇左市江州区、防城港市上思县、柳州市鹿寨县和南宁市武鸣县。

　　1)2015 年柳州市鹿寨县

　　7 月,与常年同期对比发现,鹿寨县 74% 的甘蔗长势不及常年,26% 的甘蔗长势好于常年,甘蔗长势空间分布较均匀。8 月,与常年同期相比,鹿寨县甘蔗长势中等偏好,45% 的甘蔗长势与常年持平,52% 的甘蔗长势好于常年,甘蔗长势空间分布较均匀;9 月,与常年同期相比,鹿寨县甘蔗长势中等偏好,38% 的甘蔗长势好于常年,57% 的甘蔗长势与常年持平,仅 5% 的甘蔗长势差于常年,甘蔗长势空间分布较均匀;10 月,与常年同期相比,鹿寨县甘蔗长势中等为主,88% 的甘蔗长势与常年持平,10% 的甘蔗长势和常年比较差,甘蔗长势空间分布较均匀(见图 4.26,图 4.27)。

　　2)2015 年南宁市武鸣县

　　5 月,与常年同期相比,武鸣县甘蔗长势以中等为主,83% 的甘蔗长势与常年持平,长势不及常年的占 15%,仅 2% 的甘蔗长势好于常年,甘蔗长势空间分布较均匀;8 月,与常年同期相比,武鸣县甘蔗长势以中等为主,51% 的甘蔗长势与常年持平,29% 的甘蔗长势好于常年,20% 的甘蔗长势差于常年,甘蔗长势空间分布较均匀;10 月,与常年同期相比,武鸣县甘蔗长势中等偏差,其中 43.3% 的甘蔗长势与常年持平,55.5% 的甘蔗长势不如常年。甘蔗长势空间分布较均匀(见图 4.28,图 4.29)。

图 4.26　2015 年 7 月(a)和 8 月(b)柳州市鹿寨县甘蔗长势空间分布图(HJ-1)

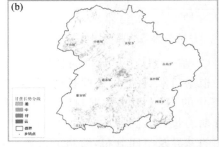

图 4.27　2015 年 9 月(a)和 10 月(b)柳州市鹿寨县甘蔗长势空间分布图(HJ-1)

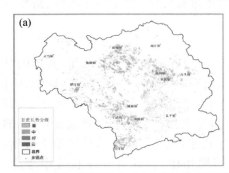

图 4.28　2015 年 5 月(a)和 8 月(b)南宁市武鸣县甘蔗长势空间分布图(HJ-1)

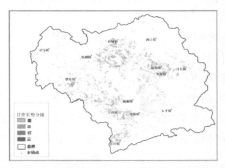

图 4.29　2015 年 10 月南宁市武鸣县甘蔗长势空间分布图(HJ-1)

3）2015 年崇左市江州区

7 月份，与常年同期相比，本月崇左市江州区 97％的甘蔗长势不及常年，仅 3％的甘蔗长势好于常年，甘蔗长势空间分布较均匀；8 月份，与常年同期相比，崇左市江州区甘蔗长势中等偏好，47％的甘蔗长势与常年持平，52％的甘蔗长势好于常年，甘蔗长势空间分布较均匀；10 月份，与常年同期相比，崇左市江州区甘蔗长势中等偏差，其中 61.7％的甘蔗长势与常年持平，37.8％的甘蔗长势不如常年，长势偏差的甘蔗主要分布在濑湍镇和左州镇附近（见图 4.30～图 4.31）。

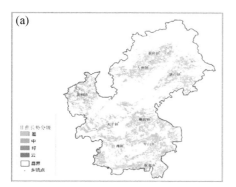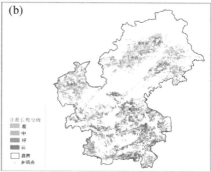

图 4.30　2015 年 7 月（a）和 8 月（b）崇左市江州区甘蔗长势遥感监测图（HJ-1）

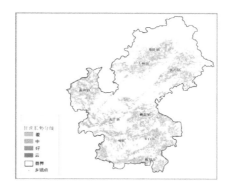

图 4.31　2015 年 10 月崇左市江州区甘蔗长势遥感监测图（HJ-1）

4）2015 年防城港市上思县

8 月，与常年同期相比，该县甘蔗长势中等偏好，55％的甘蔗长势与常年持平，45％的甘蔗长势好于常年，主要分布在思阳镇和在秒镇；10 月，与常年同期相比，该县甘蔗长势中等稍偏差，其中 72.1％的甘蔗长势与常年持平，27.8％的甘蔗长势不如常年，长势偏差的甘蔗主要分布在平福乡和那琴乡（图 4.32）。

5）2015 年来宾市兴宾区

8 月份，与常年同期相比，该区甘蔗长势中等偏好，41％的甘蔗长势与常年持平,58％的长势好于常年,甘蔗长势空间分布较均匀;10 月份,与常年同期相比,该区甘蔗长势中等稍偏差,其中 72.2％的甘蔗长势与常年持平,27.5％的长势不如常年,长势偏差的甘蔗主要分布在凤凰镇和小平阳镇附近(见图 4.33)。

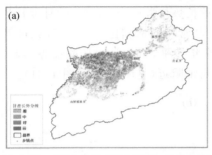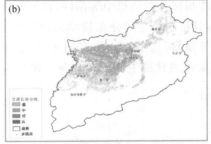

图 4.32　2015 年 8 月(a)和 10 月(b)防城港市上思县甘蔗长势遥感监测图(HJ-1)

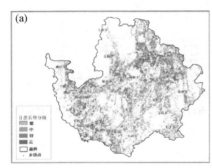

图 4.33　2015 年 8 月(a)和 10 月(b)来宾市兴宾区甘蔗长势遥感监测图(HJ-1)

(3)基于 GF 卫星数据的甘蔗长势遥感监测评估(GF-1)

利用 GF-1 卫星数据制作了重点监测区域的甘蔗长势势动态监测产品,分析重点监测区当年当月基于 NDVI 的甘蔗长势空间分布图。

1)2015 年来宾市兴宾区

7 月,来宾市兴宾区 12.4％的甘蔗种植区域为云覆盖,80.6％的甘蔗 NDVI 数值处于 0.24～0.48,在空间分布上,东部甘蔗 NDVI 数值较高;8 月,来宾市兴宾区 15.3％的甘蔗种植区域为云覆盖,81.8％的甘蔗 NDVI 数值处于 0.24～0.48,在空间分布上,凤凰镇甘蔗 NDVI 数值稍高;10 月,来宾市兴宾区 91.4％的甘蔗 NDVI 数值处于 0.24～0.48,空间分布较均匀(见图 4.34)。

2)2016 年崇左市江州区和扶绥县

5 月,江州区和扶绥县 71％的甘蔗 NDVI 数值处于 0.2 以下,18％的甘蔗处于 0.2～0.3,NDVI 数值超过 0.3 的甘蔗仅占 10％左右。大部地区甘蔗 NDVI 空间分布较均匀。但扶绥县山圩镇以及岜盆乡部分地区甘蔗 NDVI 数值较高,经实地调查发现,该地区大部分甘蔗地都套种西瓜,导致 NDVI 数值偏高(见图 4.35)。

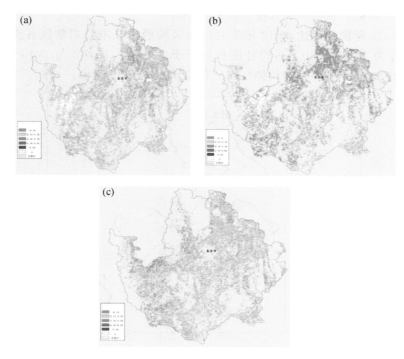

图 4.34 2015 年 7 月(a)、8 月(b)和 10 月(c)来宾市兴宾区
甘蔗长势空间分布图(GF-1)

图 4.35 2016 年 5 月 17 日江州区和扶绥县甘蔗种植区 NDVI 等级分布图(GF-1)

（4）针对糖厂辖区开展甘蔗长势监测评估

与 2016 年同期相比,2017 年 5 月广西凤糖股份在限公司辖区甘蔗长势以中等偏好为主,其中 40.5% 的甘蔗长势好于 2016 年,47.7% 与 2016 年持平,11.7% 不如 2016 年。甘蔗长势空间分布差异如图 4.36 所示。

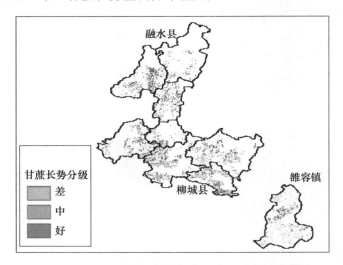

图 4.36　2017 年 5 月凤糖辖区甘蔗长势遥感监测空间分布图(FY-3B)

4.4　甘蔗长势监测评估在产量预报中的应用

2014 年以来,应用空间分辨率精细化至 15 m 的区域甘蔗遥感长势监测结果,开展了区域甘蔗单产预报,下面以 2016/2017 年度榨季柳州市凤塘公司蔗区糖料蔗单产预报服务为例。

1)雒容糖厂蔗区糖料蔗产量预报

雒容蔗区甘蔗苗期和茎伸长前中期(2016 年 3—8 月),降雨较为充足,利于播种、出苗和茎伸长,气温大部偏高;进入茎伸长后期(9—10 月)的大部时段气温仍较常年偏高,降水偏少 1~3 成,对甘蔗单产的提高略有影响。10 月上旬末卫星遥感监测显示(10 中下旬缺晴空卫星数据),北部蔗区甘蔗长势总体好于上年同期(见图 4.37),南部蔗区甘蔗长势为持平至略差。

应用空间分辨率精细化至 15 m 的区域甘蔗长势监测结果,预报 2016/2017 年榨季雒容糖厂蔗区糖料蔗单产为 4.4 吨/亩,比上一榨季增加 4.5%,种植面积(以雒容镇行政区域为界统计)约为 3.35 万亩。

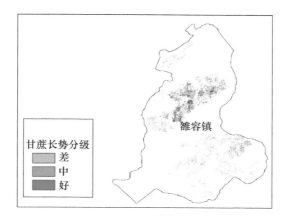

图 4.37　2016 年 10 月上旬末雒容糖厂蔗区甘蔗长势遥感监测图

2）柳城糖厂蔗区糖料蔗产量预报

3 月甘蔗播种、出苗以来，蔗区大部时段气温略偏高，降水较为充足，无明显旱情出现，利于出苗、生长和糖分积累。2016 年 10 月上旬末（10 中下旬缺晴空卫星数据）卫星遥感监测显示，柳城糖厂蔗区甘蔗长势与上年同期持平、略偏好比例约占 90%（见图 4.38），单产有望略高于上一榨季为 4.15 吨/亩，比上一年略增 1.0%，种植面积（以沙埔、太平、大埔、龙头、古砦共 5 个乡镇的行政区域为界统计）约为 20.98 万亩。

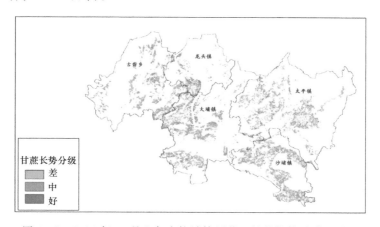

图 4.38　2016 年 10 月上旬末柳城糖厂蔗区甘蔗长势遥感监测图

3）和睦糖厂蔗区糖料蔗产量预报

3 月甘蔗播种、出苗以来，蔗区大部时段气温偏高明显，降水较充足，基本无旱情，利于出苗、生长和糖分积累，且据天气预报未来一个月气象条件较去年同期的连阴雨天气偏好，对甘蔗后期生长和糖分积累较有利。2016 年 10 月上旬末(10 月中下旬缺晴空卫星数据)卫星遥感监测显示,和睦糖厂蔗区甘蔗长势与上年同期持平、偏好比例约占 95%(见图 4.39),单产有望达 4.15 吨/亩,比上一年增 2.5%,种植面积(以和睦、永乐和融水共 3 个乡镇的行政区域为界统计)约为 9.76 万亩。

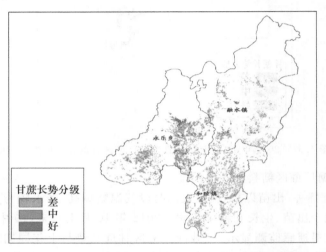

图 4.39　2016 年 10 月上旬末和睦糖厂蔗区甘蔗长势遥感监测图

4.5　小结

4.5.1　结论

本章利用长时间序列卫星资料,构建了基于不同卫星数据的甘蔗不同生育期长势监测评估指标体系,并确定了长势等级划分方法,实现了甘蔗长势等级评估从定性到定量化的跨越。利用长时间序列 EOS/MODIS、FY-3B、HJ-1、GF-1等多源卫星数据和甘蔗地面观测数据,研究了广西地区不同长势样本区甘蔗光谱特征和农艺性状差异,提出了基于偏差、标准差核心算法的甘蔗长势评价方法,实现了低、中、高分辨率卫星遥感甘蔗长势定量化评价。基于已有的甘蔗长势核心算法,研究分析了中国甘蔗主产省(区)广西、广东、云南、海南甘蔗长势遥感光谱特性,建立了甘蔗茎伸长期、全生育期长势评估模型。该项目利用长时间序列的卫星数据在甘蔗不同生育期建立了不同的长势评估等级指标,尤其在甘蔗的关键生育期——茎伸长期,综合考虑甘蔗生长和卫星数据的特性,依据作物的生长过程实质上是缓慢进行的光合作用累积的过程,采用"NDVI(或者 LAI)超过

多年平均值的累积天数"作为判断甘蔗茎伸长期长势评估指标,比单纯的以"ND-
VI"作为评估指标具备更好的机理性,更能反映甘蔗真实的生长状况,也是本研究
的关键创新点。

　　根据建立的指标、方法和流程,以示例的方式给出了在广西、云南、广东湛江
和海南等甘蔗主产区应用 EOS/MODIS 卫星数据开展甘蔗长势评估的分级标
准,可以直接根据分级数值开展甘蔗长势评价。同时依据指标、方法和流程,采
用 FY3B-NDVI、HJ-1、GF-1 等(5～10 年)的长时间序列卫星数据,在 2015 年、
2016 年和 2017 年针对区域性、市县和重点监测区开展了甘蔗长势监测评估,定
量化评估结果应用于全国和部分糖厂的蔗糖产量预报中,经对比分析,可有效提
高蔗糖产量预报精度 2%～3%。

4.5.2　存在问题

　　本研究建立的甘蔗长势监测评估模型仍存在机理不够深入的问题。仅根据
长时间序列的卫星数据和地面观测数据,建立了简便的数学统计分析模型,以业
务应用为主,未引入作物生长模拟模型增强其机理性。在以后的研究中将尝试
引入生长模拟模型,建立既能业务应用也具备一定机理性的模型,提供精准化的
长势分级定量化评价结果。

　　该研究仅针对 EOS/MODIS 数据形成了甘蔗长势分级标准,在后续的研
究中可以进一步形成 HJ-1、FY-3、LANDATE8 等常用的卫星数据的甘蔗长势
分级标准,便于在各项相关业务中成功推广应用,实现成果的转化和业务化
应用。

第5章　甘蔗种植区遥感识别与面积估算技术

为及时准确地掌握和预测食糖市场信息,政府和糖业集团、保险公司等相关企业迫切需要原料甘蔗的产量预报信息及当年种植空间分布信息与种植面积信息,以科学规划甘蔗的运输通道和起止榨季、制订适应市场变化和兼顾企业效益的价格策略。这样不仅促进区域经济健康循环的发展,还能帮助政府部门制订食糖进出口计划,对稳定国内食糖价格和保证食糖安全至关重要。

传统的甘蔗种植信息获取主要是来自当地糖业主管部门和农村基层技术人员通过实地调查数据,然后逐级上报,最终通过汇总整理的方法来实现信息的获取,这种方法不仅耗时费力,而且经常出现错报、漏报、空报等问题,很难及时准确地获取甘蔗种植面积及产量的信息(马尚杰　等,2011)。我们注意到卫星遥感技术的发展为作物种植空间信息空间识别、种植面积遥感估算、作物长势监测、产量预报等应用提供了非常有效的途径(Huang, et al. ,2010;Laurila,et al. ,2010;Xavier,et al. ,2006)。与传统方法相比,利用卫星遥感技术监测农作物长势及面积具有经济效益高、时效性强、宏观性强、覆盖范围广、信息量大等优点(孙华生,2008)。因此,本研究拟结合遥感(RS)、地理信息系统(GIS)和全球定位系统(GPS)三种技术,利用 HJ-1 CCD 影像对中国南方甘蔗主产区进行甘蔗种植空间信息识别和种植面积遥感估算,为甘蔗长势监测和产量预报提供基础资料。

5.1　农作物种植区域遥感提取方法简介

遥感技术应用于农作物监测领域主要包括:农作物种植面积提取、农作物长势监测、农作物产量估算、农作物病虫害监测,以及农作物气象灾害监测等,其中农作物种植面积提取是农作物遥感监测系统的关键步骤和初始阶段。农作物种植空间分布和面积信息的遥感估算是利用遥感技术对作物空间分布进行制图的过程。下面分别对国内外在作物种植空间信息识别方面的相关研究进行简要的概括,为实现大尺度的甘蔗空间种植信息识别提供参考。

5.1.1　基于光学遥感数据的农作物信息提取研究进展

到目前为止,在农作物种植空间信息提取和作物面积估算方面涉及多种遥感数据类型,而传统的农作物信息提取与面积估算的遥感数据源主要是光学遥感数据。比如:

(1)计算机监督分类方法

该类方法主要以美国开展的"大面积作物清查试验(LACIE)"农作物遥感监测为代表,主要使用 Landsat TM 遥感影像(Macdonald,et al,1980),结合地面实测的训练样本数据进行的计算机自动分类。随后该方法快速发展到其他国家和地区的作物估产活动中。目前已全面发展到目视解译与计算自动分类相结合的农作物遥感信息识别。梁继等(2002)利用光谱角分类方法实现了对荒漠地表遥感影像的自动分类。刘孜岑等(2005)利用 ASTER 遥感影像,结合地面实测数据,使用最大似然分类法进行了棉花种植面积提取和棉花品种的分类。熊勤学等(2009)通过分析MODIS-NDVI 时间序列数据的特征,首先采取分层的方法将秋收作物与其他地物区分,然后利用 BP 神经网络法的监督分类方法对三种秋收作物进行分类,获得了三种作物的种植空间分布。She 等(2015)以油菜盛花期的 HJ-1A/1B 遥感影像为数据源,采用马氏距离的监督分类方法提取了油菜种植空间分布信息。

(2)多时相分析方法

对于多时相地物遥感识别方法,从 20 世纪 80 年代起已有大量研究,并开发了一系列的算法和模型。Xiao 等(2005)使用多时相 MODIS 数据的 MOD09A1产品分别计算出 NDVI、EVI 和 LSWI 三种植被指数,然后基于这些植被指数开发了一种掩膜水体、云、常绿植被的水稻制图算法,提取了中国南部 13 个省份和东南亚 13 个国家的水稻种植信息。孙华生(2008)利用多时相 MODIS 数据,结合水稻在灌水移栽期内稻田有水的特征,通过分析 MODIS 前 7 个波段反射率的特点,确定了对植被和土壤湿度比较敏感的波段,构建了植被指数和土壤水敏感指数用于水稻空间信息识别,以获取全国范围内的单季稻、早稻和晚稻的空间分布状况和面积估算数据。Davranche(2010)等利用多时相 SPOT-5 卫星影像结合实地调查数据提取了湿地的信息。Wang 等(2015)使用多时相的 HJ-1A/B卫星影像构建 EVI2 植被指数的时间序列数据,然后利用水稻关键生育期 EVI2植被指数与其他地物的特征差异,提取了浙江德清的水稻种植信息。

(3)面向对象的分析方法

随着更高空间分辨率遥感数据的应用,更多的地表信息被清晰地体现出来。在使用传统基于像元的分类方法时,分类结果中易出现"椒盐"现象。为避免这种现象的出现,一种基于对象的方法被提出来。该方法综合考虑了地物的光谱、纹理、空间拓扑以及上下文关系等特征,现在已在遥感农作物信息识别等领域有了广泛的应用。

吴炳方等(2004)使用 QuickBird 影像数据,利用基于面向对象的影像分析方法对耕地地块信息进行提取,最终制作了高精度的作物分布图。范磊等(2010)选取了冬小麦返青早期的 ALOS AVNIR-2 影像,采用面向对象的分类方法,并将 NDVI 植被指数信息融入对象的几何特征,用于提取冬小麦空间分布信息。Vieira 等(2012)首先利用基于面向对象的方法将时间序列的 Landsat TM 数据进行多尺度分割,然后用数据挖掘的方法应用于分割对象,最终提取了甘蔗种植空间分布信息。

5.1.2　基于微波遥感数据的农作物信息提取研究进展

　　光学遥感数据应用于农作物信息提取取得了显著的成果,但在实际应用中,在一些多云雨地区,往往受到天气状况的影响而导致数据源无法保障。微波遥感相对于光学遥感来说,其不受或很少受云、雨、雾的影响,在不需要光照的条件下,可以全天候、全天时地获取影像和数据(Ulaby,et al.,1981)。早期微波遥感农作物信息提取主要受到技术和成本等条件的限制,多采用单波段、单极化方式的影像作为遥感数据源。Toan 等(1988)通过分析 X 波段 SAR 的影像中的不同地物的后向散射系数(σ^0)特征,发现随时间变化水稻田后向散射系数差异远大于其他地物类型,并首次提出了使用 SAR 影像进行水稻识别的可行性。由于水稻田不同于其他地物类型的独特下垫面,利用多时相 SAR 影像后向散射系数基于这一特征的变化,这一阶段的农作物 SAR 影像信息提取主要是针对水稻展开的(Ribbes,1999;Shao,et al.,2001;刘浩等,1997;邵芸　等,2002)。随着雷达技术的不断发展,尤其是在 ALOS-PALSAR、Terra-SAR 和 RADARSAT-2 卫星发射升空之后,星载 SAR 从单波段、单极化方式进入到了多波段、多极化方式的阶段,这些多模式的 SAR 影像能够提供更为丰富的地物雷达波散射信息。Baghdadi 等(2009)使用三种不同的雷达数据源(ENVISAT ASAR、ALOS PALSAR、TerraSAR-X),根据 SAR 影像后向散射系数与甘蔗株高的关系,提取了甘蔗种植信息。丁娅萍(2013)利用多时相、多极化 RADARSAT-2 全极化遥感数据,根据玉米和棉花在不同生育期内对雷达信号的不同响应机制,进行了我国北方地区旱地作物玉米和棉花的空间种植信息识别和面积统计工作。

5.1.3　甘蔗遥感种植空间信息提取研究进展

　　与水稻、小麦等大宗粮食作物相比,围绕甘蔗遥感监测方面的研究和应用相对较少。目前,国内利用遥感技术进行甘蔗监测的研究主要集中在甘蔗种植面积监测和甘蔗长势监测以及甘蔗气象灾害监测等领域(丁美花　等,2009;匡昭敏　等,2009;匡昭敏　等,2007),鲜有其他方面的研究文献见于期刊。谭宗琨等(2007)采用 MODIS 数据结合 GPS 选定的甘蔗训练样本内 NDVI 的变化曲线,根据甘蔗收割期间种植面积递减的特性,利用最大似然法提取了非训练样本区的甘蔗种植信息,最终获得了广西区域的甘蔗种植空间分布信息。马尚杰等(2011)以多时相的 HJ-1 CCD 遥感影像为数据源,利用甘蔗作物的光谱信息,逐时相提取甘蔗种植空间分布信息,然后通过叠加运算,最终实现了对甘蔗作物收割过程的遥感监测。丁美花等(2012)利用多时相 HJ-1 CCD 遥感影像,采用监督分类、决策树分类和逐步剔除相结合的方法,提取了研究区内的甘蔗种植信息。王久玲等(2014)利用甘蔗在不同时相的光谱特征,采取面向对象的方法,建立了决策树逻辑的分类规则集,最终提取了研究区内的甘蔗种植信息。刘吉凯等(2014)以 GF-1 WFV 为遥感数据源,通过分析比较甘蔗与其他地物的光谱特征、纹理特征及植被指数时间变化的差异,采用多时相迭代方法构建了甘蔗种植信息提取的特征向量决策树模型。陈刘凤等(2015)基于 Landsat-8 OLI 数据及光谱和植被指数特征,结合监督分类、非监督分类和 NDVI 剔除的方法提取了甘蔗种植区域。

Xavier 等(2006)利用多时相 MODIS 数据,结合甘蔗训练样本和非甘蔗训练样本的 EVI 变化特征,采用非监督分类的方法对巴西全境的甘蔗种植信息进行了提取。Fortes 等(2006)利用 Landsat-7 ETM+不同波段数据,根据不同种类甘蔗冠层所具有的特定形态特征对甘蔗种植区域进行了分类。Almeida 等(2006)以 ASTER 和 Landsat-7 ETM+为数据源,结合植被光谱特征,甘蔗产量历史数据和主成分分析方法,估算甘蔗当季产量。Lin 等(2009)使用 C 波段的合成孔径雷达(SAR)数据,利用不同时相的 ASAR 影像的 HH 极化和 HV 极化数据后向散射系数的差值,将甘蔗作物与其他地物进行分类。Vieira 等(2012)使用 Landsat TM 和 ETM+时间序列数据,提出了一种基于面向对象和数据挖掘的甘蔗进行自动分类方法。

5.2　主要研究内容和技术路线

5.2.1　主要研究内容

本章选择南方四省区作为研究区,利用 HJ-1A/1B 数据进行甘蔗种植区域空间识别和甘蔗种植面积遥感估算。主要研究内容包括以下三个方面。

(1)研究区内用于甘蔗空间信息识别数据集的收集与整理

首先,下载了研究区可用的遥感数据,包括 HJ-1 CCD 数据、Landsat-8 OLI 数据以及 SRTM DEM 数据,并对这些数据进行预处理;同时收集整理了研究区地理信息数据;其次,进行了野外田间调查,获得了一定数量的甘蔗种植区样本和非甘蔗种植区样本,并收集整理了研究区其他主要作物的物候信息。构建了研究区内甘蔗种植信息识别的基础数据集,为后续的甘蔗种植信息识别做好准备工作。

(2)基于面向对象和 AdaBoost 数据挖掘算法的甘蔗种植信息识别

在典型研究区内,探索利用面向对象方法提取甘蔗种植信息。为此,首先对长时间序列的 HJ-1 CCD 影像进行多尺度分割处理,以获得影像对象信息;其次,采用 AdaBoost 数据挖掘算法对分割的影像对象进行分类处理,以获得甘蔗种植空间分布图并进行精度检验。

(3)基于植被指数阈值决策树的甘蔗种植信息识别

利用长时间序列的 HJ-1 CCD 影像的归一化植被指数(NDVI)数据,结合利用甘蔗训练样本所获得的 NDVI 阈值,采用决策树分类方法得到 2014/2015 年度整个研究区的甘蔗种植空间分布图,并估算了甘蔗种植面积。

5.2.2　技术路线

根据上述研究内容,拟定了本研究的技术路线(见图 5.1)。

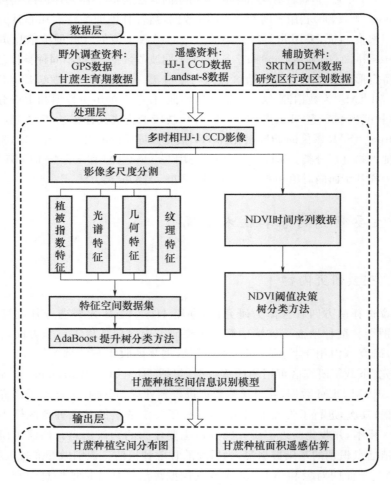

图 5.1　技术路线图

5.3　研究区概况与数据资料简介

5.3.1　研究区概况

研究区为我国甘蔗主要种植地区,即广西壮族自治区、云南省、广东省湛江市和海南省(见图 5.2),下面分别介绍各地区概况。

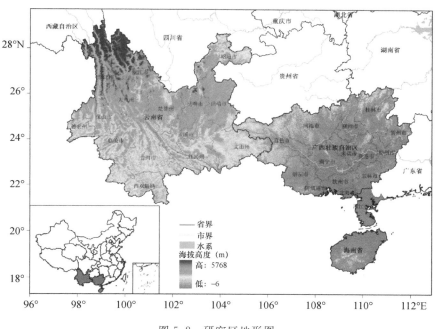

图 5.2　研究区地形图

5.3.1.1　广西壮族自治区

广西壮族自治区地处中国南部,位于东经 104.43°~112.10°,北纬 20.90°~26.40°,北回归线横贯全区中部。陆地区域总面积为 23.67 km²,约占国土总面积的 2.5%。全区地势为四周多山地与高原,而中南部相对平坦,因此,地势整体由西北向东南倾斜,地貌总体是山地丘陵性盆地地貌,其中喀斯特地貌广泛分布。全区大部分地区气候温暖,光照充足,雨水丰沛,年平均气温在 16.5~23.1 ℃,年平均降水量在 1500~2000 mm,年有效积温在 5000~8300 ℃·d,年日照时间为 1200~1400 h,属于亚热带季风气候区,是世界上最适合种植甘蔗的地区之一。从 1992 年起,广西甘蔗种植面积和产量一直稳居全国首位,约占全国的 65%(詹鹏举,2013)。

5.3.1.2　云南省

云南省地处中国的西南边陲,位于东经 97.53°～106.20°,北纬 21.14°～29.25°,北回归线横贯全省南部。陆地区域总面积为 39.4 万 km²,约占国土总面积的 4.1%。云南是一个高原山区省份,属于青藏高原南延部分,由于全省盆地、河谷、丘陵、高山、高原相间分布,各类地貌之间差异很大,类型多样复杂,全省海拔高低差最多达 6000 多米。特殊的地理地貌环境,导致云南气候类型相对复杂,共有北热带、北亚热带、中亚热带、中温带、南亚热带、南温带和高原气候区 7 个气候类型。全省年平均气温在 5～24 ℃,南北温差较大,全省大部分地区降水量在 1100 mm,南部地区可达 1600 mm 以上。全省甘蔗种植面积、产量以及产糖量均居全国第二,仅次于广西,约占全国的 20%(杨永梅、李宏,2012)。

5.3.1.3　广东省湛江市

湛江市是广东省辖的地级市,位于中国大陆最南端的雷州半岛上,地理位置界于东经 109.52°～110.92°,北纬 20.00°～21.58°,湛江陆地大部分由半岛和岛屿组成,多为 100 m 以下的台阶地。该地区终年受海洋气候调节,冬无严寒,夏无酷暑,年平均气温在 23 ℃左右,年平均降水量在 1400～1800 mm,属热带和亚热带季风气候。湛江市热带亚热带作物资源极其丰富,是我国重要的糖蔗种植基地。

5.3.1.4　海南省

海南省位于中国最南端,地理位置界于东经 107.17°～119.17°,北纬 3.33°～20.30°。海南岛四周地平,中间高耸,属于丘陵性低山地形。全省全年长夏无冬,年平均气温在 22～27 ℃,光照时间长,且光温充足,光合潜力高,年平均降水量约为 1600 mm,雨量较充沛,属于热带季风气候。在海南省北部,尤其是儋州市,有大量甘蔗种植。

5.3.2　数据介绍

本研究所使用的数据汇总展示如表 5.1 所示。

表 5.1　数据汇总

数据名称	省市	影像数量(景)	现有数据时间范围(年份)
HJ-1 CCD	广东(湛江市)	25	2013—2015
	广西	80	2012—2015
	海南	33	2012—2015
	云南	34	2014—2015
Landsat-8 OLI	广东(湛江市)	2	2014
	广西	17	2014
	海南	4	2014
	云南	21	2014
SRTM DEM	广东(湛江市)	2	2000
	广西	5	2000
	海南	4	2000
	云南	6	2000
GPS 调研数据	研究区	—	2014

5.3.2.1　环境卫星数据

环境与灾害监测预报卫星(HJ)是我国继海洋卫星、国土资源卫星和风云气象卫星之后又一全新的民用卫星,该卫星是由 1 颗合成孔径雷达卫星(HJ-1C 星)和 2 颗光学卫星(HJ-1A/B 星)组合而成,能够实现对我国环境、灾害的大范围、全天候动态监测,及时反映生态环境和灾害的发生,快速评估灾情发生程度,并分析生态环境和灾害发展变化趋势,为紧急救援、灾害救助以及重建工作提供科学依据。

HJ-1A/B 卫星于 2008 年 9 月 6 日升空,HJ-1-A 星搭载了两台传感器,分别为超光谱成像仪(HSI)和 CCD 相机,HJ-1-B 星上也搭载了两台传感器,红外相机(IRS)和 CCD 相机。在 HJ-1-A 星和 HJ-1-B 星上搭载的 CCD 相机设计原理完全相同,它们以星下点对称的方式放置,可以平分视场和并行观测,联合完成 700 km 地面幅宽、30 m 像元空间分辨率和 4 个波段的推扫成像。两台 CCD 相机组网后重访周期仅为 2 天,优于同等空间分辨率的 TM/ETM+/OLI 数据,尤其在中国南方多云雨地区,HJ 星的时间分辨率优势在数据支持方面更加明显(表 5.2)。

表 5.2　HJ-1A/1B 卫星主要载荷参数

平台	有效载荷	波段	光谱范围(μm)	空间分辨率(m)	幅宽(km)	重访时间(d)
HJ-1A 星	CCD 相机	1	0.43~0.52	30	360(单台)	4
		2	0.52~0.60	30		
		3	0.63~0.69	30	700(两台)	
		4	0.76~0.90	30		
	超光谱成像仪（HSI）	—	0.45~0.95（110~128 个谱段）	100	50	
HJ-1B 星	CCD 相机	1	0.43~0.52	30	360(单台)	4
		2	0.52~0.60	30		
		3	0.63~0.69	30	700(两台)	
		4	0.76~0.90	30		
	红外多光谱相机(IRS)	5	0.75~1.10	150(近红外)	720	
		6	1.55~1.75			
		7	3.50~3.90	300(热红外)		
		8	10.5~12.5			

5.3.2.2　Landsat-8 OLI 数据

NASA 的陆地卫星（Landsat）计划，从 1972 年 7 月 23 日以来，已发射了 8 颗卫星（Landsat1-8），共获取地球陆地区域和近海岸区域 40 多年的遥感数字影像，为研究地球自然动态变化以及由于人类干预而发生的动态变化提供了宝贵的数据资料。2013 年 2 月 11 日，NASA 成功发射了 Landsat-8 卫星，保证了Landsat 系列卫星数据的持续性。该卫星搭载了陆地成像仪（Operational Land Image，OLI）和热红外传感器（Thermal Infrared Sensor，TRIS），新增加了用于探测海岸线（B1 波段）和卷积云（B9 波段）的波段，并调整了原有的红色波段、近红外波段、短波红外波段及全色波段的波段范围（盛莉，2013）。本研究所采用的Landsat-8 数据获取时间为 2014 年，主要覆盖了南方四省区（云南、广西、广东、海南）的大部分地区（http://earthexplorer.usgs.gov/）。

5.3.2.3　SRTM DEM 数据

数字高程模型（Digital Elevation Model，DEM）是采用有序数值阵列的形式来描述地面高程的实体地面模型，主要用于描述地面的起伏变化，并广泛应用于地学、生态、农业等领域的研究（李祥，傅俊琼，2006）。SRTM（Shuttle Radar Topography Mission）即美国航天飞机雷达地形测绘任务，是由"奋进"号航天飞机上搭载的 SRTM 系统完成。该次测绘任务时间为 2000 年 2 月 11—22 日,一共进行了 222 小时 23 分钟的数据采集工作,本次任务共获取北纬 60°至南纬 60°之间总面积超过 1.19 亿 km² 的雷达影像数据,覆盖了地球 80% 以上的陆地表面(石晶晶,2013)。这些雷达影像数据经过两年多的数据处理,制成了数字高程模型(DEM)。本文所使用的 SRTM DEM 数据是分辨率为 90 m 的数据,可以在地理空间数据云(http://www.gscloud.cn/)免费获取。

表 5.3　Landsat-8 卫星主要载荷参数

卫星	传感器	波段名称	光谱范围(μm)	空间分辨率(m)
Landsat8	陆地成像仪 (OLI)	Band1	蓝	0.433~0.453	30
		Band2	蓝绿	0.450~0.515	30
		Band3	绿	0.525~0.600	30
		Band4	红	0.630~0.680	30
		Band5	近红外	0.845~0.885	30
		Band6	中红外	1.560~1.660	30
		Band7	中红外	2.100~2.300	30
		Band8	全色	0.500~0.680	15
		Band9	短波红外	1.360~10.390	30
	热红外传感器 (TRIS)	Band10	热红外	10.30~11.30	100
		Band11	热红外	11.50~12.50	100

5.3.2.4　其他资料

(1)地面实测 GPS 资料:获取甘蔗及其他作物样本数据。

2014 年 5 月 13 日—5 月 16 日在广西柳州进行了野外调查;

2014 年 5 月 25 日—5 月 29 日在广东湛江进行了野外调查;

2014 年 6 月 28 日—6 月 30 日在海南进行了野外调查。

(2)生育期数据:广西研究区农业气象站点的物候资料,甘蔗主要生育期包括:播种期、出苗期、分蘖期、茎伸长期、糖分积累期和工艺成熟期。

(3)行政区划图:1:400 万中国行政区划矢量图,数据由国家测绘局建立的国家基础地理信息系统(NFGIS)提供(http://ngcc.sbsm.gov.cn/)。

5.3.3　HJ-1/Landsat 8 数据预处理

本文使用的所有 HJ-1A/B 影像数据由中国资源卫星应用中心(http://www.cresda.com)下载获得。共获得南方四省区(云南、广西、广东、海南)大部分地区 2012—2015 年的 HJ 卫星多光谱遥感影像 2A 级产品(系统几何校正产品)172 景,其中广西地区 80 景,云南地区 34 景,海南地区 33 景和广东湛江地区 25 景(见表 5.1)

因为研究涉及到植被指数的计算,本节使用 ENVI5.1 软件对所有 HJ-1 CCD 影像进行了预处理,具体预处理步骤如图 5.3 所示。

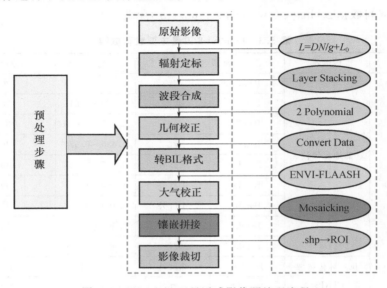

图 5.3　HJ-1A/B 卫星遥感影像预处理流程

5.3.3.1　辐射定标

由于 HJ 卫星 CCD 原始影像记录的是表征辐亮度大小的 DN 值,为了获取大气顶层反射率值,首先将原始影像 DN 值定标为大气顶层辐亮度,对于 HJ-1A/B 来说,计算公式如下:

$$L_\lambda = \frac{DN}{A} + L_0 \tag{5.1}$$

式中:A 为绝对定标系数增益,L_0 为绝对定标系数偏移量。L_λ 为大气顶层辐亮度,转换后的辐亮度单位为:$W \cdot m^{-2} \cdot sr^{-1} \cdot \mu m^{-1}$。其次将辐亮度转换为大气顶层反射率,计算公式如下:

$$\rho_\lambda = \frac{\pi \times L_\lambda \times D^2}{ESUN_\lambda \times \cos\theta_s} \tag{5.2}$$

式中:D 为天文单位的日地距离,$ESUN_\lambda$ 为大气层外太阳辐照度,θ_s 为太阳天顶角。各参数可从影像头文件及中国资源卫星应用中心获得。其中 HJ 卫星各 CCD 传感器的波谱响应函数如图 5.4 所示。

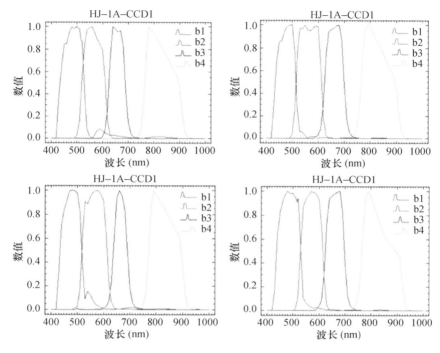

图 5.4　HJ-1A/B 卫星波谱响应函数的曲线表达

对于 Landsat-8 OLI 数据,大气顶层反射率可以通过定标系数得到,公式如下:

$$\rho_\lambda = (M_\rho Q_{cal} + A_\rho)/\cos(\theta_{sz}) \qquad (5.3)$$

式中:ρ_λ 为大气顶层反射率,Q_{cal} 为原始影像 DN 值(16 bit),M_ρ 和 A_ρ 为定标系数,θ_{sz} 为太阳天顶角(=90-太阳高度角),以上各参数均可从影像对应的头文件中获得。

5.3.3.2　几何校正

我们下载的是系统几何校正的 2A 级产品,实际使用中发现该数据定位精度仍不理想,同一位置甚至会出现数千米的漂移,所以必须采用批量的、高精度的影像配准方法。本研究利用 USGS(http://earthexplorer.usgs.gov/)提供的 Landsat-8 OLI 影像为参考,对 HJ-1 CCD 影像进行几何校正。采用图像对图像的配准方法(Image to image),利用 ENVI5.1 软件中影像自动配准的流程化工具,选择基于 Forstner 算子的几何特征提取配准算法,采用二次多项式算法进行校正,将总体误差控制在 0.5 个像元以内,采用最邻近法赋值输出校正后的影像。

5.3.3.3　大气校正

本节采用的 FLAASH 大气校正模型对研究区的 HJ-1A/B CCD 影像进行大气校正。ENVI5.1 中的 FLAASH(Fast Line-of-sight Atmospheric Analysis of Spectral Hypercubes)模块可以对多光谱数据进行大气校正,其适用的波长范围为 $0.4\sim3\ \mu\text{m}$。不同于其他基于查找表或者插值方法的大气校正模型,它直接移植了 MODTRAN4 的大气辐射传输计算方法,任何有关影像的标准 MODTRAN 大气模型和气溶胶类型都可以直接被选用,并进行地表反射率的计算(宋晓宇　等,2005)。FLAASH 模块可以对邻近像元效应进行纠正,同时提供对整幅影像的能见度计算。

5.4　基于面向对象和数据挖掘的甘蔗遥感分类技术

近年来随着大数据问题的不断升温,各种数据挖掘的算法被应用到各种领域,本节尝试结合面向对象和 AdaBoost 数据挖掘算法对湛江市遂溪县的甘蔗种植区域进行空间信息识别,技术路线如图 5.5 所示。

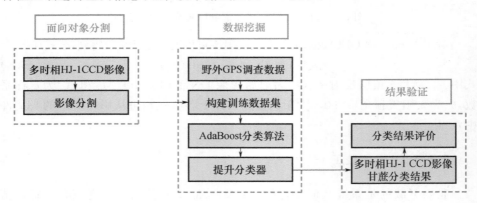

图 5.5　基于面向对象技术的甘蔗种植区域提取技术路线

5.4.1　面向对象遥感分类技术

关于遥感影像的面向对象方法主要包括两个部分:影像的分割和分割对象的特征信息提取。影像分割是采用分割算法将遥感影像分割成同质性较大而异质性较小的影像对象的过程,影像分割是由影像处理到影像分析的关键步骤,这是因为影像分割是面向对象分析的基础,通过选择适合的分割尺度参数,才能将影像中的像元划分为不同的对象多边形,进一步提取目标特征、进行目标测量和分类等后续的研究。

5.4.1.1　影像分割原理

影像分割的原理类似于数字图像处理领域中的图像分割,即基于同质性或者异质性准则将一幅图像划分为若干个有意义的子区域的过程(Haralick,1992)。所以本节给出了基于集合论比较通用的定义(Gonzalez,et al. ,2002)。

集合 R 表示整个图像区域,对于 R 的图像分割是将 R 划分成 n 个非空子集 $R_1, R_2, \cdots, R_n$ 的过程,这些非空子集须满足以下 5 个条件:

(1) $\bigcup_{i=1}^{n} R_i = R$,要求每一个像元必须属于一个分割的区域;

(2) $\forall i = 1, 2, \cdots, n, R_i$ 是一个连通的区域,要求分割结果中同一个子区域内的像元是连通的;

(3) $R_i \bigcap R_j = \varnothing, i \neq j$,要求分割结果中各个子区域是互不重叠的;

(4) $\forall i = 1, 2, \cdots, n, P(R_i) = \text{TRUE}$,要求属于同一分割区域内的像元应该具有某些相同的特性;

(5) $P(R_i \bigcup R_j) = \text{FALSE}, i \neq j$,要求分割结果中不同分割区域的像元具有不同的特性。

5.4.1.2　影像分割方法

从 20 世纪 60 年代开始,人们对图像分割进行了大量的研究。据不完全统计,到目前为止至少提出了 1000 多种分割方法(章毓晋,1996)。Fu 等(1981)将图像分割方法分为特征阈值或聚类,边缘检测和区域提取三大类。Koschan 等(1994)将图像分割方法分为阈值法、边缘检测法、统计学方法、结合边界信息与区域的方法。Cheng 等(2001)将图像分割方法分为直方图阈值法、边缘检测法、区域提取法、特征空间聚类法以及神经网络的方法。

以上方法各有优缺点,综合考虑本节采用了区域生长合并的分割方法。该方法是一种自下而上的区域生长合并算法,其基本思想是从单一像元开始,计算与其相邻像元合并后的对象异质性,若计算的异质性指标小于设定的阈值,则将其与其相邻的像元合并,否则不进行合并。当一轮合并结束后,以上一轮生成的对象为基本单元,重复上一轮的计算,直到达到用户设定的阈值。此时任何对象都不能再进行合并。具体分割原理如图 5.6 所示。

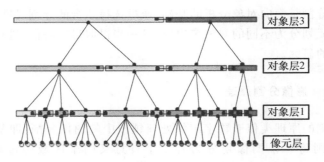

图 5.6　多尺度分割等级关系

区域生长合并算法是通过合并后对象的异质性指标最小化来实现的。因此，为了使整幅影像的所有对象的平均异质性最小，就要在分割前确定影像异质性最小的两种因子：光谱因子和形状因子，其中形状因子又包括平滑度因子和紧致度因子。在本研究中共有 6 景 HJ-1A/1B 影像参与分割，详细信息如表 5.4 所示。

表 5.4　遂溪甘蔗分类中使用的 HJ-1A/1B CCD 影像

序号	卫星	传感器	日期（日/月/年）	甘蔗生育期
1	HJ-1-A	CCD2	13/06/2013	茎伸长期
2	HJ-1-A	CCD1	03/10/2013	糖分积累期
3	HJ-1-A	CCD1	26/10/2013	糖分积累期
4	HJ-1-B	CCD2	28/12/2013	成熟期
5	HJ-1-A	CCD1	23/01/2014	收获期
6	HJ-1-B	CCD2	13/05/2014	幼苗期

5.4.1.3　多尺度分割参数选取

多尺度分割是 eCognition 中较为常用的一种分割算法，它是一种自下而上的方法，通过合并相邻的像元或者小的分割对象，在保证对象与对象之间平均异质性最小，对象内部像元之间同质性最大的前提下，基于区域合并技术实现影像的分割。

要想得到满意的分割结果，各个参数的设置非常重要。其中需要设置的主要参数包括波段权重、分割尺度、光谱因子、形状因子（紧致度因子和平滑度因子）等。然而，到目前为止，并没有一个通用或者根据目标影像自动判断的分割参数设置，因此，参数的设置仍然需要大量的试错实验来确定。其中：波段权重的选择是影响分割效果的重要因素，根据实际情况来设置不同波段参与分割的权重，权重大的波段参与分割时被使用的信息较多，权重小的波段参与分割时被使用的信息较少，被选中的波段权重之和为 1。分割尺度作为其中一个重要参数，分割尺度越大，生成对象的尺寸就越大，反之相反。最佳的分割尺度就是分割后整体对象的异质性较低,尽量保证地物原来的形状,同时地物也不存在过分分割现象。光谱因子和形状因子决定着影像对象形状的完整度,可以避免"同物异谱""同谱异物"和"椒盐现象"。

在分割多时相 HJ-1 CCD 影像时,发现分割尺度参数对影像的分割效果起着决定性的作用。为了得到更好的分类结果,在不同分割尺度下(见表 5.5),本节试验了四种不同的组合方案,分割结果见图 5.7。

表 5.5　多尺度分割参数设置

参数	(a)	(b)	(c)	(d)
分割尺度	50	40	30	35
形状因子	0.2	0.2	0.2	0.2
颜色因子	0.8	0.8	0.8	0.8
紧致度因子	0.5	0.5	0.5	0.5

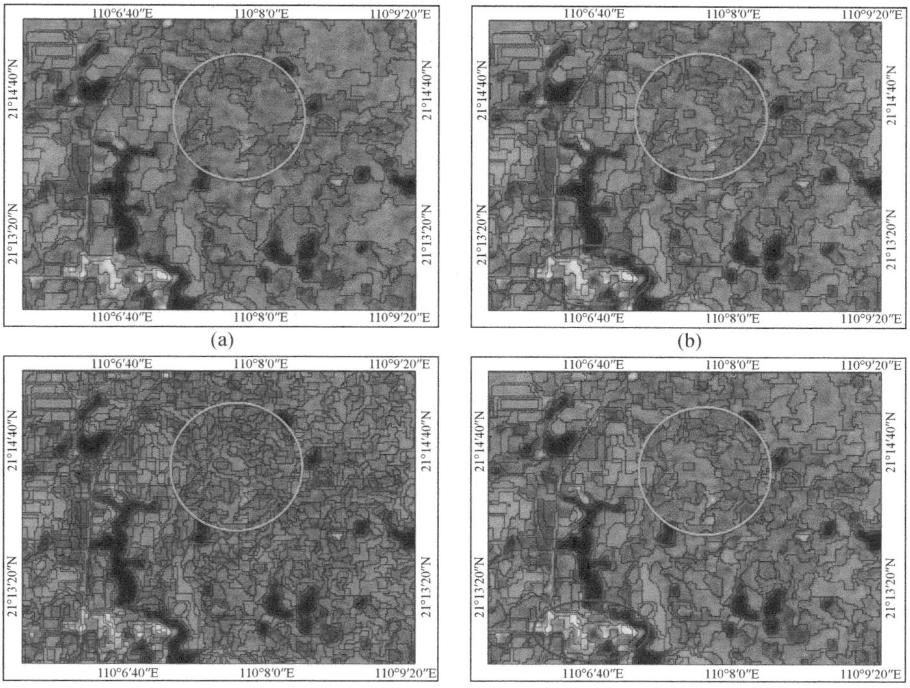

(a)　　　　　　　　　(b)

(c)　　　　　　　　　(d)

图 5.7　四种不同分割尺度的分割结果对比

图 5.7a 中分割尺度为 50,根据经验判读,发现由于分割尺度较大,导致多种地物类型并没有被分割开(绿色圆圈内);降低分割尺度为 40(图 5.7b),未分割开的地物类型被分开了,可以看出分割效果明显优于(a);继续降低分割尺度至 30

（图 5.7c），由于分割尺度过低，会看到过度分割的现象。为了找到最优的分割尺度，我们继续调整分割尺度大小至 35（图 5.7d），分割效果明显优于（a）和（c），整体效果与（b）相当，但是居民区出现了过度分割的现象（蓝色圈内）。因此，综合考虑，本节选择分割尺度为 40、形状因子为 0.2、尺度因子为 0.8、紧致度因子为 0.5 的分割方案，一共分割出 22763 个对象。

5.4.1.4 分割对象的特征信息提取

对于分割后的影像对象，主要包括三类特征信息：光谱特征信息、几何特征信息和纹理特征信息。本节中我们又增加了一项自定义的植被指数特征，具体的影像对象特征描述如表 5.6 所示。

表 5.6　HJ-1CCD 时间序列影像中甘蔗和其他地物对象特征描述（部分）

类型	名称	含义
自定义	NDVI	归一化植被指数
	EVI	增强型植被指数
	EVI2	增强型植被指数
光谱特征	均值	由构成一个影像对象所有波段的 n 个像元值计算得到
	标准差	由构成一个影像对象的每个像元在 L 层上的亮度值与该层的均值计算得到
几何特征	面积	构成影像对象内的像元总数
	长宽比	长宽比等于协方差矩阵特征值的比值
	非对称性	分割对象的相对长度
	边界指数	分割对象的边界长度与最小外接矩形周长的比值
纹理特征	GLCM 均值	是灰度共生矩阵的平均表达，像元值是它以某种相邻像素值发生组合的频率来赋值的
	GLCM 反差	可以理解为影像的清晰度，纹理沟纹越深，其值越大
纹理特征	GLCM 熵	反映影像中纹理的混乱程度，若纹理均匀，其值就小
	GLCM 标准差	表示平均值的离散程度
	GLCM 相关性	衡量灰度共生举证元素在行或列方向上的相似程度
	GLCM 向异性	与反差呈线性相关，局部反差越大，相异性越大
	GLCM 均质性	表示如果影像局部均值，则灰度共生矩阵中对角线上的值较高

5.4.2　数据挖掘

数据挖掘是数据库知识发现（Knowledge-Discovery in Databases，简称 KDD）中的一个步骤（Fayyad，et al.，1996）。数据挖掘一般是指从大量的数据中通过算法搜索或者筛选出自己期望的信息的过程。本节主要利用数据挖掘中的一种分类算法，对 HJ-1A/1B 卫星影像进行分类，从而得到期望的甘蔗种植空间分布信息。

5.4.2.1　AdaBoost 算法介绍

AdaBoost 算法是 1995 年由 Freund 和 Schapire 在 Boosting 算法的基础上改进得到的，是一种迭代算法，其核心思想是针对同一个训练集训练不同的分类器（弱分类器），然后把这些弱分类器集合起来，构成一个更强的分类器（强分类器）（Friedl et al.，1997；Schapire R E，2013）。

AdaBoost 算法包括两个主要步骤：一是改变训练数据的权值。AdaBoost 通过提高被前一轮弱分类器错误分类的样本的权值，降低被正确分类样本的权值，使得那些没有被正确分类的样本在后一轮的弱分类器中分类时受到更大的关注，这样一来，分类问题就被一系列的弱分类器一一解决了；二是组合弱分类器。AdaBoost 采取加权多数投票表决的方法，加大分类误差率较小的弱分类器的权值，使其在表决中起较大的作用，减小分类误差率较大的弱分类器的权值，使其在表决中起较小的作用（李航，2012）。

5.4.2.2　AdaBoost 算法应用

本节中 AdaBoost 算法利用 R 语言实现，具体使用了 R 中的"adabag"包来实现甘蔗的遥感分类。分类模型进行了 100 次的迭代来提升模型的精度，如图 5.8所示。当迭代次数增加到 25 时，误差率快速下降，继续增加迭代次数，误差率没有显著的变化，最终维持在 0.036 左右。

我们进一步检验了表 5.6 中的每一个特征属性在提升树中的重要性。图 5.9显示了 100 次迭代后重要性大于 1 的特征属性的排序，接着将迭代次数增加到 1000 次，发现前四个特征属性的排名没有变化，而其他特征属性只发生了微小的变化。因此，本节中选择了 100 次的迭代参数，最终分类模型的整体精度达到了 96.35％，Kappa 系数为 0.92。

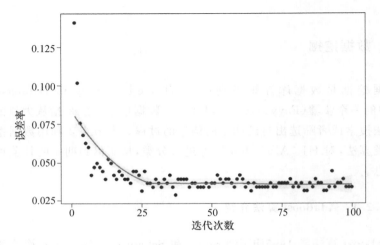

图 5.8　误差率与迭代次数间的对应关系

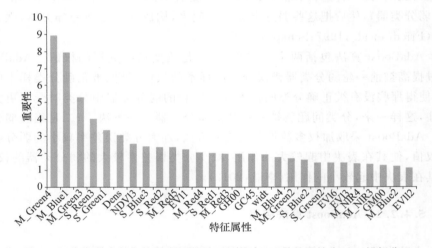

图 5.9　分类器中每个特征属性的重要性排序(显示重要性大于 1 的部分)

图 5.9 中各个特征属性的缩写规则如下:"M_"表示每个波段的光谱均值;"S_"表示每个波段的光谱标准差;"1—6"分别代表表 5.4 中序号为 1—6 的 6 景 HJ-1A/1B CCD 影像;"Dens,Widt,Asym"分别是密度(Density),宽度(Width) 和非对称性(Asymmetry)的缩写;"GH00,GC45,GM00"分别代表 0°的 GLCM 均质性值,45°的 GLCM 反差值和 0°的 GLCM 均值。

5.4.2.3　AdaBoost 算法决策规则

根据 AdaBoost 算法,最终会生成 100 个弱分类器,这些弱分类器根据加权多数表决的方法组合成一个强分类器。这里,我们选了一个权重最大的弱分类器(即决策树)来解释这个分类模型,如图 5.10 所示。

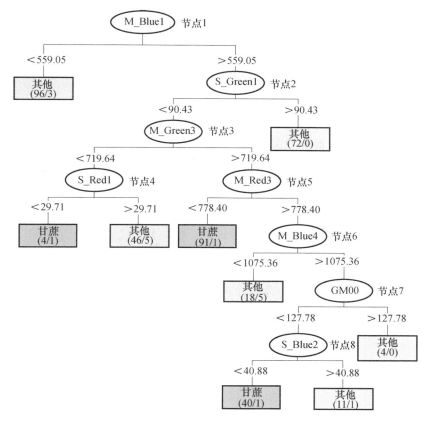

图 5.10　AdaBoost 算法生成的权重最大的一棵决策树对甘蔗进行分类
(光谱反射率扩大 10000 倍)

　　在节点 1 的位置,当 M_Blue1 小于 559.05 时,桉树林和香蕉林被分到其他地物类型中,这是因为该时期甘蔗处于茎伸长初期,植株较小,冠层叶片叶绿素含量较低,蓝波段的反射率自然高于常绿的桉树林和香蕉林。在节点 2 的位置是 S_Green1,当 S_Green1 大于 90.43 时,大部分的居民区被划分到其他地物类型中,因为相对于居民区,农作物地物类型绿波段反射率更加均匀,因此,标准差就相对较低。在节点 3(M_Green3)的位置,大部分甘蔗落到了右边的分支,该时期甘蔗处于糖分积累期,而另外两种主要农作物花生和水稻均处于成熟期,因此,利用绿波段光谱平均反射率可以有效地将这几种主要农作物与其他作物区分开来。除了小部分甘蔗样本外,大部分桉树林、香蕉林混合常绿林在节点 4(S_Red1)被划分到右边分支。在节点 5(M_Red3)处,上节提到该时期属于甘蔗生长旺盛期,相对于其他作物冠层叶片叶绿素含量较高,利用此时的红波段光谱均值可以将一大部分甘蔗训练样本区分开,因为红波段是叶绿素的主要吸收波段。在节点6(M_Blue4),该时期水稻和花生均已收获,处于休耕期,该时期甘蔗也陆续开始收割,因此有5个甘蔗样本被错分到其他地物样本中,而大部分未收割的甘蔗样本因其相对较高的蓝波段光谱反射率被正确区分。最后利用节点7(GLCM_Mean)和节点8(S_Blue2)将裸地、道路和居民区训练样本与甘蔗样本区分开来。

5.4.3 分类结果

利用训练样本数据和AdaBoost算法建立的预测模型应用于整个研究区,最终获得了甘蔗种植区域的空间分布信息(见图5.11),并获得了2014年度甘蔗种植的面积信息,约为481.58 km²。

图5.11 遂溪县甘蔗种植空间分布

5.4.4 精度评价

遥感影像的分类精度评价是对分类结果进行的评价,通常是用分类结果与参考结果进行比较,以正确分类的百分比来表示精度。本节对分类结果分别进行面积精度评价和位置精度评价。

5.4.4.1 面积精度评价

本节对识别出的甘蔗对象进行面积统计,将统计结果与湛江市统计局(2014年湛江市国民经济和社会发展统计公报)提供的遂溪县甘蔗种植面积统计数据进行比较。结果显示:利用面向对象与数据挖掘技术识别的甘蔗种植面积是 481.58 km²,而湛江市统计局的甘蔗种植面积统计数据为 492.97 km²,面积精度为 97.68%,面积精度较高。

5.4.4.2 位置精度评价

遥感影像分类结果的位置精度评价通常使用混淆矩阵法(Congalton,1991;Richards,1996;Stephen,1997)进行精度评价,本节中的参考数据来自实地调查及结合 GoogleEarth 的知识判读。

混淆矩阵中每一行的数值表示地表真实分类数量,每一列的数值表示地表真实像元在分类图像中对应类别的数量,对角线上元素表示被正确分类的样本数目,非对角线上的元素为被混分的样本数目。本节共选取了一组 500 个独立的真实地物样本点。混淆矩阵的形式如表 5.7 所示。

表 5.7 HJ-1A/1B 影像基于面向对象的分类结果混淆矩阵

		参考类		
	种类	甘蔗	其他	总数
实际类	甘蔗	135	8	143
	其他	24	333	357
	总数	159	341	500

根据混淆矩阵可以得到以下信息:

(1)总体分类精度,表示被准确分类的对象总和占总体对象的比例。本节中总共有 135 个甘蔗地物和 333 个其他地物被正确分类,因此,总体分类精度为:(468/500)93.60%。

(2)用户精度,表示在被分为某一类的所有样本中,其实际属于该类的可能性。它对应的是错分误差,即被错误分到该类中的样本所占的比例。本节中甘蔗样本的用户精度为:(135/143)94.41%,其他地物样本的用户精度为:(333/357)93.28%。

(3)生产者精度,表示正确的分类样本占参考总数的比例,它对应的是漏分误差,即在实际样本中,被分到其他类别的样本所占的比例。本节中甘蔗样本的生产者精度为:(135/159)84.91%,其他地物样本的生产者精度为:(333/341)97.65%。

(4)Kappa 系数,定量地评价分类结果与参考数据之间的一致性情况,它采用离散的多元方法,更加客观地评价分类质量。具体计算方法:首先,将实际参考的像元总数乘以混淆矩阵对角线元素的和,再减去某一类中真实参考像元数与该类中被分类像元总数之积后,再除以像元总数的平方减去某一类中真实参考像元总数与该类中被分类像元总数之积对所有类别求和的结果。本节计算 Kappa 系数公式为:

$$K=\frac{500\times(135+333)-[(135+8)\times(135+24)+(24+333)\times(8+333)]}{500^2-[(135+8)\times(135+24)+(24+333)\times(8+333)]}=0.85$$

根据表 5.8 Kappa 系数与分类质量的对应关系(Landis et al.,1977),可以得出,利用面向对象和数据挖掘的方法对遂溪县甘蔗种植区域进行空间识别效果是基本满足实际需求的。

表 5.8　Kappa 系数与分类质量的关系

Kappa 系数	分类质量
<0.00	很差
0.00~0.20	差
0.20~0.40	一般
0.40~0.60	好
0.60~0.80	很好
0.80~1.00	极好

5.5　基于遥感植被指数的甘蔗决策树分类技术

上一节中我们基于面向对象和 AdaBoost 数据挖掘算法对湛江市遂溪县的甘蔗种植空间分布信息进行了识别,并取得了较好的效果。考虑到计算能力和硬件支持的原因,如果将上述技术方法应用于整个研究区,会相当耗时费力。考虑到整个研究区内各种作物的物候信息,甘蔗因为其较长的生育周期(12~14个月),可以通过选择特定时相的遥感影像数据来区分甘蔗与其他地物。所以,针对整个研究区内的甘蔗种植空间信息识别,我们提出了一种新的分类方法:基于遥感植被指数的甘蔗决策树分类方法,具体技术路线如图 5.12 所示。

5.5.1　HJ-1 CCD 影像的 NDVI 植被指数计算

利用卫星不同波段探测数据组合而成的各种植被指数已广泛用来定性和定量地评价植被覆盖及其生长活力。归一化差值植被指数(Normalized Difference Vegetation Index,NDVI)(Rouse,et al.,1974)是众多植被指数中应用最广泛的一个。该指数的构建利用了红波段和近红外两个波段,其中红波段是绿色植被的叶绿素吸收波段,而植被在近红外波段会形成一个高的反射平台。因此,它对绿色植被表现尤其敏感,常被用来进行区域和全球的植被状态研究(Chen et al.,2004;Pan,et al.,2015;王红说,黄敬锋,2009)。

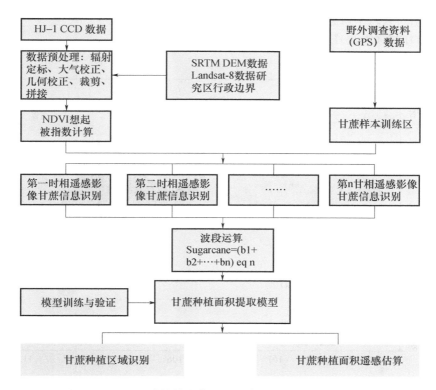

图 5.12　基于遥感植被指数的甘蔗决策树分类方法技术路线

$$NDVI = \frac{\rho_{\mathrm{NIR}} - \rho_{Red}}{\rho_{\mathrm{NIR}} + \rho_{Red}} \qquad (5.4)$$

式中:ρ_{NIR} 表示 HJ-1 CCD 影像第 4 波段近红外波段(0.76~0.90 μm)光谱反射率,ρ_{Red} 表示 HJ-1 CCD 影像第 3 波段红光波段(0.63~0.69 μm)光谱反射率。

5.5.2　研究区分区

由于研究区范围较大,本节将研究区以行政区为单元,并根据甘蔗历年种植面积统计信息以及就近原则将研究区进行分区,分别提取各个分区内的甘蔗种植信息(统计数据来源:农业部种植业管理司、湛江市统计局)。

根据研究区甘蔗种植面积统计数据,将研究区分为 6 个等级,如图 5.13 所示。然后我们将整个研究区进行以下分区:

(1)广西研究区:崇左市,南宁市,来宾市,贵港市,柳州市,河池市,百色市,防城港市,钦州市与北海市共 10 个分区;

(2)云南研究区:临沧市,德宏州,保山市,普洱市,西双版纳,玉溪市,红河

州,文山州共八个研究区;

（3）广东(湛江)研究区:湛江市;

（4）海南研究区:海南省。

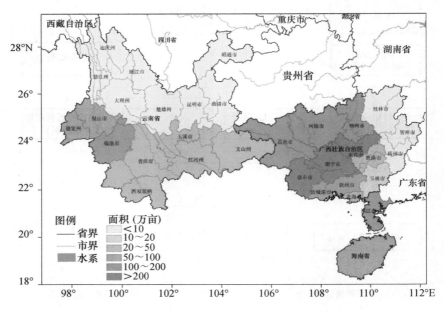

图 5.13　研究区甘蔗种植面积分区

以上每个分区内的甘蔗种植面积均超过 10 万亩。其中云南北部大片地区统计数据表明没有甘蔗种植。只有广西研究区内的 4 个地区甘蔗种植面积有统计数据,但均未超过 10 万亩,因此,针对分区内统计数据未超过 10 万亩的地区将不作处理。综上所述,一共有 20 个研究区分区,我们在后面的工作中将对该 20 个研究区分区内的甘蔗种植区域空间信息分别加以识别。

5.5.3　多时相数据的决策树分类

以广西壮族自治区柳州市研究区为例,共使用了 6 个时期的 10 景 HJ-1 CCD 影像,其中有 4 个时期是用 2 景影像拼接成一个完整的研究区影像数据(见表 5.9)。

表 5.9　柳州市甘蔗分类中使用的 HJ-1A/1B CCD 影像

序号	卫星	传感器	日期(日/月/年)	甘蔗生育期
1	HJ-1-A	CCD2	06/03/2013	成熟期
2	HJ-1-A	CCD2	06/03/2013	成熟期
3	HJ-1-B	CCD2	15/04/2013	幼苗期

续表

序号	卫星	传感器	日期（日/月/年）	甘蔗生育期
4	HJ-1-B	CCD2	15/04/2013	幼苗期
5	HJ-1-B	CCD2	19/09/2013	茎伸长期
6	HJ-1-B	CCD2	19/09/2013	茎伸长期
7	HJ-1-B	CCD2	12/10/2013	糖分积累期
8	HJ-1-B	CCD2	01/12/2013	成熟期
9	HJ-1-B	CCD1	21/01/2014	成熟期
10	HJ-1-B	CCD1	21/01/2014	成熟期

首先，结合 GPS 实地调查数据和 Google Earth 目视解译数据，在该分区内共确定 16 个纯净甘蔗训练样本区；其次，统计纯净甘蔗训练样本的 NDVI 值，利用决策树方法，对 NDVI 影像通过设置阈值的方法判识甘蔗像元，判别公式为：

$$\mathrm{Min}(S_{ij}) \leqslant \mathrm{Sugarcane}_{pq} \leqslant \mathrm{Max}(L_{mn}) \tag{5.5}$$

式中，$\mathrm{Sugarcane}_{pq}$ 为图像中判识为甘蔗的像元；$\mathrm{Min}(S_{ij})$ 表示长势较差的纯净甘蔗样本训练区内 NDVI 最小值；$\mathrm{Max}(L_{mn})$ 表示长势较好的纯净甘蔗样本训练区内 NDVI 最大值；i、j、m、n、p 和 q 分别表示像元的行列号。

根据公式（5.5），我们可判识出单时相 HJ-1 CCD 影像中的甘蔗种植区域，判别公式为：

$$\mathrm{Sugarcane} = ((b_1 \geqslant \mathrm{NDVI}_{\min}) \ \mathrm{and} (b_1 \leqslant \mathrm{NDVI}_{\max})) \times b_1 \tag{5.6}$$

对多时相 HJ-1 CCD 影像的 NDVI 分别设置阈值，最后计算这些判识后的多时相甘蔗像元的交集并结合其他辅助信息，逐步排除非甘蔗信息，最终获得较为准确的甘蔗种植空间分布信息。多时相甘蔗种植空间分布信息判别公式为：

$$\mathrm{Sugarcane} = ((b_1 > 0) \times 1 + (b_2 > 0) \times 1 + (b_3 > 0) \times 1 + (b_4 > 0) \times 1 +$$
$$(b_5 > 0) \times 1 + (b_6 > 0) \times 1) \mathrm{eq} \ 6 \tag{5.7}$$

式中，b_1，b_2，b_3，b_4 和 b_5 分别代表 5 个不同时相的甘蔗判别像元。针对柳州市的 6 个不同时相 HJ 星数据，分别判别甘蔗训练样本的 NDVI 阈值，见表 5.10。

表 5.10　不同时相甘蔗训练样本 NDVI 极值

NDVI	日期（日/月/年）					
	06/03/2013	15/04/2013	19/09/2013	12/10/2013	01/12/2013	21/01/2014
最小值	0.155	0.246	0.549	0.539	0.512	0.271
均值	0.213	0.315	0.691	0.667	0.629	0.392
最大值	0.286	0.431	0.762	0.734	0.689	0.533

经过上述过程，我们得到了柳州市甘蔗种植空间分布信息，如图 5.14 所示。

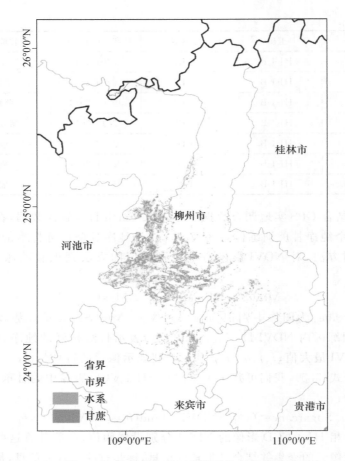

图 5.14　柳州研究分区甘蔗种植空间分布

　　由上图 5.14 可以发现,柳州市甘蔗种植区域大部分集中分布在柳城县,还有少部分分布在柳江县中东部及鹿寨县西部。这些地方主要是柳州南部的平地丘陵地区和北部的河谷地区,最后遥感估算甘蔗种植面积为 1,074.8 km²。

5.6　全国甘蔗主产区(广西、广东湛江、云南和海南省)种植空间分布

5.6.1　甘蔗种植区域空间信息识别

　　根据上一节的技术思路,针对 20 个不同的分区,分别选取纯净甘蔗训练样

本,然后统计甘蔗训练样本的 NDVI 值,进而通过阈值判断的决策树分类方法,获得整个研究区的甘蔗种植空间分布信息。

利用上述方法,我们获得了 2013/2014 年度广西壮族自治区、广东(湛江市)和海南省的甘蔗空间分布信息和 2014/2015 年度整个研究区甘蔗种植空间分布信息,并对 2015/2016 年度广西壮族自治区、海南省和广东(湛江市)进行了甘蔗种植空间分布信息抽样更新。图 5.15 所示为 2015 年度研究区内的甘蔗种植空间分布信息。

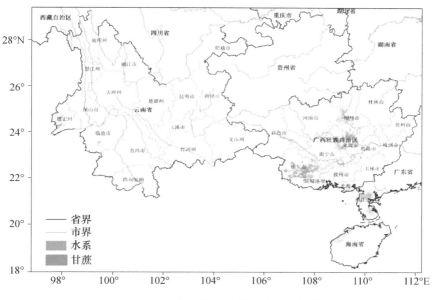

图 5.15　2015 年度研究区甘蔗种植空间分布

由图 5.15 可以看出,广西甘蔗种植主要区域主要分布在崇左、来宾、南宁和柳州四个分区,且大都分布在丘陵平地地带和河谷地带,其他分区虽有甘蔗种植,但种植面积较小。云南甘蔗种植区域受云南地形影响较大,基本分布在云南南部地区,临沧、德宏、保山相对于其他分区甘蔗分布较集中,但整体看来分布相对分散,故图中很难看出。海南省甘蔗种植区域主要分布在儋州市,该地区地势相对平坦。湛江市甘蔗种植区域主要集中分布在遂溪县,约占整个湛江市甘蔗种植面积的一半左右。

5.6.2　甘蔗种植面积遥感估算

甘蔗种植面积即投影图像中监测区域内被判识为甘蔗的所有单个像元面积的总和。首先求出单个像元的面积 ΔS,即:

$$\Delta S = N_P \times N_l \tag{5.8}$$

式中，N_p、N_l 分别为经度和纬度方向的距离，因为 HJ-1 CCD 影像的空间分辨率为 30 m，故 ΔS 为 0.0009 km²。甘蔗的总面积 S，即：

$$S = \sum_{i=1}^{n} \Delta S_i \tag{5.9}$$

式中，i 为甘蔗像元序号，n 为甘蔗的总像元数。

表 5.11　甘蔗种植面积遥感估数据与统计数据比较

研究区	2013/2014 年	2014/2015 年	2014 年
	遥感估算（×10³ hm²）		统计面积（×10³ hm²）
广西	1050.17	925.62	1081.5
云南	—	315.29	339.7
海南	64	41.93	61.9
广东（湛江）	137.37	129.87	132.06

统计数据来源：中国统计年鉴，湛江市统计局。

5.6.3　抽样调查更新

为了更好地跟踪甘蔗种植面积变化情况，我们对 2015/2016 年度部分地区进行了抽样更新，在广西境内选取了崇左市扶绥县、来宾市兴宾区、南宁市宾阳县和柳州市柳城县，湛江市选取了遂溪县，海南省选取了儋州市，抽样区甘蔗种植空间分布信息如图 5.16 所示。

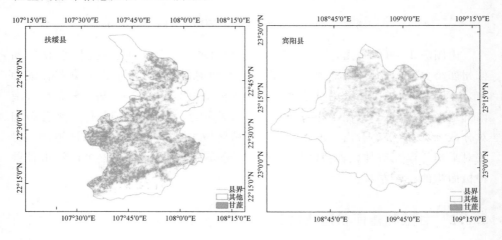

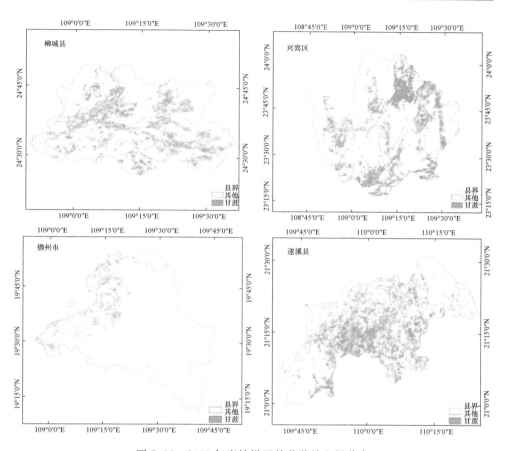

图 5.16　2016 年度抽样区甘蔗种植空间分布

我们统计了 2014/2015 年度和 2015/2016 年度抽样区的甘蔗遥感估算面积,见表 5.12。

表 5.12　不同年份抽样区甘蔗种植面积遥感估算数据比较

研究区	2014/2015 年	2015/2016 年
	遥感估算($\times 10^3$ hm²)	
扶绥县	93.71	81.95
宾阳县	21.77	19.72
柳城县	40.42	35.03
兴宾区	105.09	92.32
儋州市	19.34	12.67
遂溪县	47.86	45.25

由表 5.11 可以看出,2015/2016 年度广西、海南、广东湛江的甘蔗种植面积都在减少,尤其是海南地区,遥感估算面积减少达 30% 左右,一方面是由于 2015 年海南省甘蔗种植主要区域旷日持久的严重干旱导致甘蔗受灾严重;另一方面受国际糖价持续萎靡的影响,国内甘蔗收购价格过低,蔗农种植甘蔗的积极性持续降低,这也直接反映在广西和广东湛江的甘蔗遥感估算面积出现大幅度的减少。

5.7 结论与展望

5.7.1 结论

本章选择南方四省(区)(广西、云南、海南和广东湛江市)为研究区,利用国产环境减灾小卫星(HJ-1A/1B)的多时相数据,首先采用基于面向对象与 AdaBoost 数据挖掘算法相结合的方法提取了湛江市遂溪县的甘蔗种植空间分布信息,其次利用基于植被指数阈值的决策树分类方法对整个研究区内的甘蔗种植空间信息进行了识别,最后对甘蔗种植面积进行了遥感估算和精度评价。研究获得以下主要结果:

(1)收集、整理了一套用于中国南方甘蔗种植空间信息识别的完整数据集:HJ-1 CCD 数据、Landsat-8 OLI 数据以及 SRTM DEM 遥感数据;甘蔗种植区样本数据(GPS 数据)以及甘蔗生育期等相关辅助数据。

(2)通过基于面向对象和 AdaBoost 数据挖掘算法相结合的方法对湛江市遂溪县的甘蔗种植区域进行了识别和种植面积遥感估算。利用甘蔗和非甘蔗训练样本构建了决策树,将模型应用于分类数据集获得甘蔗分类数据,并利用混淆矩阵对分类结果进行了精度验证,总体分类精度达到 93.60%,Kappa 系数为 0.85。将遥感估算面积结果与当年统计部门数据进行了比较,发现估算精度达 97.68%。

(3)通过基于植被指数的决策树分类方法对广西、云南、海南、广东湛江地区的甘蔗种植区域进行了空间种植信息识别和种植面积遥感估算,并结合农业部门统计数据对遥感估算结果进行了精度评价,总体精度达到 90.09%。

5.7.2 展望

本章收集、处理并分析了 2013—2015 年数百景遥感影像,利用不同分类方法分别获得了研究区内的甘蔗种植空间分布信息,并结合统计部门数据对遥感估算的甘蔗种植面积进行了精度评价。但是,在研究过程中仍然存在一些问题,亟待今后的研究中继续完善。

(1)数据问题:尽管 HJ-1A/1B 卫星具有较高的重访周期,但是针对南方多云多雨的气候特征,在甘蔗生长关键期内,局部研究区仍然缺乏有效的遥感影像,这对甘蔗种植信息提取结果产生一定的影响。为解决这一问题,在以后的研究中,可利用微波数据,例如欧洲航天局针对哥白尼全球对地观测项目研发的 Sentinel-1 卫星数据,并结合光学遥感资料,增强遥感技术在甘蔗种植面积提取中的实际应用效果。

(2)多尺度分割过程中分割参数选择的问题:由于缺乏根据不同遥感数据进行自动设定参数的功能,一般情况下,图像分割参数的获取是一个不断试错的过程,这不仅需要一定的经验积累,也是一个耗时费力的过程。因此,发展具有自适应功能的遥感图像自动分割算法将会极大地提高面向对象遥感分类的客观性。

(3)研究区甘蔗种植空间信息提取精度验证的问题:针对较小范围的研究区,可以通过实地调查的方式选取一定数量的样本数据进行分类精度的验证。但是,针对大范围的研究区,比如本章中的整个研究区,尚缺乏一种有效的精度验证方式。随着无人机技术的不断发展,希望在以后的研究中,在整个研究区内选择一定数量的验证样地,进行无人机拍摄,将目视解译的无人机拍摄影像与分类数据进行对比分析,进而可以有效地验证遥感分类精度。

(4)本章仅对中国南方地区的甘蔗种植空间信息进行了识别,未对其空间分布特征及长势情况做更深一步的研究。如果有可能,在以后的研究中可结合陆面模型或作物生长模型等对甘蔗长势进行分析和预测。

(5)本章基于遥感对甘蔗种植空间信息进行了提取和种植面积进行了遥感估算,得出了甘蔗种植面积减少的结果。现在还没有统计数据可以验证,对甘蔗种植面积减少的原因没有做出透彻的分析。在以后的研究中,希望结合社会经济因素综合分析甘蔗种植空间变化和种植面积变化原因。

第6章　基于低空遥感(航拍)的甘蔗灾害监测与评估技术

近年来,极端天气气候事件频繁,台风、暴雨以及寒冻害等时常发生,给广西的甘蔗生产带来了不可估量的损失。其中,水、旱灾害及病虫害的影响最为严重:甘蔗遭受水、旱影响是比较常见的,均属有可能损失甘蔗面积和产量的严重自然灾害;甘蔗受病虫侵袭,虽然较少出现大面积整片失收,但是由于普遍发生而影响产量的也属常见。因此,对甘蔗灾害进行动态监测调查具有十分重要的意义。

传统的灾情调查需要组织相关领域的专家,进行实地调查、拍照并根据经验进行灾情损失评估,工作强度大、时间周期长,而且调查范围有限,无法深入调查甘蔗灾损严重区域。随着计算机技术、通信技术的快速发展,农田监测方法由传统的野外采集农田数据向信息化方向转变。信息化作物监测对于实施高效农业,提高现代化农业生产水平,转变农业生产方式,促进农业可持续发展具有重要意义。农田信息化监测方法有基于遥感和 GPS 技术监测,基于传感器技术监测,基于图像处理技术监测以及基于无人机监测等。由于无人机具有重量轻、体积小、性能高、成本低和操作简便等一系列优点,能够结合作物地面测量数据,迅速准确地进行农情监测,因此,基于无人机遥感的作物灾害监测现已成为发展的热点和新的趋势。

无人机在农业领域的大量应用,极大地简化了灾情调查与监测的流程,单点的观测范围可达 2 km²,获取的航片空间分辨率可达 5 cm,可以全面、精确地分析灾损信息;通过定点的连续观测,可以详细记录受灾地区的灾后恢复情况,为作物的长势监测及产量预报提供可靠的参考资料。本章从无人机遥感系统的原理及特征着手,全面详实地介绍无人机甘蔗灾情监测与评估的全部流程及其在农作物监测其他方面的应用。

6.1　无人机遥感系统及其特点

6.1.1　无人机遥感系统原理

无人机遥感技术是利用先进的无人驾驶飞行器技术、遥感传感器技术、遥测遥控技术、通信技术、GPS 差分定位技术和遥感应用技术,具有自动化、专用化、智能化快速获取国土、环境和资源等空间遥感信息,完成遥感数据处理、建模和应用分析的一门应用技术。无人机遥感系统组成可以分为硬件系统和软件系统两大部分,而硬件系统由机载系统和监控系统两个子系统组成,其中机载系统包括动力系统、摄影系统、导航与飞行控制系统和通信系统;监控系统包括通信系统与任务系统;软件系统有航线规划设计、飞行控制、远程监控、航摄质量检查和数据预处理,具体组成如图 6.1 所示。

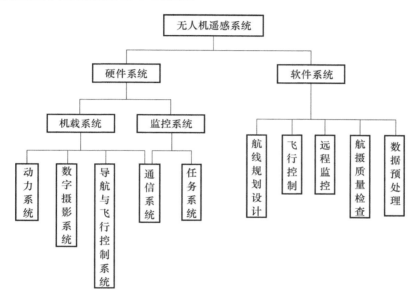

图 6.1　无人机遥感系统组成图

相比传统遥感,该系统具有明显特点,主要体现在具有较强机动性、能快速获取数据和可以低空飞行三方面,获得的遥感影像和数字高程模型具有高空间分辨率和时间分辨率,由此可以制作高时效的大比例尺 4D 产品,结合遥感数据处理和GIS 应用分析技术,将无人机遥感应用于地质监测、应急救援和灾情评估方面有着明显优势,可为地质的防灾减灾与救援方案的制定提供准确依据。

机载系统由动力系统、摄影系统、导航与飞行控制系统和通信系统组成。该系统可根据无人机飞行的速度、航线、高度和姿态角等数据,自主按计划执行飞行任务与控制相机的拍摄方式。与此同时,还实时地将拍摄时的各项辅助参数,如航高、偏角、方向等传递给无人机飞行平台。

地面监控系统包括地面笔记本电脑、专业监控软件和通信电缆。该系统通过接收由飞行控制系统传回到地面的飞行参数,实时对无人机飞行的位置、高度、航线、飞行姿态等参数进行精确监测。地面人员通过该系统不仅能了解飞机飞行状态,还可以根据飞行情况更改设置飞行任务和飞行参数。

　　航线规划设计是数据获取的重要组成部分,它是在执行飞行任务之前,根据任务内容、工作区域具体条件、数据质量精度、数码相机参数对飞行轨迹进行的最优化设计。具体操作首先通过计算航高、影像重叠度、影像分辨率,把结果导入航线设计软件,进而获得曝光点坐标,然后确定基线长度、航线条数、旁向间距、相片数和总航程等参数。此外,还需在此基础上对设计好的航线进行检查,检查内容包括航线走向、摄影基面选择与航高的合理性,地面分辨率和像片重叠度能否符合设计要求等。

　　数据预处理系统是在影像数据拼接镶嵌前进行的拼接纠正,以提高影像处理质量。由于无人机飞行的不稳定性,受外界影响传回的数据存在噪声干扰,另外数码相机镜头畸变也会对影像质量产生影响,这就要求无人机影像在后续拼接、镶嵌处理前须经特殊的处理步骤,主要有辐射校正、几何校正和图像增强。

6.1.2　无人机遥感系统的关键技术

　　无人机遥感灾害调查应用是一个新的领域,同时把它应用于灾害应急与监测也是一种挑战。与卫星、载人航空等现代遥感平台相比,它突破了传统方式的局限,无人机遥感技术安全性高、适应能力强、费用低,尤其是分辨率高,系统获取图像的空间分辨率达到了分米级。另外,高时效性,获取及时也是无人机遥感一大特点,特别是在突发灾害的应急救援中,及时获取灾害现场的影像至关重要。能否提高无人机遥感数据精度与准确性,拓宽应用领域,其关键技术有以下几个方面。

　　(1)遥感设备承载平台的稳定性。由于无人机质量较轻,而且工作地点常受天气影响,尤其西南地区多山地沟谷,在飞行作业时往往难以维持机身平衡,保证影像的质量。所以,为获取更加准确的姿态控制数据,解决这一问题需提高遥感设备承载平台的稳定性。

　　(2)传感器的小型多元化发展。目前,灾害监测系统多采用 CCD 数码相机,将数码相机作为传感器,一次可获取到大量数据,像片色彩深度和感光度好。另外,由于广角镜头可对焦至无穷远处,基于此特点获取到的全色影像具有高分辨率。然而,随着应用领域不断扩大,单一的传感器无法满足各领域的要求。根据具体航拍任务的不同,除 CCD 数码相机以外,还可选择多种传感器集成应用,如红外扫描仪、合成孔径雷达等,以获取不同类型的遥感影像。另一方面,也能克服恶劣的环境影响,提高传感器夜间及恶劣气候的成像质量;

　　(3)数据的实时下载与下传。高时效是无人机遥感的重要特点,在应急抢险任务中,更需要保证获取的数据能迅速被利用。解决这一关键技术,高压缩率高

保真数据压缩技术可以起到明显作用,一定程度上能提高数据实时传输速度与准确率;

(4)智能快速的图像数据处理软件。无人机处理后数据只有被及时应用到灾害应急抢险领域,才能发挥其作用,这就要求数据的快速处理能力高。由于无人机数据获取方式的特殊,获取到的数据图幅多,并且图幅小,简单的人机特征点匹配法无法满足需求。这就要求在现有的无人机数据处理软件基础上,不断研发新的处理软件,提高数据处理速度与精度。

6.2　多旋翼无人机简介

多旋翼无人机是一种具有三个及以上旋翼轴的特殊的无人驾驶直升飞机,通过每个轴上的电动机转动,带动旋翼,从而产生推力。旋翼的轴距固定,而不像一般直升飞机那样可变。通过改变不同旋翼之间的相对转速,可以改变单轴推力的大小,从而控制无人机的运行轨迹。多旋翼无人机的优点是机械结构简单,可折叠,可垂直起降,可悬停,对场地要求比较低;缺点是续航时间短,载荷小。

多旋翼无人机主要有四旋翼无人机、六旋翼无人机和八旋翼无人机等。

(1)四旋翼无人机　四旋翼无人机使用四组电动机和螺旋桨作为其驱动力,四个螺旋桨平均分布在以机架中心为圆心的大圆上,相邻两个机臂的夹角为90°,如图6.2。四旋翼无人机是最常用的无人机。

图 6.2　四旋翼无人机　　　　　　　图 6.3　六旋翼无人机

(2)六旋翼无人机　六旋翼无人机使用六组电动机和螺旋桨作为其驱动力。六个螺旋桨平均分布在以机架为中心的圆心的大圆上,相邻两个机臂的夹角为60°,六个旋翼两两相对分为三组,处于相同高度平面,各项参数完全相同。如图6.3所示。

(3)八旋翼无人机　八旋翼无人机使用八组电动机和螺旋桨作为其驱动力,八个螺旋桨平均分布在以机架中心为圆心的大圆上,相邻两个机臂的夹角为45°,八个螺旋桨处于相同高度平面,各项参数完全相同,如图6.4所示。

图 6.4　八旋翼无人机

旋翼越多,稳定性越好,载重越大,但尺寸变大,耗电也越多。

旋翼数量较多的无人机对于动力系统失效的容忍程度也会上升。八旋翼无人机和六旋翼无人机都可以承受双发/单发失效的状况,并且无人机仍然可控,对于四旋翼无人机,只要单发失效,就会摔机。

由于多旋翼无人机操控简单,价格便宜,其数量占有无人机总量的 80%以上。

6.2.1　多旋翼无人机的构造及特点

(1)多旋翼无人机的组成

随着无人机技术的发展,多旋翼无人机的结构形式呈现多样化,其用途也不断扩大。无人机的结构与其用途、功能密切相关。如航拍无人机和植保无人机,其机载设备完全不同,结构形式也有差别。即使是航拍无人机,配置也不相同,有的配图传设备;有的不配图传设备;有的有自动导航功能,有的没有自动导航功能。

用于航拍的多旋翼无人机一般由动力系统、飞控系统、机身系统、机载设备、图传设备和遥控器等组成。

① 动力系统

动力系统的主要作用是为无人机的飞行提供动力,由电动机、电子调速器、螺旋桨和电池等组成。

多旋翼无人机用的电动机主要以无刷直流电动机为主,将电能转化成机械能。无刷直流电动机运转时靠电子电路换相,这样就极大减少了电火花对遥控无线设备的干扰,也减少了噪声。它一端固定在机架力臂的电动机座上,一端固定螺旋桨,通过旋转产生推力。不同大小、负载的机架需要配合不同规格、功率的电动机。

电子调速器简称电调,其作用就是将多旋翼无人机飞控系统的控制信号快速转变为电枢电压和电流,以控制电动机的转速。因为电动机的电流是很大的,如果没有电调的存在，单靠电池供电是无法给无刷直流电动机供电的，同时飞控板又没有这么大的放电功率，所以电调对电动机而言是至关重要的驱动电路。电调的另一个作用是为机载其他电子设备提供稳压电源，还有一些其他辅助功能，如电池保护、启动保护、刹车等。电调都会标上多少安培（A），如 30A、50A。这是电调最大允许通过的电流大小，超过该电流值，电调会被损坏。同时，电调具有相应内阻，其发热功率需要注意。有些电调电流可以达到几十安培，发热功率是电流平方的函数，所以电调的散热性能也十分重要，因此大规格电调的内阻一般都比较小。

螺旋桨是直接产生推力的部件，同样是以追求效率为第一目的。匹配的电动机、电调和螺旋桨搭配，可以在相同推力下耗用更少的电量，这样就能延长多旋翼无人机的续航时间。因此，选择最优的螺旋桨是提高续航时间的一条捷径。螺旋桨是有正反两种方向的，因为电动机驱动螺旋桨转动时，本身会产生一个反扭力，会导致机架反向旋转。而同构一个电动机正向旋转，一个电动机反向旋转，可以相互抵消这种反扭力，相对应的螺旋桨的方向也就相反了。

电池是多旋翼无人机能量的来源，直接关系到无人机的悬停时间、最大负载重量和飞行距离等重要的指标。目前多旋翼无人机用的电池主要是锂聚合物电池，未来燃料电池等新型电池将应用在无人机上。

② 飞控系统

飞控系统是指能够稳定无人机的飞行姿态，并能控制无人机自主或半自主飞行的系统，是无人机的大脑。它包括硬件部分和软件部分，硬件部分包括陀螺仪、加速度传感器、GPS 模块、电路控制板等；软件部分包括控制算法、程序等。无人机性能的优劣主要取决于飞控系统，也是无人机的核心技术。市场上有多种飞控系统供选择，多数飞控系统属于开源系统，可以进行二次开发。

理论上陀螺仪只测试旋转角速度，但实际上所有的陀螺仪都对加速度敏感，而重力加速度在地球上又是无处不在的，并且实际应用中，很难保证陀螺仪不受冲击和振动产生的加速度影响，所以在实际应用中陀螺仪对加速度的敏感程度就显得非常重要，因为振动敏感度是最大的误差源。两轴陀螺仪能起到增稳作用，三轴陀螺仪能够自稳。

加速度传感器一般为三轴加速度传感器，测量三轴加速度和重力。

GPS 模块测量无人机当前的经纬度、高度、航迹方向等信息。一般在 GPS 模块中还会包含磁罗盘，用于测量无人机当前的航向。

③ 机身系统

机身系统包括机架和起落架等。

机架是多旋翼无人机的主体，很多设备安装在机架上。根据机臂个数不同分为三旋翼、四旋翼、六旋翼、八旋翼、十六旋翼、十八旋翼，也有四轴八旋翼等，其结构不同,叫法也不同。机架有多种材料可以选择,如工程塑料、碳纤维等。

起落架是无人机唯一和地面接触的部位,作为整个机身在起飞和降落时的缓冲。为了保护机载设备,要求起落架强度高,结构牢固,和机身保持相当可靠的连接,能够承受一定的冲力。一般在起落架前后涂上不同的颜色,用来在远距离操控无人机飞行时区分其前后。

④ 机载设备

多旋翼无人机根据任务不同,可以搭载不同设备进行工作,如航拍相机、测绘激光雷达、农药喷洒设备、激光测距仪器、红外相机、救生设备等。对于航拍无人机,其机载设备主要有云台和成像系统。

云台常用的有二轴云台和三轴云台。云台作为相机或摄像机的增稳设备,提供两个方向或三个方向的稳定控制。云台可以和控制电动机集成在一个遥控器中,也可以用单独的遥控器控制。

成像系统有各种相机或摄像机等。

⑤ 图传设备

图传设备指的是视频传输装置,作用是将无人机在空中拍摄的画面实时稳定地发射给地面图传遥控接收显示端上,供操控者观看。无人机图像传输距离的远近、图像传输质量的好坏、图像传输的稳定性等是衡量图传设备性能的关键因素。同时图像传输系统的性能是区分无人机档次的一个关键因素。

⑥ 遥控器

遥控器用于对无人机的实时操控,可以实时监控无人机的各项状态指标,一般按照通道数将遥控器分成 6 通道、7 通道、8 通道、9 通道和 12 通道等。

（2）多旋翼无人机特点

多旋翼无人机与固定翼无人机、直升飞机相比具有以下优点。

① 操控简单

多旋翼无人机不需要跑道便可以垂直起降,起飞后可在空中悬停。它的操控原理简单,通过遥控器摇杆操控可实现无人机前后、左右、上下和偏航方向的运动。在自动驾驶仪方面,多旋翼自驾仪控制方法简单,控制器参数调节也很简单。而固定翼无人机和直升飞机的飞行较复杂。固定机翼无人机飞行场地要求开阔,而直升飞机飞行过程中会产生通道间耦合,自驾仪控制器设计困难,控制器调节也很困难。

② 可靠性高

多旋翼无人机没有活动部件,它的可靠性基本上取决于无刷电机的可靠性,因此,可靠性较高。而且多旋翼无人机能够悬停,飞行范围受控,相对更安全。而固定机翼无人机和直升飞机有活动的机械连接部件,飞行过程中会产生磨损,导致可靠性下降。

③ 部件更换容易

多旋翼无人机结构简单,若电动机、电子调速器、电池、螺旋桨和机架损坏,很容易替换。而固定机翼无人机和直升飞机零件比较多,安装也需要技巧,相对比较麻烦。

多旋翼无人机与固定机翼飞机、直升飞机相比具有以下缺点。

① 续航能力差:目前多旋翼无人机主要采用锂电池,续航能力有限。

② 承载质量小:目前多旋翼无人机一般承载质量在数千克以内。

随着电池能量密度的不断提升、材料的轻型化和机载设备的不断小型化,多旋翼无人机的优势将进一步凸显,应用范围将不断变大。

6.2.2　无人机遥感系统与其他遥感系统的应用对比

(1)与卫星遥感对比

目前,载人航空遥感和卫星遥感是获取遥感图像的主要平台。以遥感为主的 3S 技术具有覆盖面广、客观性强等优点。近些年,随着遥感技术、卫星资料以及计算机技术的快速发展,利用卫星遥感进行农作物长势监测、面积提取、产量估算等方面取得了重要进展,为改进和提升传统估产和监测手段提供了良好支撑。美国开展遥感估产研究较早,在 20 世纪 70 年代,美国农业部、国家海洋大气管理局、商业部和宇航局联合开展了"大面积农作物估产试验"计划,随后在 80 年代开展"农业和资源的空间遥感调查计划"(冯奇　等,2006)。此外,欧盟、俄罗斯、加拿大也应用卫星遥感进行估产,其中欧盟的 MARS 作物监测系统和加拿大的全球作物监测系统较为典型(李佛琳　等,2005)。Maas 等(1998)通过卫星和地面数据建立作物生长模型大规模估测玉米产量,Labus 等(2002)研究多时相卫星影像数据,用归一化植被指数估测小麦产量,Serrano 等(2000)建立卫星遥感估算模型估测冬小麦生物量和产量(董建军　等,2013),此外,可以用卫星遥感大面积估测草地产量。我国从 20 世纪 80 年代初利用卫星遥感进行农作物估产,经过多年的发展,已经取得了一定的成果。刘可群等(1997)利用 NOAA 资料提取 PVI 值推算水稻 LAI,同时监测水稻长势。吴炳方等(2010)通过提取 NDVI 值实现了全国范围的农作物遥感长势监测并估算作物种植面积。同时卫星遥感可准确对作物灾情进行评估研究。

然而,在应用领域方面,卫星遥感主要集中在全球变化研究,包括土地覆盖、森林与草地、灾害监测和海洋调查等方面,以及大范围资源环境调查,而在小范围田间尺度的精细农业方面应用不多。相比于卫星遥感,无人机遥感适合小区域内图像采集,一是由于飞行范围有限;二是由于传感器成像视场有限,成像图像覆盖面积小,大范围图像拼接过程中会存在大量信息丢失,多幅图像重叠时,难以实现精确对齐,因此监测范围有限,主要应用在田间尺度调查,其作为卫星遥感的补充,具有重量轻、体积小、性能高等优点,现已成为遥感发展的热点和新的趋势:

① 无人机能够获取高时空分辨率的航空影像。卫星遥感影像通常存在一些问题,比如混合像元、同物异谱、同谱异物等因素,这导致其在作物面积估测方面的分类精度难以超过90%。由于我国复杂的种植结构,混合像元会导致一系列问题,同期的作物如水稻、棉花、玉米等不能被精确区分和监测。无人机可以获取非常高分辨率航拍图像,可以获得小区域内的大比例尺遥感影像,对于高精度遥感影像的采集具有重大意义(唐晏,2014)。

② 无人机成本低。卫星遥感的高精度影像价格昂贵,低精度影像像元较小,不利于中国复杂的种植国情。无人机价格相对便宜,运行维护成本低,适用于民用和科研的各个领域的应用拓展。

③ 无人机受天气、云层覆盖限制小。卫星遥感影像获取受天气因素影响较大,当云量大于10%时,其无法获取清晰的数据(张廷斌　等,2006)。无人机由于飞行高度较低,所以可以忽略云层覆盖的影响。

④ 无人机相对实时。由于农作物生长发育较快,生产需求变化快,通常需要获得指定时间段的影像。高分辨率资源卫星的遥感数据重返周期长,时效性差,因此无法在短时间内获得指定范围内的数据。无人机可以多次快速展开任务,飞行时间灵活,作业方便快速,可以保证动态数据的采集。

⑤ 无人机在飞行高度和飞行时间方面灵活。无人机对起飞和降落场地要求低、飞行时间灵活,可以快速应用于突发情况。

⑥ 无人机操作相对简单,便于维修。

(2)与近地遥感对比

地面高光谱遥感技术主要应用野外高光谱仪,能够获取许多连续的非常窄的光谱影像信息,增强对地物目标属性信息探测能力,因此,相比于无人机,地面高光谱遥感具有光谱波段多、光谱信号强以及数据丰富等优点,已逐渐成为支持农作物生长无损监测的重要技术支撑。地面高光谱遥感是一种快速无损的监测技术,传统的监测方法费时费力,地面高光谱遥感可以降低工作人员的劳动力投入,与卫星遥感相互补充,实用性强。在分析和检测作物病虫害方面,地面高光谱可以提高小尺度空间虫害管理水平,比计算机视觉检测技术更有实用性(陈国平,2007)。同时,高光谱遥感波段连续性强,可提高对作物的探测能力和监测精度。可以利用高光谱获取植株体内氮素含量和生长状况等信息(鞠昌华　等,2008),选取最佳的波段来识别区分作物(Manjunath et al,2011),估测水稻蛋白质含量(Onoyama et al,2011)。地面高光谱遥感是进行农业监测的重要内容,为实施精准农业提供关键技术,实现高效、高产、优质的生产目标。

地面高光谱遥感也有一些局限性。在野外地物光谱测量过程中,接收地物辐射是一个需要综合考虑多种影响因素的复杂过程,所获得的光谱数据易受多种因素影响,如天气条件、光照条件、太阳高度角与方位角、相对湿度、仪器视场角、仪器定标、仪器的采样间隔等。无人机相对不易受到天气影响,仪器操作简单快捷。近地高光谱在实验前需要制定排除各种干扰因素产生的影响,同时需要投入大量人力物力,无人机所需劳动力投入较少,干扰因素少。此外高光谱测量结果人为因素影响很大,如测量人员要身着深色衣帽,无人机相对操作简单,人为因素影响不大。

此外,近地遥感还包括近地获取数码图像和车载成像系统。随着计算机技术的进步,图像处理技术被广泛地应用于农业领域,以图像处理为基础的作物生长监测逐渐成为新的研究热点。利用图像处理技术对获取的作物图像进行分析处理,在特征提取后进行图像分类,进而对对象描述并建立各对象间的联系。由此获得作物的生长状态,进而实现对作物长势进行监测。传统的人工监测方法结果主观性强且效率低下,遥感监测等方法不适用于小面积监测,不能实时快速监测,数字图像处理技术实时性好、适用面宽、再现性好、处理精度高、灵活性强,可以对作物实时监测。图像处理技术可以运用到作物病虫害监测与防治自动化,作物营养状况监测,作物识别和分类,作物长势监测等。车载成像系统能够较好地反映作物生长信息,通过搭载的传感器准确获取田间作物图像信息,精度较高,可行性好,实用性强,可进行后期大田采集试验。与无人机相比,使用图像处理技术相对成本高,需要投入人力较多,且不适用于大面积监测。车载平台成像系统,能够较好地完成实验任务与数据获取,但当行驶在裸土地面上会出现转向不稳的情况,出现行驶轨迹偏差,需要人为进行调试和干预。

6.2.3　无人机在农作物监测中的应用

(1)地块面积估测

我国是一个农业大国,粮食生产是国民经济建设的基础,及时掌握、获取主要农作物的种植面积,能够准确预测粮食产量,对于加强作物生产管理、国家粮食政策的制定,确保我国粮食安全具有重要意义(Tao et al.,2005;Blaes et al.,2005)。传统的人工获取作物种植面积的方法存在效率低的问题,遥感估算法获取的影像通常存在同物异谱,异物同谱,混合像元等现象。通过对遥感影像进行数字化分析,可以准确地量算地块面积。Pan 等(2015)通过无人机遥感,结合数据和遥感的优势,采用空间抽样方法获取中等空间分辨率影像对农作物种植面积进行估测,结果表明,在 95% 置信度下监测精度可达 95% 以上。李宗南等(2014)通过小型无人机遥感试验获取的红、绿、蓝彩色图像研究了灌浆期玉米倒伏面积提取方法。Mesas-Carrascosa 等(2014)使用高分辨率无人机图像测量地块面积来监督土地政策。与传统的全球卫星导航系统以及空中卫星平台测量方法相比,无人机遥感系统在实现节约成本的同时不失其准确性。上述结果表明,无人机系统可以有效地估测地块面积。

(2)生长状况监测

以无人机为基础作物生长状况监测可以涵盖多个方面:作物生长变化、植被盖度变化、作物生物量估测、作物健康状况以及元素含量等。利用无人机遥感系统监测作物生长状况,可以通过将无人机获取的高分辨率影像进行图像拼接和融合后与相关数据进行分析,从而获取结果。Xiang 等(2011)开发了低成本农业自主无人机遥感系统来获取高时空分辨率图像监测草坪施用草甘膦后的生长变化。同时,可以通过建立评估模型和诊断模型来进行作物生长状况监测,如通过无人机影像生成多时段高分辨率作物表面模型来监测作物生长变化(Bending et al,2013)。目前,无人机搭载的可见光成像传感器难以实现作物元素含量监测,需要搭载高光谱或红外多光谱成像相机,如通过搭载在无人机上的 6 波段多光谱相机和微型高光谱成像仪,结合获取的图像建立的模型和 R515/R570 指数估测葡萄园叶片类胡萝卜素含量(Zarco-Tejada et al. ,2013)。然而由于无人机载荷有限,搭载平台还有待进一步完善。此外,也可以通过计算出相关指数来进行作物生长状况监测。Vega 等(2015)通过携带多光谱传感器的无人机系统获取向日葵作物的多时相影像,计算出其 NDVI 值,为监测其生长状况提供信息。Torre-Sanchez 等(2014)通过计算植被指数以及指数之间关系,由此来映射植被盖度。Bending 等(2015)通过以无人机为基础的多时段作物表明模型获得大麦株高信息,由以无人机为基础的 RGB 图像和地面高光谱数据计算出植被指数,结合植被指数和株高信息估测夏季大麦生物量。上述结果表明,无人机图像是反映并预测作物生长状况的重要信息来源。

(3)灾害监测

我国目前农作物灾害监测大多停留在传统的人工阶段,该方法劳动强度大,效率低,由于受到主观因素影响,导致监测结果存在很大的不确定性。基于无人机获取的高分辨率影像具有监测农业和环境变化的潜力(Gomz-Candon et al. ,2014)。无人机在农田上空精确抽样,通过高光谱图像分析,能够宏观、微观地分析作物病虫草害。但无人机在病虫害监测方面应用较少,与元素含量监测类似,其搭载高光谱或红外多光谱成像相机有难度。因此,Techy 等(2010)采用载荷为 4.5 kg 的无人机搭载计算机以及自动驾驶仪,远距离追踪并调查马铃薯病原体的传播。使用多光谱图像同时可以检测玉米杂草密度(Armstrong et al. ,2009),进行农田杂草管理(Torres-Sanchez,2013)。Lucieer 等(2014)通过无人机影像建立数字表面模型确定积雪变化对基地植被健康状况和空间分布的影响。此外,无人机高时空分辨率遥感能够很好地提高农田水分胁迫的管理(Zarco-Tejada et al.,2012;Gago et al.,2015)。基于无人机的灾害监测能够提高灾害监测能力,提供灾情数据,提升预警监测水平。

(4)土壤湿度监测

土壤湿度是水文、生态、农业等方面研究的重要指标,它直接地控制着陆面和大气之间水分及热量的输送和平衡。监测区域土壤湿度有利于控制区域内的水涝、干旱及农作物生态长势评估。传统的土壤湿度监测站不能满足大面积、长期的土壤湿度动态实时监测的要求,限制了其在农业信息化、自动化方面的发展及应用,而光学设备在高空中会受到云层的阻碍,使高空飞行设备的应用受到了限制,因此无人机的应用成为了解决问题的关键(鲁恒,2008)。无人机搭载可见光-近红外光设备作为检测手段,通过对比图像的各种空间分析特性,得到提供土壤湿度与包含信息的相关系数,保证了所建立的模型的高准确性,完成了土壤湿度的合理化监测。使用无人机进行土壤湿度监测具有成本低、时效性好、方便携带等多方面优点,在我国土地辽阔、地形类别复杂的前提下具有很好的实用价值。

(5)植被覆盖度方面的监测研究

植被覆盖度是描述地表植被分布的重要参数,在分析植被覆盖参数、评价区域内生态环境方面具有重要意义,对指导农作物生产具有极高的预测价值。随着我国精准农业的推广及发展,依靠遥感监测农作物覆盖率变化已成为一个具有重要意义的监测手段(邹金秋,2011)。卫星光学遥感和人工地面采集数字影像作为我国的植被覆盖统计工作的通常做法,存在着易受云层遮挡的缺陷,且成本较高;而人工地面采集数字影像在受天气影响的同时又无法满足空间分辨率及时间分辨率的要求,在大面积范围应用时耗时耗力、效率较低。低空无人机的出现很好地弥补了卫星遥感的不足,提高了人工地面采集数字影像的效率,减少了人工及时间的浪费,提高了植被覆盖率监测的准确性(李冰 等,2012;王玉鹏,2011)。我国已将无人机监测植被覆盖率的手段应用到了冬小麦的覆盖率研究工作中,得到的数据既可监测冬小麦的覆盖率变化,又可以针对研究区域动态获取植被指数的阈值。

(6)农业其他领域中的应用

将无人机应用到农业保险赔付中,解决了农业保险赔付中勘察定损难、缺少时效性等问题,大大提高了勘察工作的速度,节约了大量的人力物力,在提高效率的同时确保了农田赔付勘察的准确性。

在现有的管理监测方式中,分为以有线技术搭建的传感器监测系统及以无线技术搭建的监测系统两种。无线监测系统较有线系统相比具有监测、传输距离长的优点,但在大型农场中做到大面积监测仍需要极高的设备成本。相比而言,无人机飞行平台搭载 CCD 相机、近红外设备与地面基站组成的低空监测系统,成本低、监测面积更大、全面性更强,配合地面实时监测传感器,可以使农场的管理更加立体化,具有更好的实用性及经济性,是未来农业管理的新方向。

我国农业生产中,无人机作为监测手段及获取信息的工具已经扮演了越来越重要的角色,在农业中的发展趋势已使农业生产过程向信息化、自动化、时效化发展,所提供的农业参数也将不断地服务于我国农业发展,使我国的精准农业进程不断加速。

6.3　无人机航拍参数设定及航线规划

DJI GS Pro 是专门为行业应用领域设计的 iPad 应用程序,可创建多种类型的任务,使飞行器按照规划航线自主飞行。DJI GS Pro(图 6.5)适用于 iPad 全系列产品及 DJI 多款飞行器、飞控系统及相机等设备。可广泛应用于航拍摄影、安防巡检、线路设备巡检、农业植保、气象探测、灾害监测、地图测绘、地址勘探等方面。图 6.5 中数字含义如下。

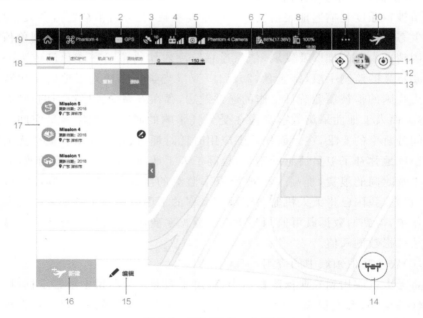

图 6.5　DJI GS Pro 主界面

1. 飞行器/飞控连接状态

:显示飞行器/飞控的连接状态。

2. 飞行模式

【MODE】:显示当前飞行模式。

3. GNSS 信号强度

【📡¹⁰】:显示当前 GPS 信号强度及获取的卫星数。

4. 遥控器链路信号质量

【🎮📶】:显示遥控器与飞行器之间遥控信号的质量。

5. 相机型号

【📷📶】:显示当前所使用的相机的型号及相机图传信号质量。

6. 电池电量进度条

【━━━━】:实时显示当前智能飞行电池剩余可飞行时间。电池电量进度条上的红色区间表示严重低电量(电压)状态。

7. 飞行器电量

【🔋88%(17.38V)】:显示当前智能飞行电池电量及电压(使用 DJI 智能飞行电池)或飞行器电池电压(使用其他电池)。

8. Ipad 电量

【🔋100%】:显示当前 ipad 设备剩余电量。

9. 通用设置

【● ● ●】:点击可校准指南针、设置摇杆模式及参数单位等,查看使用条款,进入帮助查看版本号、使用方法。

10. 准备起飞/暂停任务/结束任务

【✈ / 🚁】准备起飞:任务参数设置完成后,点击可进入准备起飞列表,进行各项检查。

【❚❚】暂停任务:测绘航拍/航点飞行任务过程中,点击可暂停任务,并弹出菜单选项,选择后续操作。

【▶】继续任务:暂停任务后,再次进入编辑任务状态,点击此按钮可弹出菜单,选择继续任务等操作。

【🚁】结束任务:虚拟护栏任务过程中,点击可结束任务,虚拟护栏失效。

11. 旋转锁定

【◉】:默认为锁定状态,即地图视角不会随 ipad 转动,以上方为正北方向。在编辑任务的状态下,可以使用此按钮。点击按钮解除锁定,则地图视角会随 ipad 转动,再次点击可回到锁定状态。

12. 地图模式

【🌐】:点击可切换地图模式为标准地图、卫星地图或复合地图。

13. 定位

⊕:点击可使当前地图显示以 ipad 定位位置为中心。

14. 飞行状态参数及相机预览

☺:点击显示飞行状态参数和相机预览画面。

15. 编辑任务

✎:在任务列表中选择任务,然后点击此按钮,可以进入任务参数设置界面。

16. 新建飞行任务

✈:点击按钮可新建飞行任务,然后选择任务类型及定点方式。

17. 任务列表

显示已创建的任务。可以查看所有任务,也可以根据任务类型分别查看。点击选择任务;向左滑动任意任务,出现复制/删除任务选项,可进行相应操作。点击任务列表右侧的箭头,可收起/展开列表。

18. 比例尺

0 ———— 150米:显示当前地图比例尺。

19. 返回

⌂:点击返回主界面。

6.4 使用 DJI GS Pro 地面站航拍正射影像

1. 飞行任务规划:飞行任务规划前需要将无人机电源打开,这样有利于 App 自动选定对应的硬件参数,如相机、航线密度以及地面分辨率等,更重要的是在做飞行任务规划时,无人机可以完成 GPS 定位和返航点刷新。最稳妥的方法是在飞行前切换到 DJI GO4 中确认返航点已刷新后,再切换到 DJI GS Pro 中起飞。

2. 在 DJI GS Pro 中点击右下角"新建飞行任务"(见图 6.6)。

选择"测绘航拍区域模式"类型(见图 6.7)。

选择"地图选点"(见图 6.8)。

屏幕中央出现虚框后可点击设定飞行区域,同时出现设置页面(见图 6.9)。

通过拉扯多边形确定任务区域,该区域可以为不规则多边形(见图 6.10):

编辑后的任务区域,"基础设置"中应注意如下几个选项(见图 6.11):

相机型号已经自动设置为了对应的无人机型号,如果自动设置的不对,可以手动修改。

(1)"相机朝向"设置为"平行于主航线"。默认的"垂直于主航线"会让飞机横向飞行,如果使用的是精灵系列无人机,脚架设计低于镜头较多,横

向飞行时遇到较大的横风时会拍摄到脚架,"平行于主航线"则不会出现该
问题。

图 6.6　新建飞行任务

图 6.7　选择测绘航拍区域模式

图 6.8　地图选点

图 6.9　设定飞行区域

图 6.10　航线设置

（2）"拍照模式"设置为"等时间间隔拍照"。不建议使用默认的"航点悬停拍照"，因为该模式拍摄每张照片时无人机都要经历"减速""悬停""拍照""加速"的过程，非常耗电，航拍效率极低。经实测即使阴天情况下无人机以 15 m/s 的速度匀速飞行，航高在 120 m 以上，运动过程中拍摄的照片仍然清晰可用，因此，不用悬停后再拍摄。

图 6.11　基础设置选项

（3）"飞行高度"可以滑动下方的滑块调整，随着高度的升高，分辨率数值也会随之变大，因此，可以根据你对成果分辨率的要求调整此次飞行高度，分辨率与飞行高度的比例关系和当前机型对应的相机参数有关，主要是相机分辨率和焦距这两个参数。处于安全考量，大疆将飞行高度最大值限定为 500 m。

（4）"飞行速度"不能直接调整，App 会根据航线重叠度、飞行高度、相机参数等多种因素综合决定。

(5)"预计飞行时间"不可调整,也是 App 根据区域大小、飞行高度、航线重叠度等参数自动解算。

"高级设置"中需设置如下选项(见图 6.12):

(1)"主航线上重叠率"设置为 80%。对于正射影像成果,一般航向和旁向重叠率达到 60% 即可。在此次测试中为了得到更好的效果,这里设置成了 80%。

(2)"主航线间重复率"设置为 66%。其设置 60% 也可以,原因同上。

(3)"主航线角度"设为 157°。该角度就是图中蓝色区域内的绿色航线的角度,可根据实际情况灵活调整。为了让飞行更省电,原则上应该让无人机尽量多处于匀速飞行状态,因此航线应尽量规则,"折返跑"次数越少越好。

(4)"任务完成动作"设置为"自动返航"。默认的"悬停"是个比较危险的设置,悬停意味着需要手动将无人机从测区边缘飞回来,如果无人机任务完成的时候刚好处于无信号连接状态,则需要无人机自动启动"失控返航",风险较高。设置为"自动返航"后,调整返航高度约等于之前设定的"飞行高度",默认的 50 m 高度太低。经实测无人机返航会按照"飞行高度"和"返航高度"中较高者进行返航,养成设置合理的"返航高度"的良好习惯很重要。

图 6.12　高级设置选项

起飞

相关参数设置好,点击右上角飞机标记,弹出"准备飞行任务"对话框,各项参数自检后"开始飞行"按钮可用,如图(见图 6.13)。

点击"开始起飞",无人机自动升空开始执行拍摄任务。

图 6.13　执行飞行任务

6.5　无人机航拍图像拼接及正射校正

6.5.1　Pix4DMapper 软件平台简介

Pix4Dmapper 是目前市场上独一无二的集全自动、快速、专业精度为一体的无人机数据和航空影像处理软件。无需专业知识，无需人工干预，即可将数千张影像快速制作成专业的、精确的二维地图和三维模型（见图 6.14）。

图 6.14　多架次、大于 2000 张数据全自动处理

1. 产品独特优势

(1)无需人为干预即可获得专业的精度

Pix4Dmapper 让摄影测量进入全新的时代,整个过程完全自动化,并且精度更高,真正使无人机变为新一代专业测量工具。

(2)无需专业操作员

Pix4Dmapper 只需要简单地点击几下,不需要专业知识,飞机操控员就能够直接处理和查看结果,并把结果发送给最终用户。

(3)完善的工作流

Pix4Dmapper 把原始航空影像变为任何专业的 GIS 和 RS 软件都可以读取得 DOM 和 DEM 数据,通过 ERDAS、SocetSet 和 Inpho 可读的输出文件,能够与摄影测量软件进行无缝集成。

1)自动获取相机参数

自动从影像 EXIF 中读取相机的基本参数,例如:相机型号、焦距、像主点等。智能识别自定义相机参数,节省时间。

2)无需 IMU 数据

无需 IMU 姿态信息,无需影像的 GPS 位置信息,即可全自动处理无人机数据和航空影像。

3)自动生成 Google 瓦片

自动将 DOM 进行切片(见图 6.15),生成 PNG 瓦片和 KML 文件,直接使用 Google Earth 即可浏览。

4)自动生成带纹理的三维模型

自动生成带有纹理信息的三维模型,方便进行三维景观操作。

5)充分利用硬件资源

原生 64 位软件,在整个处理中,能自动调用计算机所有的处理器内核和内存资源,提高处理速度。

2. 关键特征

(1)生成正射校正及镶嵌结果　生成所有影像的正射校正结果,并自动镶嵌及匀色,将测区内所有数据拼接为一个大的影像,纠正了所有视角的扭曲,结果看起来像卫片一样。结果具有地理参考,可以用任何专业的 GIS 和 RS 软件进行显示。全自动、一键操作,不需要人为交互。输出的格式包括:DOM:GeoTIFF、TFW、JPG;瓦片结果:KML、PNG。

(2)生成数字表面模型　DSM 影像的每个像元都有一个高度值,可以使用标准的 GIS 软件进行精确地量测体积、坡度和距离,也可以产生等高线。全自动、一键操作,不需人为交互。输出的格式有 DSM(见图 6.16):GeoTIFF、TFW 点云:ASCII TXT、PLY 三维模型:OBJ、PLY。

图 6.15　DOM 成果

（3）全自动空三、区域网平差和相机检校

Pix4Dmapper 通过 Pix4D 的高级自动空三计算原始影像的真实位置和参数。完全基于影像的内容，利用 Pix4Dmapper 的独特优化技术和区域网平差技术，自动校准影像。标准格式的输出使得摄影测量工作流完美地整合起来。输出格式：空三结果（见图 6.17）；ASCII txt（PAT-B、INPHO）相机检校；ASCII txt 控制点；ASCII BINGO/ORIMA 格式。

图 6.16　DSM 成果及三维模型

（4）自动生成精度报告

Pix4Dmapper 自动生成一个多页的精度报告，可以快速和正确地评估结果的质量。显示处理完成的百分比以及正射镶嵌和 DEM 的预览结果，提供了详细的、定量化的自动空三、区域网平差和地面控制点的精度（见图 6.18）。

☐ ex7_bingo.txt
☐ ex7_geo.txt
☐ ex7_geocal.txt
☐ ex7_gpscal.txt
☐ ex7_internals.cam
☐ ex7_orima.txt
☐ ex7_pix4d_internals.cam

图 6.17　空三成果

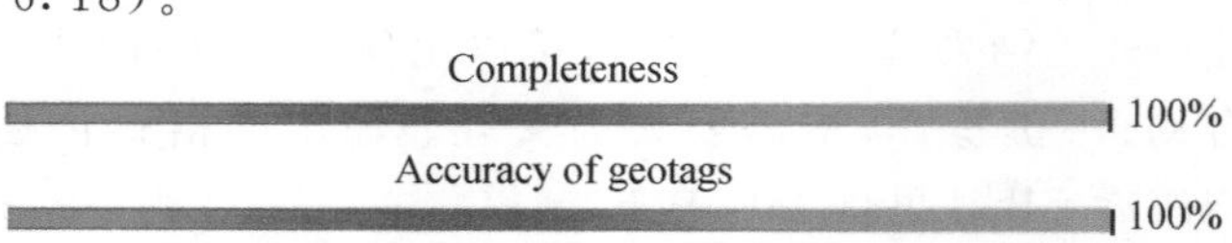

Completeness
　　　　　　　　　　　　　　　　　　　　　　　100%
Accuracy of geotags
　　　　　　　　　　　　　　　　　　　　　　　100%

	geolocalisation variance σ [m]
longitude direction (x)	0.39625
latitude direction (y)	0.342243
altitude direction (z)	0.482596

图 6.18　完成度及相对精度

(5)可以同时处理 10000 张影像

Pix4Dmapper 利用自己独特的模型,可以同时处理多达 10000 张影像(见图 6.19)。

图 6.19　支持多达 10000 张影像同时处理

(6)快速处理模式

Pix4Dmapper 具有快速处理模式,数分钟内即可预览到正射镶嵌结果和 DEM 结果。对于应急项目或快读检查测区是否完全覆盖等工作,堪称是完美工具。快速处理模式仅需要较低的硬件配置,在大部分的笔记本电脑上既可运行(见图 6.20)。

图 6.20　在野外,笔记本上即可运行快速处理模式

(7)支持添加控制点和丰富的坐标参考系统

Pix4Dmapper 在处理过程中不需要任何 GCP,因为它可以根据无人机自带的 GPS 估算地理位置。如果需要更高的绝对定位精度,利用其直观便捷的界面即可快速添加控制点,参与空三计算,使结果达到厘米级的精度(见图 6.21)。

Pix4Dmapper 内置丰富的坐标参考系统，包括常用的 UTM、北京 54 等，也支持 prj 文件导入投影坐标参数。

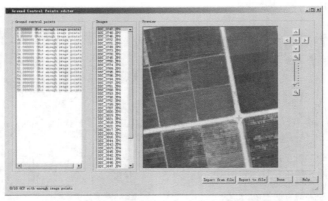

图 6.21　直观便捷的界面，便于添加 GCP

（8）支持多种传感器

Pix4Dmapper 不仅支持普通光学相机，也支持近红外、热红外及任何多光谱影像（见图 6.22）。对任意特征的影像都可以自动进行空三、区域网平差和相机检校。

图 6.22　热红外和近红外数据也能处理

（9）支持多种相机

Pix4Dmapper 支持多种类型的相机，比如较小尺寸的 Canon IXUS 和 Sony NEX 等类型的相机，也支持具有较大传感器的相机，比如 5000 万像素的 Hasseblade 相机和莱卡相机。

（10）支持不同架次、不同相机的数据同时处理

可以处理多个不同相机拍摄的测区，例如同时搭载近红外传感器和普通相机，可将它们合并成一个工程进行处理。如果所使用的无人机不能同时携带多个相机，只需分别带着不同的相机，飞行多次，然后将其合并到一个工程中即可（见图 6.23）。

图 6.23　支持不同幅宽的相机

(11)点云加密

Pix4Dmapper 高级算法计算了原始影像每个像元的高程值,生成三维点云,以提高 DEM 和正射镶嵌结果的分辨率(见图 6.24,图 6.25)。

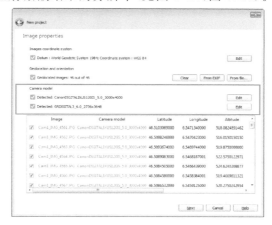

图 6.24　在同一工程总处理来自不同相机的数据

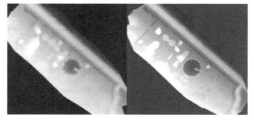

图 6.25　加密点云

(12)镶嵌编辑

Pix4Dmapper 包含镶嵌编辑工具,以生成更好的镶嵌结果。通过选择ortho 或 planar 影像来编辑人造地物的边缘以消除扭曲现象;通过编辑拼接线或者改变影像次序以去除移动的物体；同时提供亮度和对比度调整功能（见图 6.26）。

图 6.26　选择 ortho 或 planar 影像，消除扭曲

6.5.2　基于 Pix4D 的无人机影像自动拼接技术

1. 总体操作流程

Pix4Dmapper 无需专业知识，即可将数千张影像制作成专业的、精确的二维地图和三维模型（见图 6.27）。

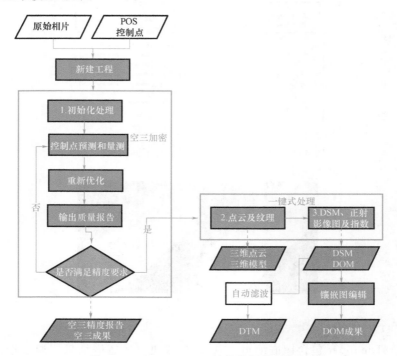

图 6.27　Pix4Dmapper 软件数据处理流程

(1)确定项目名称、项目路径、项目类型,然后点击"下一步"(见图 6.28)。

图 6.28　新建项目

(2)加载待处理相片数据,点击"下一步"(注意:数据需放在英文路径下,路径中不能包含中文和特殊字符,支持的相片格式包括 tif 和 jpg)(见图 6.29)。

(3)确定图片属性

图像坐标系:点击【编辑】设置 POS 数据的坐标系

图 6.29　加载图像

地理定位:点击【从文件中】可导入准备好的 POS 数据文件,支持 txt\csv\dat 格式。

相机型号:软件自动读取,可点击【编辑】按钮查看或编辑相机参数。

确认无误后,点击"下一步"。

(4)设置输出坐标系

可按照默认,选择自动检测到的坐标系;也可勾选高级坐标系选项选择其他已知坐标系(见图 6.30)。设置完成后点击"下一步"。

(5)默认选择"3D 地图",点击"结束"完成工程创建。

工程创建完成后,会自动在软件主界面显示航迹图,若电脑处于联网状态,会自动叠加 Mapbox 底图(见图 6.31)。

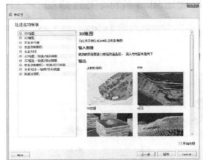

图 6.30　设置坐标系

图 6.31　执行拼图

6.6　基于无人机的甘蔗灾害监测与评估

6.6.1　甘蔗航拍影像灾情信息提取

在灾情监测中,最常用的无人机主要包括大疆精灵 3 Advanced 和大疆 mavic pro 无人机。

精灵 3 Advanced(见图 6.32)重量约 1280 g,最大上升速度 5 m/s,最大下降速度 3 m/s,最大水平飞行速度 57.6 km/h,最大飞行时间约 23 分钟,装备的航拍相机有效像素为 1240 万像素,镜头视场角 94°,图传距离最大 5 km。

MAVIC pro 无人机(见图 6.33)为可折叠便

图 6.32　DJI 精灵 3 Advanced

携式无人机,整机重量 734 g,折叠收纳后约为矿泉水瓶大小;最大上升速度 5 m·s⁻¹,最大下降速度 3 m·s⁻¹,最大水平飞行速度 65 km·h⁻¹,最大飞行时间 27 分钟,装备的航拍相机有效像素为 1235 万像素,镜头视场角 78.8°,图传最大距离 7 km。

图 6.33　DJI MAVIC Pro

　　使用 DJI GS Pro 软件规划设置合理的航线,航拍完成后利用 Pix4Dmapper 软件进行图像拼接处理与正射校正,得到灾区高空间分辨率的航拍影像图。

6.6.2　航拍遥感影像分类与特征信息提取

　　遥感影像分类,是遥感影像特征识别的有效技术手段之一,是基于拼接生成的数字正射影像开展甘蔗受灾面积提取工作的基础。常用的遥感分类方法主要有监督分类中使用频次最高的最大似然法、非监督分类以及人工目视解译。

　　最大似然法分类:最大似然法的判别规则是基于概率的,它把每个具有模式测试或特征 X 的像元划分到很有可能出现特征向量 X 的第 i 类中,换言之,首先计算某个像元属于一个预先设置好的 m 类数据集中每一类的概率,然后将该像元划分到概率最大的那一类。最大似然法假设每个波段中各类训练数据都呈正态(高斯)分布,直方图具有两个或 n 个波峰的单波段训练数据并不理想,在这种情况下,各个波峰很有可能表示是由各类唯一确定的,应该作为分离的训练类单独训练和标识。然后,应该得到满足正态分布要求的单峰、高斯型训练类统计量。

　　这种方法的优点是:对符合正态分布的样本 P 聚类组而言,是监督分类中较准确的分类器,因为考虑的因素较多。与 Mahalanobis 距离一样,通过协方差矩阵考虑了类型内部的变化。缺点是,扩展后的等式计算量较大,当输入波段增加时,计算时间相应增加;最大似然是参数形式的,意味着每一输入波段必须符合正态分布;在协方差矩阵中有较大值时,易于对范本分类过头,如果在聚类组或训练样本中的像素分布较分散,则范本的协方差矩阵中会出现大值。

　　非监督分类(ISODATA 法):ISODATA 是 Iterative Self-Organizing Data Analysis Techniques A 的缩写,A 是为发音的方便而加入的,ISODATA 意为迭代自组织数据分析技术。ISODATA 算法是利用合并和分开的一种著名的聚类方法。它从样本平均迭代来确定聚类的中心,在每一次迭代时,首先在不改变类别数目的前提下改变分类。然后将样本平均向量之差小于某一指定阈值的每一类别对合并起来,或根据样本协方差矩阵来决定其分裂与否。主要环节是聚类、集群分裂和集群合并等处理。

ISODATA 法的实质是以初始类别为"种子"施行自动迭代聚类的过程。迭代结束标志着分类所依据的基准类别已确定,它们的分布参数也在不断地"聚类训练"中逐渐确定,并最终用于构建所需要的判决函数。从这个意义上讲,基准类别参数的确定过程,也是对判决函数的不断调整和"训练"过程。

这种方法的优点是,聚类过程不会在空间上偏向数据的最顶或最底下的像素,因为它是一个多次重复的过程:该算法对蕴含于数据中的光谱聚类组的识别非常有效,只要让其重复足够的次数,其任意给定的初始聚类组平均值对分类结果无关紧要;缺点是,比较费时,因为可能要重复许多次;没有解释像素的空间同构型。

人工交互目视解译:在航拍区域面积较小或地物轮廓呈现较为规则的几何形状时,如规则的甘蔗地块,可以通过人的主观经验来进行地物类型的判别及信息提取。这种方法的优点是:地物识别精度高,可以较为精细地处理不同类型地物的边缘,错分、漏分现象较少;缺点是:需要大量的经验,解译效率低,费时费力。

6.6.3　甘蔗暴雨洪涝灾害监测及损失评估

1.2016 年 6 月 8 日

2016 年 6 月 4—7 日,广西境内出现一次较强的降雨过程,其中桂林、柳州、河池、百色、贺州、来宾、南宁、贵港、梧州等市的部分地区出现大雨到暴雨,局部大暴雨到特大暴雨或短时雷雨大风等强对流天气,广西其他地区中雨,局部暴雨。受此影响,扶绥双高基地甘蔗出现大面积的雨水浸泡,2016年 6 月 8 日,广西区气象减灾研究所相关人员利用四旋翼无人机对双高基地甘蔗受淹区域进行航拍灾情调查,对甘蔗受损区域进行灾损面积估算。

图 6.34　扶绥甘蔗双高基地
洪涝航拍影像图

图 6.34 影像飞行航高 200 m,图像幅宽 1.2 km×1.2 km,图像像元分辨率 0.15 m。图 6.35 中,绿色植被为甘蔗种植区,红色区域为暴雨后的淹没区;利用 ENVI 软件的非监督分类,提取航拍区域内甘蔗种植信息以及雨水淹没区域,经统计:样区范围内甘蔗种植面积达到 1597 亩,其中,受雨水浸泡区域面积达到 102 亩,占监测区甘蔗总面积的 6.4%。

图 6.35 样区甘蔗种植分布及雨水淹没区分布图

(图中红色区域为暴雨淹没区,绿色区域为甘蔗种植区)

2. 2016 年 8 月 5 日

受 2016 年第 4 号台风"妮妲"影响,广西多地遭遇暴雨袭击。8 月 2 日 08 时至 8 月 3 日 08 时,除河池、百色市外,广西其余 12 个市均遭受暴雨袭击,38 个县区日降雨量在 100～249.9 mm,北流市扶新镇永塘村日降雨量最大为 265.5 mm(山洪站点)。受强降雨影响,白沙江桂平麻洞段出现超警洪水,南流江支流武利江、北流河出现明显涨水。广西境内大部有暴雨,局部大暴雨,并伴有雷暴大风等强对流天气。

2016 年 8 月 5 日,台风消散后,立即利用无人机对扶绥双高基地进行灾情航拍调查。

航拍调查区域如图 6.36 所示,航拍影像飞行高度 100 m,地面像元分辨率 0.08 m,影像覆盖范

图 6.36 样区航拍影像图

围 188 亩,通过 ENVI 软件进行人工目视解译,得出样区范围内甘蔗种植面积 124.5 亩,通过非监督分类提取受灾甘蔗区域,得出受淹区域 2 亩,此次台风对"甜蜜之光"甘蔗双高基地影响范围较小。

3. 甘蔗台风受灾面积评估及灾后恢复调查

(1)台风概况

2016 年 21 号台风"莎莉嘉"是 1949 年以来 10 月在广西沿海登陆的最强台风,具有正面袭击广西、风雨范围广、局地降雨强度大的特点。受其影响广西区出现了 2016 年以来范围最大的暴雨天气过程,中南部地市大多出现 6～8 级大风,强的降雨过程导致局部地区发生渍涝灾害,但是也极大地缓解了自 9 月中旬以来晴热少雨天气所导致的旱情(见图 6.37,图 6.38)。

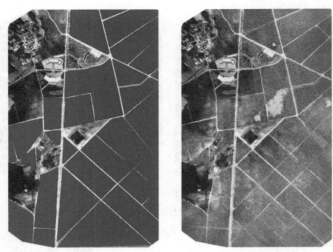

图 6.37 样区内甘蔗分布及受灾区域图

（图中蓝色区域为甘蔗种植区，黄色区域为暴雨淹没区）

（2）园区气象观测记录

根据园区农业气象自动观测站的观测记录，"莎莉嘉"影响期间，园区累计降雨量 69.6 mm、极大风速 13 m·s⁻¹，风向为北风（见图 6.39）。考虑到自动站北侧有山体及村庄房屋影响，园区其他无遮挡地区的风速会更大一些。

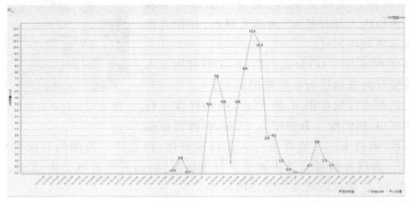

图 6.38 小时降雨量

（3）园区甘蔗倒伏、积水情况

为及时了解"莎莉嘉"对甘蔗种植生产的影响，自治区气象减灾研究所和扶绥县气象局于 10 月 21 日上午对"甜蜜之光"部分园区进行了无人机遥感监测，累计飞行 6 架次，获取了第一手的现场影像资料（见图 6.40，图 6.41）。

此次飞行调查，范围 2200 m×1000 m，总面积 2200000 m²，约 3300 亩，其中甘蔗面积 2574 亩，调查区甘蔗以轻度—中度倒伏（蔗茎与地面夹角大于 50 度）

为主,倒伏面积 1694 亩,约占调查区甘蔗面积的 65.8%,由影像分析可知,此次台风在当地主风向为北风。

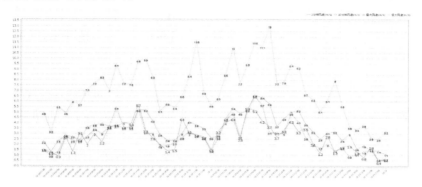

图 6.39　风速统计

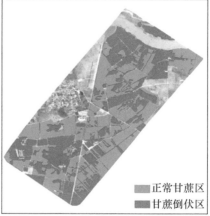

正常甘蔗区
甘蔗倒伏区

图 6.40　航拍影像图及其地物类型识别图

图 6.41　甘蔗倒伏细节图

此次航空遥感调查以小型多旋翼无人机为平台,通过获取的无人机影像结合地面调查,对台风引起的甘蔗倒伏情况做了一个初步的了解。作为整体研究计划的一部分,相关单位后续仍将开展定期、连续的观测,通过综合分析相关数据,系统地研究大风、倒伏对甘蔗产量及糖分含量的影响,为精准化、定量化地开展为农服务提供技术支撑。

(4)园区甘蔗倒伏恢复情况及可能影响

为进一步了解甘蔗倒伏后的恢复情况及其可能影响,广西壮族自治区气象减灾研究所研究人员于 2016 年 11 月 3 日,再次对重点倒伏区域进行了无人机遥感监测,此次监测面积约 2500 亩。通过影像分析可知,倒伏的甘蔗已基本恢复直立状态(图 6.42,图 6.43),由于此次台风影响时间短,只要继续加强田间管护,此次台风对甘蔗的生长发育应该影响不大。

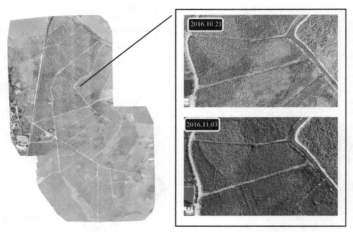

图 6.42　2016 年 11 月 3 日"甜蜜之光"甘蔗倒伏恢复调查整体及对照影像

图 6.43　"甜蜜之光"甘蔗倒伏恢复调查细部对照影像

4. 来宾甘蔗受灾影响调查

台风"彩虹"对来宾市甘蔗造成严重影响,我们选择了桥巩乡的两个样区,经纬度分别为 23.741973°N,109.133198°E 和 23.715051°N,109.100818°E,利用大疆创新公司的精灵 2 四轴无人机对该区域进行了航拍飞行并对该区域的影像进行几何校正和图像拼接,如图 6.44 和图 6.45 所示。

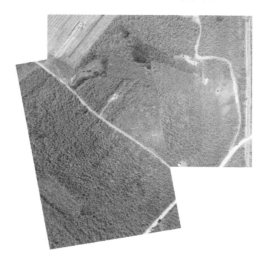

图 6.44　来宾市桥巩乡样区 1 灾情调查图

图 6.45　来宾市桥巩乡样区 2 灾情调查图

图 6.44 中影像拍摄高度为 100 m,像元分辨率为 0.06 m,影像覆盖范围 400 m×490 m,甘蔗倒伏较少,大部分倒伏甘蔗已经恢复正常,对甘蔗生产影响不大。

图 6.45 中影像拍摄高度为 150 m,像元分辨率为 0.1 m,影像覆盖范围为 500 m×600 m;影像中甘蔗倒伏现象较为明显,通过低空高分辨率航片及多角度航片解译,分析监测区域内甘蔗倒伏情况。图 6.46 中标示出甘蔗倒伏的区域及其低空高分辨率细节图,其中,影像中甘蔗种植面积为 117857 m^2,倒伏面积为 16328 m^2,约占甘蔗总面积的 14%,其中,轻度倒伏(倾斜角度<40°)面积 10975 m^2,中度倒伏(40°<倾斜角度<60°)面积 1830 m^2,重度倒伏(倾斜角度>60°)面积 3523 m^2。

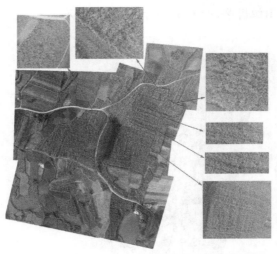

图 6.46　来宾市桥巩乡甘蔗倒伏情况局部细节图

5. 甘蔗暴雨灾情定期定点观测

　　通过对扶绥甘蔗双高基地进行定点定期的航拍监测,形成甘蔗生长期内完整的影像图集,探索航拍影像在甘蔗长势监测中的应用,同时,也可以为灾情监测提供灾前灾后的影像数据。

　　图 6.47 为 2016 年度的定期航拍影像,日期分别为:2016-05-17、2016-08-05、2016-09-29、2016-10-21 及 2016-11-17 共五幅影像。观测区域在暴雨过后形成大范围的积水区,通过后期持续的观测发现,该区域甘蔗受积水影响,甘蔗大面积受损,11 月 17 日的观测影像中,受灾区域逐渐形成裸地,甘蔗绝收。

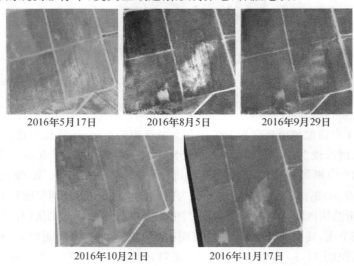

图 6.47　扶绥县甘蔗双高基地暴雨灾情定期观测图

6.7　无人机在甘蔗种植面积核查中的应用

甘蔗种植面积调查是糖厂农务工作重要一环,它是估计原料甘蔗供应总量的主要依据,由于甘蔗从种到收,长达一年或超过一年,所受水、旱、风、虫、病、霜的自然灾害较多,还有其他因素也可能影响甘蔗面积减少,因此,从种到收的过程面积的变化较大,必须分多次进行调查核实,才能掌握甘蔗实际收获面积,糖厂对甘蔗面积调查应进行两次。

1. 甘蔗种植面积的调查　于每年 4—5 月,当春植甘蔗种植完毕,宿根甘蔗选留结束,即可进行第一次面积调查,调查内容包括上年度下种的秋植面积,去冬今春的冬植蔗、春植蔗和宿根蔗面积、苗圃面积。还需按不同品种(早、中、晚熟品种)各占面积的比例列表上报。

2. 甘蔗收获面积调查　于每年 10—11 月进行甘蔗收获面积调查,这次调查是了解甘蔗损失面积,例如旱死、淹死、病虫害严重或其他原因所减少的面积,并须预计秋植采苗所减少面积。

传统的甘蔗面积调查采用人工抽样调查的方式,调查人员可在蔗区内抽查若干个典型点,采用全面大量的调查方法,以计算各点的上报收获面积与抽样实测典型点的面积差距,作出对整个蔗区收获面积的更正值,同时调查收获面积时应注意把本年度的秋植与上年度的秋植面积严格分开,以上报当年度的甘蔗收获面积。这种方法需要耗费大量的人力、物力和财力,所获取的数据无法全面、准确地反映出精确的种植面积数据。随着遥感技术的发展以及高空间分辨率卫星的陆续投入应用,基于遥感手段的甘蔗种植面积监测可以精确、高效获取从自治区、市(县)乃至每个糖厂田间地块的甘蔗种植信息。利用无人机进行甘蔗种植面积核查和精度校验,可以完全替代传统人工抽样调查验证,单点验证范围更大、更具代表性。

1. 广西扶绥双高基地甘蔗种植面积核查和精度检验

(1)2016 年 5 月 17 日

对广西扶绥双高基地进行甘蔗航拍调查,飞行航高 200 m,图像分辨率 0.15 m,航拍覆盖范围 2250 亩,航拍影像如图 6.48 所示。

对航拍影像范围内的甘蔗进行目视解译,提取甘蔗,与对应的遥感影像提取的甘蔗面积进行叠加分析和精度检验:样区范围内,遥感提取甘蔗种植面积为 1.09 km²,与航拍提取的甘蔗重叠部分的面积达到 0.99 km²,遥感提取精度达到 91%,满足实际应用需求(图 6.49～图 6.51)。

图 6.48　2016 年 5 月 17 日扶绥甘蔗双高基地航拍影像图

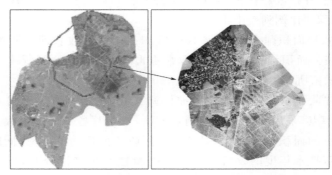

图 6.49　双高基地遥感影像及航拍样区位置图

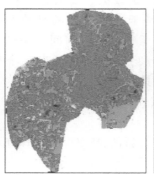

图 6.50　遥感影像及航拍影像甘蔗面积分布图

（左图中粉色区域为遥感影像提取的甘蔗种植区;右图中红色区域为航拍影像提取的甘蔗种植区）

（2）2016 年 8 月 5 日

对广西扶绥双高基地进行甘蔗航拍调查,飞行航高 200 m,图像分辨率 0.15 m,航拍覆盖范围 2008 亩,航拍影像如图 6.52 所示。

图 6.51　样区内甘蔗提取精度核验图

(图中黄色区域为航拍提取甘蔗区域,红线区域为遥感提取甘蔗种植区域)

图 6.52　2016 年 8 月 5 日扶绥双高基地航拍影像图

　　对航拍影像范围内的甘蔗进行目视解译,提取甘蔗,与对应的遥感影像提取的甘蔗面积进行叠加分析和精度检验:样区范围内,遥感提取甘蔗种植面积为 1.02 km², 与航拍提取的甘蔗重叠部分的面积达到 0.94 km², 遥感提取精度达到 92.2%,满足实际应用需求(图 6.53~图 6.55)。

　　2. 云南甘蔗种植面积核查和精度检验

　　2016 年 10 月 12—15 日,对云南省盈江县和龙川县甘蔗进行实地考察,在主要甘蔗种植区选取合适区域作为精度验证样区(见图 6.53),利用四旋轴无人机在航高 200 m 处进行航拍,同时,利用另外一架无人机在低空进行细节采样,以 200 m 的航拍图为主,参考低空的细节采样图(见图 6.54~图 6.59),进行样区甘蔗提取,并与遥感影像提取甘蔗面积进行精度对比分析。

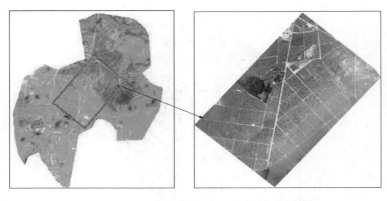

图 6.53　双高基地遥感影像及航拍样区位置图

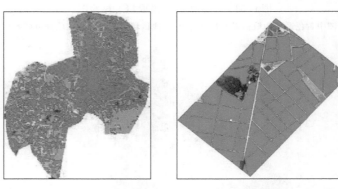

图 6.54　遥感影像及航拍影像甘蔗面积分布图

（左图中粉色区域为遥感影像提取的甘蔗种植区；右图中红色区域为航拍影像提取的甘蔗种植区）

图 6.55　样区内甘蔗提取精度核验图

（图中黄色区域为航拍提取甘蔗区域；红线区域为遥感提取甘蔗种植区域）

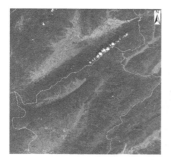

图 6.56　云南省甘蔗调查样区分布图

图 6.57　样区 1 航拍图及采样点分布图

图 6.58　样区 2 航拍图及采样点分布图

图 6.59　样区 3 航拍图及采样点分布图

　　样区 1 和样区 2 范围内甘蔗种植面积比较集中,本节选取样区 1 和样区 2 作为甘蔗精度验证的样区,提取航拍样区内的甘蔗面积,与遥感影像提取的面积(见图 6.60)进行对比分析。

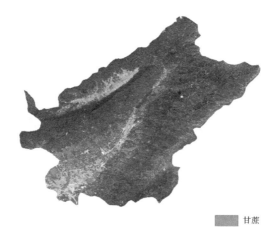

■ 甘蔗

图 6.60　陇川县甘蔗面积遥感提取

　　样区 1 范围内,遥感提取甘蔗种植面积为 0.75 km²,与航拍提取的甘蔗重叠部分的面积达到 0.68 km²,遥感提取精度达到 90.7%,满足实际应用需求(图 6.61,图 6.62)。

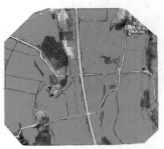

图 6.61　样区 1 航拍影像图及甘蔗面积分布图
(右图红色区域为甘蔗种植区)

图 6.62　样区 1 甘蔗提取精度核验图
(图中黄色区域为航拍提取甘蔗区域,红线区域为遥感提取甘蔗种植区域)

　　样区 2 范围内,遥感提取甘蔗种植面积为 1.09 km²,与航拍提取的甘蔗重叠部分的面积达到 0.99 km²,遥感提取精度达到 90.8%,满足实际应用需求(见图 6.63,图 6.64)。

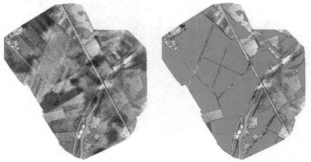

图 6.63　样区 2 航拍影像图及甘蔗面积分布图
(右图红色区域为甘蔗种植区)

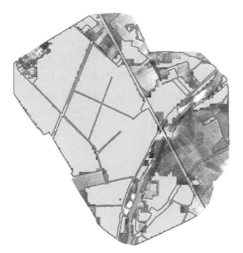

图 6.64　样区 2 甘蔗提取精度核验图

(图中黄色区域为航拍提取甘蔗区域,红线区域为遥感提取甘蔗种植区域)

6.8　无人机的灾害监测未来发展趋势

近几年,由于多旋翼无人机不受场地限制、可悬停、成本低等优点的影响,其型号及数量迅猛增长,但是受制于动力、气动布局等因素,多旋翼在航程、速度、飞行时间等方面难以满足越来越严苛的用户需求。固定翼无人机续航时间长、速度高,但却需要起飞跑道,大大制约了其可用性。自 20 世纪,工程师们就开始不断探索,寻求一种既可以垂直起降又能保障高航速和长航时的整合型技术。近年来,由于技术的进步,复合四旋翼无人机成为现实,并逐渐兴起,还从军用开始走向民用。

固定翼四旋翼复合飞行器(Fixed Wing Hybrdi Quadrotor),可简称为复合四旋翼(Hybrid Quadrotor,HQ),是一种具有垂直起降性能的新型飞行器。复合四旋翼是一项创新飞行器技术,综合了四旋翼飞行器的垂直起降能力和固定翼飞机的效率、速度和航程优势。

固定翼四旋翼复合飞行器通过综合固定翼飞机和四旋翼飞行器获得了独特的垂直起降性能优势,同时较大限度地保持固定翼飞机平台的飞行性能,特别是续航性能和速度性能。复合四旋翼飞行器具有比直升机和多旋翼飞行器更长的续航时间,而起降飞行场地比固定翼飞机小很多。它使得固定翼飞机能够在极小的场地使用,这是其他方式都不能实现的。

复合四旋翼几乎能够执行固定翼无人机所有任务,以及无人直升机和多旋翼飞行器的很多任务,包括航拍、监视、监测、侦察、巡逻等。目前发展商预期的用途有:向偏远地区提供医疗物资,在冰面上布设传感器,从特定区域的收集小组拾取样本。采用复合四旋翼无人机,可以做到任意地点完成自动起飞和降落、自动规划航拍飞行路线,单次飞行可以观测数十平方千米的区域,满足大区域范围的灾情监测与评估,是未来无人机灾情监测的发展趋势。

第 7 章　甘蔗生长模拟模型的引进与应用

7.1　作物生长模拟模型的发展历史及应用前景

　　作物生长模拟是以系统分析原理和计算机模拟技术来定量描述作物的生长、发育、产量形成过程及其对环境的反应,从而模拟出给定环境下作物整个生育期的生长情况。作物生长模拟过程需要综合作物生理、生态、农业气象、土壤和农学等学科研究成果,将作物与其生态因子作为一个整体进行动态的定量化分析,所建立的生长模型可以广泛地应用于理解、预测和调控作物生长与产量,因而具有广泛适用性(OLeary,2000)。在农业生产研究中,作物生长模拟模型由于可以提高农业生产、危险性评估和可持续生产等方面的研究效率,正日益受到关注(Keating et al. ,2003)。

　　自 20 世纪 60 年代以来 De Wit 首次建立玉米模型以来,作物生长模型经历了模型研制(20 世纪 60—70 年代)、模型开发校验(20 世纪 80—90 年代)、模型综合应用(20 世纪 90 年代以后)的历程(杨昆　等,2015)。目前,国际上应用较广泛的作物模型主要有荷兰的 SUCROS、WOFOST、ORYZA、INTERCOM、SWAP、LINTUL,美国的 DSSAT、CropSyst、EPIC、ALMANAC、CENTURY、AquaCrop、RZWQM,澳大利亚的 APSIM、OCANE、AUSCAN,南非的 ACRU、BEWAB 、CANEGRO、CERES、PUTU、SAPWAT 、SWB)等(王文佳　等,2012)。

　　作物生长模型由对农田尺度耕地上作物生长发育和产量形成的模拟已经发展到与精准农业的技术核心—"3S"技术、地统计学、专家系统和气象预测模型等前沿技术的结合,以达到对区域性作物生产力的准确模拟和评估(潘学标,2003)。但作物生长模型开发是一个耗费巨大的系统工程,引进经过检验的生长模型是最经济的方法(Cheeroo-Nayamuth et al. ,2000)。

7.2　国际甘蔗生长模拟模型的发展及应用

　　目前对甘蔗生长模拟模型的研究内容,主要有两个方向:基于特定地点和条件的回归统计类型的经验模型;基于甘蔗生理过程及其农艺学的生长模拟模型(OLeary et al.,2000)。现今国际上主流的甘蔗生长模拟模型主要有澳大利亚的 QCANE 和 APSIM-Sugarcane、南非的 CANEGRO(Garry et al.,2000)。

7.2.1　APSIM 模型以及 APSIM-Sugarcane 的模块原理

7.2.1.1　APSIM 模型框架

APSIM(Agricultural Production System sIMulator)是澳大利亚的农业生产系统研究协作组(APSRU)自 1991 年开始研究开发的一个模型框架系统,目前已经开发到 APSIM7.8 版本。模型包含了一系列作物模型、土壤和管理等模块模型,通过土壤、作物性状的初始条件的设定,能够模拟多种作物和牧草的连作、间作和管理措施以及田间有机残留物的分解,土壤水和氮素移动,土壤侵蚀等。作为一个模型框架,用户可以根据研究需要,通过"插一拔(plug-in/pull out)"系统设计,将所需要的各种相关模块进行组合集成,模型能够模拟农业生产系统的几乎所有方面(见图 7.1,图 7.2)(McCown et al.,1995,Keating et al.,2003,杨昆等 2015)。APSIM 模型区别于其他模型的关键理念在于将土壤过程从所模拟的作物中分离出来,将土壤状态变量的变化作为其核心部分,耦合所研究的作物进行作物生长性状的模拟(OLeary et al.,2000)。通过设定模块初始参数并结合气象资料,使得 APSIM 模型的甘蔗模块(APSIM-Sugarcane)成为目前开发比较完善,具有广泛适用性的甘蔗生长模型,其模拟的准确性已经被不同地区的研究结果所检验(Keating et al.,1999)。

作为一个在甘蔗生产系统中的模拟工具,APSIM-Sugarcane 模型的功能包括:(1)在一定的气候风险、土壤条件和管理制度下,可以制订更有效的水利用和氮肥施用的策略;(2)制订机械化种植和收获的时间表;(3)可扩充系统的项目(作物残茬管理、休耕选择、轮作和间作);(4)通过联结其他的 APSIM 的土壤模块(如 EROSION,SOIL-PH,

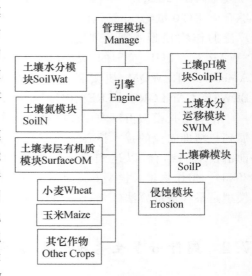

图 7.1　APSIM 模型结构示意图

SOILN，RESIDUE)，研究土壤资源的可持续利用。

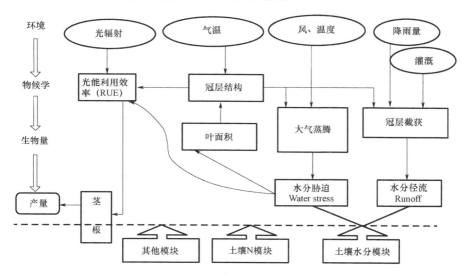

图 7.2　APSIM-Sugarcane 模型模拟流程图(杨昆　等,2015)

目前,APSIM-Sugarcane 已经发展成为一款能较好模拟甘蔗生长的工具,广泛应用于澳大利亚制糖产业。在甘蔗整个生长季期间,该模型在水分利用效率、产量预测、干物质分配和模拟 N 流失对环境造成的影响等方面得到了较好应用(杨昆　等,2015)。

7.2.1.2　Apsim-Sugarcane 模型的模块特点

APSIM 模型中的土壤氮模块(SoilN module),土壤水模块(SoilWater module)及表层有机质(Residue module)模块的基本原理(主要参考自 http://www.apsim.info)都是从早期的作物模型演化而来,其中主要是 CERES 模型(特别是 CERES-Maize);其次为 PERFECT 模型(Probert et al.,1998)。

(1)甘蔗模块(Sugarcane module)的基本原理

甘蔗的机理性模拟原理在 1986 年后开始逐渐形成,Ritchie 在 1991 年进行了综合(Keating et al.,2003)。AUSCANE 是澳大利亚的第一个被广泛使用的甘蔗模型(Jones et al.,2001),其基本原理来源于 EPIC 模型,但该模型在甘蔗生物学模拟和程序设计(非结构化)方面存在着弱点。因而,APSRU(农业生产系统研究协作组)的 APSIM 模型研发小组在 APSIM 中开发了一个甘蔗模块(Sugarcane module),其基本原理起源于 CERES-Maize 和 AUSCANE,并充分利用了 APSRU 在土壤水和氮素模拟方面的研究结果。APSIM-Sugarcane 模块的开发指导思想是构建一个相对简单的基于生理学模型,对每个甘蔗生理过程都采用简约的方法以避免过于复杂化(Keating et al.,1999)。

甘蔗模块简化了大量的过于复杂而难以测定的变量参数,但又能确保在各种生长环境条件下,甘蔗模拟过程对必需的描述性参数需求。模型参数主要包括:土壤因子(土层深度、土壤持水性、土壤养分状态等),管理因子(栽培日期、施肥和灌溉的数量及时间等),环境因子(降水量、太阳辐射、气温等)和甘蔗品种因子。构建模型所需要的基础数据库是通过有针对性地选取澳大利亚、夏威夷、南非、新西兰和斯威士兰等不同纬度跨度国家的大量实验调查数据所建立的,因而包含了包括广泛的种植时间、作物品种、水分和氮素的供给条件等状态数据。模块参数由这些数据集共同生成,因而确定合理,模块得到了广泛应用(Keating et al.,1999)。

甘蔗模块对甘蔗生理过程的状态变量及其变化过程没有严格的数学定义,而是采用"事实集成"来进行描述,模型的构建是通过一系列的与甘蔗生长功能相关的经验性假设形成的,有些假设可能没法验证(Oleary et al.,2000)。AP-SIM-Sugarcane 模型以日作为时间步长,模拟一块特定蔗地的甘蔗农艺性状和环境因子动态变化特征。模拟过程反映了在太阳辐射、气温、土壤水分和养分供应等环境条件的影响下,甘蔗植株生物量、蔗茎产量、蔗糖产量及浓度、土壤水分状态、氮素吸收以及在生物体各部分内的分配等。

甘蔗模块将甘蔗一个完整的生长周期划分为 6 个阶段:播种、萌芽、分蘖、伸长、开花和成熟。由于甘蔗可以新植或宿根的方式种植,因此,模块区分了两者间的差异。积温对甘蔗生长发育状态影响很大。模块设定甘蔗正常发育的最低气温为 9 ℃,最适气温为 32 ℃,最高气温为 45 ℃。新植蔗由播种到萌芽需要350 ℃·d 的有效积温,而宿根蔗只需 100 ℃·d 的有效积温。甘蔗由萌芽至伸长期所需的有效积温因甘蔗品种差异在 1200~1800 ℃·d 范围内变化。蔗茎总数从分蘖后累积 1400 ℃·d 有效积温内快速增加至于最高数量,然后逐渐下降到相对稳定的蔗茎总数。宿根蔗通常比新植蔗较早达到最高的蔗茎总数,因此其早期的冠层扩展很快。

甘蔗单株总叶面积是由其全部的完全展开叶的叶面积累加,并乘以校正系数 1.6 而得。叶片长出率是积温的连续函数,模型通过线性插值的方法推算新植蔗和宿根蔗的叶片生长。分蘖初始时每生长一片蔗叶需 80 ℃·d 的有效积温,在伸长期生长一片蔗叶需 150 ℃·d 的有效积温。整个蔗地的甘蔗总叶面积的增减主要由四个因素决定:甘蔗发育、光照竞争、水分胁迫和霜冻。当甘蔗植株的完全展开叶达到 13 片后进入成熟期,此时总叶面积逐渐减少。当甘蔗群体的太阳辐射截获率达到 0.85 后总叶面积逐渐减少。当土壤水分缺乏因子低于 1.0 后,此时的水分胁迫可引起总叶面积减少。如果气温低于 0 ℃时产生的霜冻可导致总叶面积减少 10%,当气温低于—5 ℃后,叶片即全部死亡。

甘蔗模块对光合作用的模拟是通过模拟冠层截获的太阳辐射能转化为同化

物,并将其分配给甘蔗各器官以积累糖分。利用每天的太阳辐射利用效率(RUE)和蒸腾效率理论(TE)进行的。甘蔗生物量的模拟是通过对太阳辐射利用率 RUE(radiation-use efficiency)来计算生物量累积,有效太阳辐射由 Beer 定律求算:

$$I = I_o \times (1 - e^{-kL}) \qquad (7.1)$$

式中的 I 为有效太阳辐射量(单位:MJ·m^{-2}),Io 为截获的每天太阳辐射量(MJ·m^{-2}),k 为消光系数,设为 0.38,L 为叶面积指数(单位:mm^{-2}·mm^{-2})。

甘蔗生物量可由以下公式求算:

$$\Delta W = \varepsilon I \qquad (7.2)$$

式中的 ε 为太阳辐射利用效率(RUE),I 为有效太阳辐射量(单位:MJ·m^{-2})。

甘蔗生长正常下,RUE 分别以 1.8 g/MJ·m^{-2}和 1.65 g/MJ·m^{-2}的系数将截获的每天有效太阳辐射量换算为新植蔗和宿根蔗每天生物量。在极端气温、土壤水分短缺或过量、或者氮素亏缺限制光合作用等情况下,RUE 都会减少。当平均气温低于 5 ℃或超过 50 ℃时,RUE 设为零。甘蔗生物量以不同的比例系数在植株内被分配到 5 个储存库中(Oleary et al.,2002):根系、展开叶、茎干、幼叶和蔗糖(见表 7.1)。地上部生物量的 70%被分配到茎干中用于生长。当甘蔗生长到伸长期以后,原来分配到茎干的生物量会重新被平均分配到茎干用于生长和糖库用于存储。如果分到叶片中的生物量不能满足其生长需要,则每天的叶片生长率会降低。如果分到叶片中的生物量超过其生长需要,多余的生物量会转移到糖库和茎干中。根的生物量增加是独立的,每天的全部生物量以固定比例分配给根系,分配比例随着植株由分蘖至成熟,由最大的 30%逐渐减少到 20%。根系生物量以18 m·g^{-1}系数换算为根系总长。植株分蘖后,当土壤水分充足时,根系以 0.8 mm·℃$^{-1}$速率伸长。蔗茎鲜重是产量构成的一个重要指标,模块设定植株茎干含水量与茎干干物重的比例由甘蔗生育初期的9:1过渡到后期的 5:1。

表 7.1　每天地上部生物量在两个生育阶段中的各个储存库的分配系数

储存库	出苗—蔗茎伸长前	蔗茎伸长—成熟
展开叶	0.63	0.189
幼叶	0.37	0.111
蔗茎	0	0.7
蔗茎转为蔗糖	0	0.55~1.0

(2)土壤水模块的基本原理

APSIM 中可以选用两个模块(SoilWater 和 SWIM)来模拟土壤水分平衡状况。SoilWater 模块的核心是水分分层均衡模型(cascading layer model),其原理主要来源于 CERES 模型和 PERFECT 模型,整个土壤剖面中水分再分配的算法也是继承 CERES 模型,SWIM 模块基本原理基于 Richard 方程的土壤水动力学模型(Keating et al.,2003)。SoilWater 模块结构如图 7.3 所示(Probert et al.,1998),该图显示了模块所包含的各种类型水分移动过程。

　　SoilWater 模块以日为时间单位进行模拟,各个模拟进程都是连续的。土壤剖面每层的水分特征可由萎蔫系数(LL15)、田间持水量(DUL)和饱和含水量(SAT)等体积含水量来表述,其定义如下:LL15:水吸力 15 巴的土壤含水量,是作物能够吸收的最低含水量;DUL:土壤排除重力水后,保持在土壤中的土壤含水量;SAT:土壤被水饱和后的含水量。

　　图 7.3 中,Runoff 为用径流曲线数方法计算的径流量;Drainage 为当土壤含水量大于 DUL 的水流,即饱和流;Solute Flux 为与饱和流相关的溶质流;Potential Evapotranspiration 为潜在蒸散量;Soil Evaporation 为土壤蒸发量;Unsaturated Flow 为当土壤含水量大于 DUL 的水流,即非饱和流;Solute Flow 为与非饱和流相关的溶质流(Probert et al.,1998)。

图 7.3　土壤水分模块的
简化结构示意图

　　在模型设置中,通过输入土壤剖面每层的各种土壤体积含水量进行土壤水分特征初始化。土壤剖面各层的土壤含水量(SWC)可以下述公式描述 (Inman-Bamber et al.,2000):

$$SWC = LL15 + (DUL - LL15) \times \exp(-k_1(t - t_0)) \tag{7.3}$$

式中,k_l 为 1 天中作物对土壤有效水的最大吸收率;$t - t_0$ 为模拟过程所经历的时间段。

　　(3)土壤水分平衡模型

　　土壤水分平衡模型的计算过程包括:降雨和灌溉,土壤蒸发和作物蒸腾,地表径流、饱和渗漏、非饱和入渗和水分扩散,根系对水分的吸收。水分平衡模型为:

$$ET + R_0 + Dr = I + Ra + \Delta S \tag{7.4}$$

式中,ET 为蒸散量(mm);R_0 为径流量(mm);Dr 为排水量(mm);I 为灌溉量(mm);Ra 为降水量(mm);ΔS 为土壤水储量变化量(mm)。灌溉量和降水量是作为模型的初始参数输入。

　　SoilWater 模块是利用径流曲线数方法(USDA-Curve Number)来估算由降水所导致的地表径流量 R_0。该方法利用某天中一次或多次暴雨的总降水量来估算径流量,忽略了降水强度。由于灌溉产生的径流量相对较小,因此,在估算中也被忽略。径流曲线(径流量作为降水量的函数)用 0~100(即没有产生径流到全部产生径流)之间的数值(CN)来进行描述。模拟径流量前,需在模型初始化中根据前期降水状况确定曲线数值 CN。根据前期降水状况,首先计算出湿的径流曲线(高潜在径流量)和干的径流曲线(低潜在径流量),SoilWater 模块根据每天的土壤含水量状况,利用以上两种极端径流曲线估算实际径流量。土壤表层植被密度和地表残积物覆盖也制约土壤表面产流能力,对此,SoilWater 模块中通过设置一个参数(CNcov)来计算土壤表层覆盖的影响。

饱和流发生在当某土层土壤含水量(SW)大于 DUL,通过一个给定的比例系数(SWcon)将多余的水分排至下一土层,其公式如下:

$$Flux = SWcon(SW - DUL) \tag{7.5}$$

非饱和流发生于某土层含水量小于 DUL 时,作为对降水和蒸发的反应,在相邻的两个土层间以重力水或者水分扩散形式移动。模块将非饱和流作为相邻两个土层的平均含水量的函数进行计算。在 SoilWater 模块初始化中,可设置两个参数(diffus_const 和 diffus_slope)定义土层间的水分扩散力(在 CERES 中,两个参数的默认值为 88 和 35.4,但是现在认为 40 和 16 最适合描述黏土中的水分运移状况),水分扩散力由以下公式表示:

$$Diffusivity = diffus\_const \times exp(diffus\_slope \times thet\_av) \tag{7.6}$$

式中,thet_av 为两个土层中的 SW 减去 LL15 的均值。

非饱和流 Flow 可由以下公式计算:

$$Flow = Diffusivity \times Volumetric\ Soil\ Water\ Gradient \tag{7.7}$$

式中,Volumetric Soil Water Gradient 为土壤水力梯度。

作物蒸散量模拟。作物蒸散包括土壤蒸发和植物蒸腾两个过程,是农田水分循环和能量平衡的关键环节。作物蒸散量不但与不断变化着的气象要素有关,而且与根系吸水量和土壤含水量密切相关。模型模拟中采用参考作物蒸散量(ET_0)和作物系数(K_c)估算农田潜在蒸散量(ET_p),农田实际蒸散量(ET_a)则取决于农田潜在蒸散量以及制约蒸散过程的土壤水分胁迫状况。

土壤蒸散模拟基于土壤潜在蒸散原理(Pnestly-Taylory 法和 Penman-Monteith 法),并根据表层有机物残留和作物生长状况进行了修正。Penman-Monteith 公式以能量平衡和水汽扩散理论为基础,定义的 ET_0 是从完全遮盖、不缺水、高度一致且充分开阔的绿色草地上计算的蒸散速率。该法假定参考作物的高度为 12 cm,作物冠层阻力为常数且等于 70 s·m^{-1},地表反射率为 0.23,则 ET_0 可由下式表示(Inman-Bamber et al.,2003):

$$ET_0 = \frac{0.408\Delta R_n + \gamma \cdot 900 U_2(e_a - e_d)/(T_{mean} - 273)}{\Delta + \gamma \cdot (1 + 0.34 U_2)} \tag{7.8}$$

式中:

$$R_n = 0.77 Rs - 2.45 \times 10^{-9}(01 + 0.9n/N)(0.34 - 0.14\sqrt{e_d})(T_{kx}^4 + T_{kn}^4)/2 \tag{7.9}$$

$$Rs = (a + b \cdot n/N) \cdot Ra \tag{7.10}$$

式(7.8)、式(7.9)和式(7.10)中:ET_0 为参考作物蒸散量(单位:mm·d^{-1});Rn 地表净辐射通量(单位:MJ·m^{-2}·d^{-1});e_a 为饱和水汽压(单位:kPa);e_d 为实际水汽压(单位:kPa);Δ 为饱和水汽压与温度关系曲线斜率(单位:kPa·℃$^{-1}$);γ 为干湿常数(单位:kPa·0C^{-1});U_2 为 2 m 高度处的风速(单位:m·s^{-1});Rs 为地表短波辐射通量(单位:MJ·m^{-2}·d^{-1});Ra 为大气外层太阳辐射通量(单位:MJ·m^{-2}·d^{-1});a 为阴天短波辐射通量与大气外层太阳辐射通量的比例系数(取值 0.25);b 为晴天短波辐射通量与大气外层太阳辐射通量的比例系数(取值 0.5);n 为实际日照时间(单位:h);N 为理论日照时间(单位:h);T_{kx} 为日最高气温(单位:K);T_{kn} 为日最低气温(单位:K);T_{mean} 为日平均气温(单位:K)。

农田潜在蒸散量(ET_p):

$$ET_p = K_c \cdot ET_0 \tag{7.11}$$

式中,K_c 为作物系数。在甘蔗全生育期中,从前期(稀疏冠层)到中期(冠层封闭)K_c 由 0.4 增至 1.25,随后下降至收获末期的 0.7(Inman-Bamber et al.,2005)。

农田潜在蒸散量也由潜在蒸发量(E_p)和潜在蒸腾量(T_p)组成,E_p 选用 CE-RES 模型中(Jones et al.,1986)的经验式估算:

$$E_p = ET_p \times (1 - 0.43LAI) \qquad LAI \leqslant 1.0 \tag{7.12}$$

$$E_p = \frac{ET_p}{1.1} \times e^{-0.4 \times LAI} \qquad LAI > 1.0 \tag{7.13}$$

上两式中,LAI 为叶面积指数。因此,潜在蒸腾量为:

$$T_p = ET_p - E_p \tag{7.14}$$

实际蒸发量(E_a)和实际蒸腾量(T_a)为:

$$E_a = K_w \times E_p \tag{7.15}$$

$$T_a = K_w \times T_p \tag{7.16}$$

Kw 为土壤水分胁迫系数,表示土壤供水能力的大小,可用下式表示:

$$K_w = \ln(A_w + 1)/\ln(101) \tag{7.17}$$

$$A_w = (\theta - \theta_w)/(\theta_f - \theta_w) \times 100 \tag{7.18}$$

式(7.17)和式(8.18)中,θ 为土壤实际含水量;θ_f 为田间持水量;θ_w 为萎蔫含水量,对于土壤实际蒸发而言,θ_w 为风干土含水量。

实际土壤蒸发不仅与气象条件有关,而且也决定于土壤水分状况。模型把土壤蒸发过程分为两个阶段,第一阶段土壤水分供应充足,蒸发只与气象条件和植物遮蔽度有关,蒸发累积值为 SUMES1,该值达到第一阶段蒸发极值 U 后,进入第二阶段,其蒸发累积值为 SUMES2。受土壤水分供应的限制,蒸发速率是时间的函数,这两个阶段是不断的交替进行的。

根系吸水模拟。第 L 土层中单位根长密度植株吸收的水量可表述为:

$$RWU(L) = 2.67E - 3\exp(62.0SW(L) - LL(L))/$$

$$(6.68-\mathrm{ALOG(RLV}(L)))\qquad(7.19)$$

式(7.19)中,RWU(L)是指第 L 土层根系吸收的水分,RLV(L)是该层根的生长密度,SW(L)和 LL(L)是第 L 层的土壤水分含量和萎蔫系数。

作物对第 L 土层的需水量 NRWU(L)为:

$$\mathrm{NRWU(L)=RWU(L)\times RLV(L)\times DLAYR(L)}\qquad(7.20)$$

将各层的吸水量累加即得到植株总需水量 TRWU。

(4)土壤氮模块的基本原理

很多土壤氮素模型都力图较为全面地考虑土壤氮素的物理、生物化学以及物理化学等变化状态,以描述土壤氮素的流通转化状况。但复杂的机理性模型由于考虑的方面太多,反而影响到模型的模拟精度。APSIM-SoilN 模块原理主要来源于 CERES-Maize,但 CERES 把土壤中的各种类型有机质都设为具有相同矿化率,这是不合实际状况,因而不能准确模拟土壤有机质的长期变化状况(Probert et al. ,1998)。

APSIM-SoilN 模块可描述土壤中碳素和氮素的动态变化特征,包括碳氮转化、有机质分解、硝化、反硝化、尿素水解等分解过程。APSIM-SoilN 模块将土壤有机质分割为两个库(BIOM 和 HUM)(见图 7.4)。BIOM 库包括易矿化有机物、土壤微生物及其代谢产物;HUM 库则由剩下的有机物组成。两个库之间的碳通量可通过计算求得,而氮通量则由碳氮比来换算。BIOM 的碳氮比被设定为一个常数,而 HUM 的碳氮比则是由输入的土壤属性初始值设定。

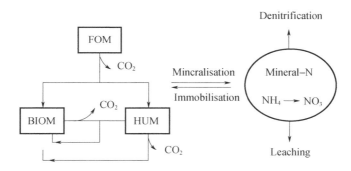

图 7.4　土层中土壤有机碳和氮素的转化示意图

BIOM 和 HUM 的一级分解过程中,分解速率的稳定性取决于各土层的土壤温度和土壤水分。APSIM-SoilN 的新鲜有机质(FOM)的分解原理取于 CERES-Maize,FOM 的分解速率决定于碳氮比。有机氮的矿质化与腐殖化过程、微生物固定之间的平衡关系决定了土壤氮素的矿质化和固定的数量。如果土壤无机态氮(硝态氮和铵态氮)不能满足腐殖化和微生物的要求,则有机氮的分解速率也会下降。有机质分解产生的碳素一方面以 CO_2 向大气中释放;另一方面则储存在 BIOM 和 HUM 中。土壤中的碳通量被定义为效率系数(efficiency coefficients)，即被描述为模块系统中的分配比例系数，土壤中的碳以不同的比例系数被合成到 BIOM 库中。由于土壤微生物的代谢作用，BIOM 库中也存在内部的碳循环。

在模型模拟中，每个土层的 HUM 和 BIOM 的数量可由设置输入值计算而来。为了表现底层土壤有机质分解率的下降，假定 HUM 中的部分有机质没有分解，这些有机质被定义为 finert，其含量随土层加深而增加。Fbiom被定义为 HUM 库有机质分解后向 BIOM 库中的碳素转化分数：

$$fbiom = BIOM/(HUM - inert\_C) \qquad (7.21)$$

土壤有机质分解：

(1)新鲜有机质的分解

$$FOM\_decomp = Fpool \times rd\_carb \times rd\_cell \times rd\_lign \times mf \times tfac \times C:N \qquad (7.22)$$

式(7.22)中，FOM_decomp 为新鲜有机质的分解量；Fpool 为碳水化合物、纤维素和木质素等有机质库；rd_carb 为碳水化合物的最大分解率，取 0.2/d；rd_cell 为纤维素的最大分解率，取 0.05/d，rd_lign 为木质素的最大分解率，取 0.0095/d。mf 为土壤水分因子 ；tfac 为土壤温度因子；C：N 为碳氮比。

(2) BIOM 的分解

$$BIOM\_decomp = BIOM \times rd\_biom \times mf \times tfac \qquad (7.23)$$

式(7.23)中，BIOM_decomp 为 BIOM 的分解量；rd_biom 为 BIOM 的最大分解率，取 0.0081 d^{-1}。

(3) HUM 的分解

$$HUM\_decomp = rd\_hum \times mf \times tfac \times (HUM - inert\_C) \qquad (7.24)$$

式(7.24)中，HUM_decomp 为 HUM 的分解量；rd_hum 为 HUM 的最大分解率，取 0.00015 d^{-1}。

硝化作用。硝化作用的基本原理来源于 Michaelis-Menton 动力学。

$$potential\ rate = nitrification\_pot \times NH_4/(NH_4 + NH_4\_at\_half\_pot) \qquad (7.25)$$

式(7.25)中，nitrification_pot 和 $NH_4\_at\_half\_pot$ 由初始化确定。

实际硝化速率受到土壤水、温度和酸度等影响：

$$nitrification\ rate = potential\ rate \times \min\ (water\ factor, \\ temperature\ factor, pH\ factor) \qquad (7.26)$$

反硝化作用。反硝化速率为：

$$denitrification\ rate = 0.0006 \times NO_3 \times active\ carbon \times \\ water\ factor \times temperature\ factor \qquad (7.27)$$

式(7.27)中，NO_3 为硝态氮含量；

active carbon 为活性碳：

$$active\ carbon = 0.0031(hum\_C + FOM\_C) + 24.5 \tag{7.28}$$

尿素水解作用。潜在水解分数为：

$$potential\ hydrolysis\ fraction = -1.12 + 1.31 \times OC +$$
$$0.203 \times pH - 0.155 \times OC \times pH \tag{7.29}$$

水解速率：hydrolysis rate = Urea × potential hydrolysis fraction × min
(temperature factor，water factor) (7.30)

7.2.2 QCANE 模型的特点及应用

QCANE 模型起源于澳大利亚昆士兰的甘蔗试验站(The Bureau of Sugar Experiment Stations in Queensland)的一个基于每日甘蔗生理过程的研究项目，澳大利亚糖业试验总局(BSES)研发的一款甘蔗生长模拟模型(O'Leary，2000)。该模型以天为时间步长，针对糖分积累，结合光合作用、呼吸作用和部分光合产物等生理指标来模拟甘蔗的生长和糖分的积累和分配。对甘蔗生理过程的全面设计是其区别于其他甘蔗模型的优点。它整合了甘蔗的冠层伸展、光合作用、碳水化合物分配、呼吸作用和糖分累积等过程，综合反映了目前已经了解的与物候发展及环境条件相关的甘蔗生长的基本生态生理过程(Liu et al，2001)。

为完善 QCANE 模型，Liu 等(2003)通过引入蔗茎水分含量模块(SWCM)，模拟季节性蔗茎水分含量和新鲜蔗茎产量，得到 0.95 的决定系数(R^2)和 15.2% 的相对根均方标准误(RMSE)。QCANE 模型还需根据环境的变化和人们的需求不断完善，才能得到广泛的应用。

7.2.3 CANEGRO 模型的特点及应用

CANEGRO 模型是由起源于荷兰 Wageningen 的作物光合作用和呼吸作用的公式发展而来(Inman-Bamber，1991)，其初始模型 CANESIM 是由南非蔗糖协会试验站(SASEX)建立。模型包括了碳素平衡、植株冠层发育、能量平衡和水平衡模拟 4 个组成部分(见图 7.5)，但没有考虑养分情况(Inman-Bamber，1994)。该模型目前有两个版本，一个是 SASEX 专用；另一个是作为 DSSAT (Decision Support System for the Agrotechnology Transfer)中的甘蔗模块，它从 CERES-Maize 中借用了土壤—植物氮素模块，但是该模块还没有被缺氮的土壤和植物的试验所验证，就目前而言，CANEGRO 还仍然是一个只考虑辐射—水—温度这些限制条件的模型(O'Leary，2000)。CANEGRO 作为一个模块并入(DSSAT Version 3.1)后,形成 DSSAT/CANEGRO(DC),在美国、南非和泰国被广泛应用。在不同土壤水分含量条件下,CANEGRO 被用来模拟预测南非主栽甘蔗品种地上部的生物产量,在没有水分和 N 胁迫的条件下,该模型能较好地预测产量。

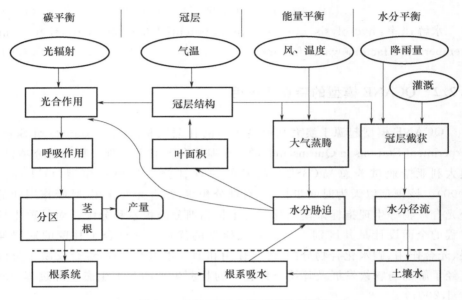

图 7.5　CANEGRO 模型模拟流程图

7.2.4　三种甘蔗生长模拟模型的比较

O'Leary(2000)依据统计均方差(Mean errors)分析了三种甘蔗模型在预测蔗糖产量时的精度差异,QCANE 的模拟精度最高,其次是 APSIM-Sugarcane,最后为 CANEGRO;指出因 QCANE 对生理过程模拟较深入,故其预测精度略高于其他两种模型;并总结了三种模型的优点:APSIM-Sugarcane 有其他的模块支持(如土壤、水或氮模块)以及在轮作或连作中可以涉及广泛的作物;QCANE 较全面的模拟光合作用和糖分积累和分配,对生物量的分配考虑得更为合理一些;CANEGRO 更着重于基于碳固定的光合作用以及在 DSSAT 中的广泛的实用性。

APSIM-Sugarcane 模型优于 CANEGRO、QCANE 之处,在于其通过联结其他 APSIM 模块,可以在历史气象资料的基础上模拟作物、土壤、气候和管理的交互作用,这是 CANEGRO 和 QCANE 所不具备的综合功能。其生物量的累积主要是通过太阳有效辐射 RUE(radiation-use efficiency)以经验公式换算来进行模拟的,而另两种模型则是通过计算繁琐的光合作用和呼吸作用间的平衡过程来得出碳素累积量的。另外,APSIM-Sugarcane 模型是以土壤的状态变量作为模拟核心,并专门设置独立的土壤模块,而 CANEGRO 和 QCANE 模型则只有固定的土壤程序,因而 APSIM-Sugarcane 模型可以在 APSIM 模型框架中通过各种相关模块的"插入",应用于各种广泛而复杂的农业系统中,特别是可以包括休耕、绿肥轮、套作或间作等各种种植制度(Keating et al.,1999)。APSIM 模型优于其他作物模型之处,在于将土壤性状作为模型的核心,因而能够连续模拟在不同的气候和管理环境下的土壤性状改变。水分和氮素是影响作物生长的主要因素之一,要准确模拟作物生长状况,首先要能够准确模拟土壤水分和氮素的动态变化。

7.3　我国甘蔗模拟模型的研究现状及优缺点

我国的科研人员在长期生产实践中,总结了大量的甘蔗生产田间管理优化措施,为地区性甘蔗生产效益提高做出了贡献,但这些优化措施都是由特定环境下的实践经验总结形成,在推广应用上有很大的时空局限性。目前国内在甘蔗模型上的研究主要有:对试验蔗地的土壤性质和甘蔗性状数据进行回归统计(谢贵水　等,1998;赵炳华　等,1999;刘少春　等,2001);利用历年气象资料和产量数据回归统计(姚克敏　等,1994;陈惠,1998;蒋菊生　等,1999);应用神经网络(谢名洋等 2000)或灰色系统理论 GM 模型预测甘蔗产量(黄永春　等,2000;谢名洋　等,2001);根据专家经验和种植技术、检验的总结开发的甘蔗栽培专家系统或决策系统等(张跃彬　等,2001)。由于这些模型都缺少与甘蔗生长过程和生理特性上的紧密联系,同样也存在拟合较好而外推不准等局限性。也有根据甘蔗光合生理过程构建光合产物和干物质分配模型的研究(陈凯荣　等,2010),但这仅是对甘蔗一个生理过程的模拟研究,还没有开展甘蔗整个生理生态过程的模型集成。

因此,引进经过广泛验证的生长模型是当今国际上甘蔗生产研究最流行和最经济的办法(Cheeroo-Nayamuth et al.,2000)。目前,以甘蔗生长模型为核心模拟区域化甘蔗生产过程,进而制订甘蔗生产精准化管理模式以致甘蔗生产管理决策支持系统,已经成为当前甘蔗产业可持续发展的重要支撑(Keating et al.,1999)。甘蔗产业发达的国家如澳大利亚、南非、巴西等,在 20 世纪后期就已经广泛地开展了这方面的研究和应用工作。

7.4　甘蔗生长模拟模型在我国应用状况

目前,我国有关基于甘蔗生长机理性的模拟模型的开发和应用相关报道较少。在甘蔗生长模拟模型介绍方面,赵彦茜等(2017)对整个 APSIM 的研究进展以及在中国的应用、杨昆等(2015)对甘蔗生长模型研究进展、毛钧等(2017)以 APSIM-Sugar 为重点的甘蔗农业生产系统模拟模型模块设计与应用发展方面等作了较为详细的阐述。

在甘蔗生长模拟模型研究应用方面,黄智刚等(2007)、阳景阳(2016)应用甘蔗生长机理的 APSIM-Sugarcane 模型,基于广西蔗区南宁区域田间试验,对甘蔗蔗茎产量、产糖量和土壤水分、养分等进行动态模拟和验证,对甘蔗产量的模拟具有较高的准确性,为今后 APSIM-Sugarcane 模型在甘蔗上的应用做了开创性的工作(黄晚华 等,2009)。Zu 等(2018)应用 Qcane 模型模拟了 1970—2014 年的我国广东、广西和云南等南方蔗区潜在产量和现实产量的时间和空间上分布差异,指出氮素胁迫是影响产量提升的关键因素。

7.5　Apsim-Sugarcane 模型在广西蔗区的引进和应用研究

7.5.1　Apsim-Sugarcane 模型应用于新植蔗的模拟和验证研究

7.5.1.1　研究区域概况和试验方案

研究蔗地位于广西大学农业试验基地内,面积为 868 m²,地势平整。土壤类型为发育于第四纪红土母质的赤红壤,表层质地中壤。甘蔗品种为新台糖 22 号(ROC22),2003 年 2 月 18 日种植,2004 年 2 月 9 日砍收,生育期 357 天。种植前施用干牛粪 22.5 t·hm⁻²(含碳 25.6%,含氮 1.6%,含磷 0.5%,碳氮比为16:1),生物复合肥 1500 kg·hm⁻² 作为基肥,种植期间分别施用干牛粪 15 t·hm⁻²、尿素 525 kg·hm⁻² 和氯化钾 300 kg·hm⁻² 作为追肥。在干旱时期(10 月、11 月)进行少量灌溉两次(各约 50 mm)。该榨季内的气象要素的统计如表 7.2 所示。

表 7.2　2003/2004 榨季内的气象要素统计

降水总量(mm)	日平均降水量(mm)	积温(℃·d)	日平均气温(℃)	太阳总辐射(MJ·m⁻²)	日平均太阳辐射(MJ·m⁻²)
1392	3.9	8604	24.1	4808	13.5

7.5.1.2　模型参数

土壤模块是 APSIM 的核心,也是模型初始化参数最多的模块。于 2003 年 2 月中旬在该地块中央位置上挖掘的土壤剖面,深度为 150 cm,分为 6 层。土壤剖面各层土壤性质参数见表 7.3。

表 7.3　蔗地土壤剖面各土层土壤性质关键参数

	土层数					
	1	2	3	4	5	6
深度(cm)	0～15	15～30	30～60	60～90	90～120	120～150
容重(g·cm^{-3})	1.12	1.13	1.22	1.22	1.26	1.30
OM%	3.07	2.89	1.89	0.82	0.77	0.45
pH	6.5	6.5	6.0	6.0	6.0	5.5
NO$_3$-N(kg·hm^{-2})	9.8	3.2	6.3	5.1	5.3	5.6
NH$_4$-N((kg·hm^{-2})	0.86	0.15	0.29	0.29	0.30	0.31
风干土含水量(cm^{-3}·cm^{-3})	0.05	0.05	0.07	0.07	0.06	0.07
饱和含水量(cm^{-3}·cm^{-3})	0.53	0.53	0.46	0.46	0.42	0.40
田间持水量(cm^{-3}·cm^{-3})	0.24	0.24	0.26	0.27	0.28	0.30
萎蔫系数(cm^{-3}·cm^{-3})	0.10	0.10	0.10	0.11	0.11	0.11

APSIM-Sugarcane 模型的甘蔗品种库中没有我国的甘蔗品种 ROC22,但库中的澳大利亚甘蔗品种 Q141 在中国作为成熟品种广为引种,在广西蔗区中已经有较大的种植面积,品种对比研究表明 Q141 与 ROC22 的生理和农艺性状特征极为相近(王维赞　等,2004)。故在模拟研究中选用 Q141 作为 ROC22 的替代品种。甘蔗根系参数设为 APSIM-Sugarcane 的 Q141 默认值。在管理模块中,甘蔗种植密度设为 15 株·m^{-2},尿素施用量为 525 kg·hm^{-2}。灌溉模块中,灌溉量设为 100 mm。在有机质模块中,有机基肥的 C/N 为 10,施用量为 37.5 t·hm^{-2}。

7.5.1.3　LAI 的模拟和验证

LAI 对截获太阳辐射、合成光合产物具有重要作用(Sinclair et al.,2004),因而 LAI 常被用来检验 APSIM 模型的模拟准确性(Keating et al.,1999)。图 7.6 显示了位于广西大学农业试验基地的实验蔗地上的 LAI 的模拟值与实测值具有非常相似的分布趋势,只是在甘蔗伸长末期,模拟值稍高于实测值,Keating 等(1999)指出,由于甘蔗生育后期的倒伏和开花等原因,LAI 通常会被高估,但这种偏差不会影响到生物量的模拟,其他的研究也有相似结论(McCown et al.,1996;Cheeroo-Nayamuth et al.,2000)。

幼苗期的 LAI 极低(近似为 0),此时光合产物极少,生长所需养分供应完全依靠于蔗种体内储存的养分。叶片数在分蘖期开始增多,LAI 迅速由 0.01 提高至 4.0。进入伸长期后,由于冠层尚未封闭,LAI 在伸长初期仍在迅速增大,在达到最大值 6.8(8 月 8 日)以后,LAI 迅速在 9 月 26 日下降至 5.0,表明叶片数在 8 月初已达到最大。此时冠层封闭,植株个体竞争日趋尖锐,叶片相互遮蔽,弱小植株不断死亡,导致 LAI 急剧下降。通过群体结构自我调节,LAI 在生育后期维持在 4.5 左右。累积频数分布图(见图 7.7)也显示 LAI 的变化状况,在甘蔗生长过程中,LAI 在 5.0 以下的天数占全生育期的 50%,在 5.0~6.0 的时期占 40%,大于 6.0 的时期只占 10%。

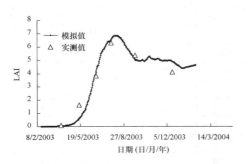

图 7.6　2003 年和 2004 年 3 月甘蔗叶面
积指数的模拟值和实测值的时间分布趋势

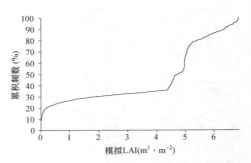

图 7.7　甘蔗叶面积指数 LAI
的累积频数分布

7.5.1.4　叶片含氮量的模拟和验证

　　叶片含氮量是影响植物光合效率以及光合产物形成的重要因素之一,在甘蔗栽培学上常利用蔗叶的含氮量来反映其生长状况(Wood et al.,1996)。由于模拟值是所有叶片的平均含氮量,而实测值是 +1 叶的含氮量(梁海福,2004),+1 叶是甘蔗生长最旺盛、养分含量最高的叶片,因而全部实测值均稍高于模拟值(见图 7.8)。甘蔗幼苗期的模拟效果不好,模拟值都接近于零,在分蘖期开始(3 月 23 日),模拟值突增到最高值 3%,在分蘖中期急剧下降到 1.4%~1.5% 持续到伸长初期,在伸长盛期(10 月上旬),蔗叶含氮量开始提高到 1.8%,并持续到成熟期。甘蔗幼苗真叶含氮量增加较快,含量也较高,但在分蘖期由于大量分蘖茎的萌发,导致幼苗真叶的含氮量急剧下降。甘蔗在生育前中期主要进行氮代谢,以蔗茎增长增粗为主,因而叶片含氮量波动较大,在生育后期则碳代谢为主,甘蔗生长缓慢,叶片含氮量比较稳定,最终模拟值为 1.7%。蔗叶含氮量分布趋势与 Wood 等(1996)的研究结果极为吻合。

7.5.1.5　甘蔗生物量的模拟与验证

　　甘蔗地上部干物重(不包括脱落老叶)、蔗茎产量和蔗糖产量是甘蔗产量构成的主要指标,图 7.9 为该三项产量指标的模拟值和实测值的时间动态分布趋势。

　　地上部干物重在甘蔗幼苗期非常低,在分蘖期逐步增加,6 月中旬进入伸长期后,即以稳定幅度迅速增加,到 12 月中旬伸长后期以后,甘蔗生理过程逐渐转为以蔗糖转化积累为主,生物量增长平缓。伸长期内地上部干物重日均增加 $100\ kg \cdot hm^{-2}$,最终模拟产量为 $39.4\ t \cdot hm^{-2}$。全部实测值均稍低于模拟值,其中 9 月 2 日相差最大($8.1\ t \cdot hm^{-2}$),原因在于 8 月 25 日的剥除老叶和 8 月 26 日的因台风造成的甘蔗倒伏,使得一些甘蔗植株受损,因而导致这段时期内模拟值较高于实际值,但 12 月 20 日的模拟值和实测值又非常接近,说明甘蔗群体具有自调节恢复能力。

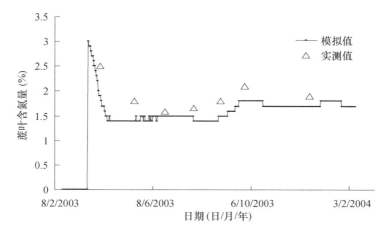

图 7.8　甘蔗蔗叶含氮量的模拟值和实测值的时间分布趋势

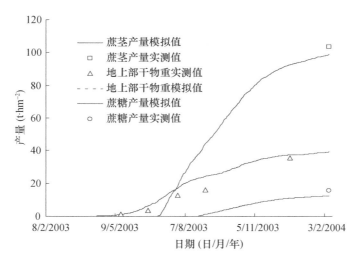

图 7.9　蔗茎产量、蔗糖产量和地上部干物重的模拟值和实测值的时间分布趋势

蔗茎产量在生育前 4 个月内,产量非常低,此时甘蔗主要进行根系生长,蔗茎生长缓慢。6 月中旬进入伸长期后,蔗茎产量大幅增加,直到 12 月中旬的伸

长后期增长幅度才稍微平缓，累积频数分布图（见图 7.10）也反映了相似的变化状况。伸长期内蔗茎日均增量 400 kg・hm^{-2}。最终模拟的蔗茎产量为 99.2 t・hm^{-2}，比实测产量仅少 4.4 t・hm^{-2}。

蔗糖产量在生育前期的模拟值也非常低，前 6 个月蔗糖产量近于零，直到 8 月底的伸长盛期才逐渐增加，表明此时甘蔗碳代谢逐渐占主导地位。最终蔗糖的模拟产量为 12.5 t・hm^{-2}，比实测产量少 3.3 t・hm^{-2}。两个产量指标的模拟值和实测值的相对误差分别为 4.2% 和 20.9%，蔗茎产量的模拟精度要高于蔗糖产量。

模型模拟的准确程度可由实测值与模拟值的线性回归拟合程度进行检验（见图 7.10）。蔗叶含氮量、地上部干物重和 LAI 的回归线都接近 1:1 线，决定系数分别为 0.79、0.96 和 0.95，均方根误差 RMSE 分别为 0.57、4 和 0.34。因此，模型对 LAI、地上部干物重和蔗叶含氮量的模拟精确性均达到极显著水平。

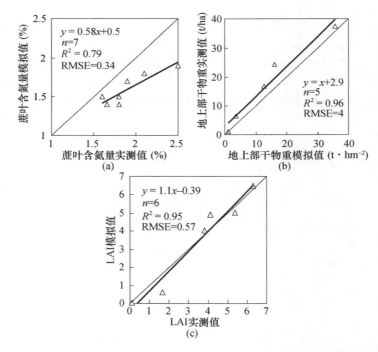

图 7.10　（a）蔗叶含氮量；（b）地上部干物重；（c）LAI 的模拟值和实测值的线性回归拟合

7.5.1.6　蔗地表层土壤含水量的模拟和验证

蔗地土壤各层的土壤含水量模拟值和实测值的时间分布趋势如图 7.11 所示。

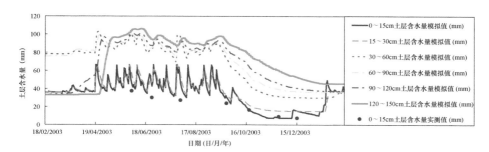

图 7.11　土壤剖面各土层含水量模拟值和实测值的时间分布趋势

供试土壤虽然为赤红壤,但长期作为甘蔗试验基地,土壤培肥条件较好,质地中壤,表层有机质含量较高,有效孔隙度高。由于该区域年降水量大多集中 4—8 月(期间累计降水量达 1140 mm),供试蔗地地势平坦,故在春植蔗生育前期,蔗地土壤能储存较多的降水。

2003 年 1 月有较多的降水量,而气温较低,此时前茬甘蔗已经砍收,地表覆盖较厚的有机残留物可减少土壤水分损失,因而土壤表层含水量能维持在田间持水量水平上。由于降水充沛,在该榨季前中期的大部分时间都在田间持水量以上波动。2003 年 9 月至 2004 年 2 月,即在该榨季甘蔗生长后期,降水量锐减(期间累计降水量仅为 230 mm)。土壤表层含水量也持续下降,2003 年 9 月至 10 月中旬的土壤表层含水量还能维持在田间持水量和萎蔫系数间。但 10 月底持续至 2004 年 1 月底,0～15 cm 和 15～30 cm 的土层含水量都低于萎蔫系数,但此后的各土层含水量都高于萎蔫系数,并含量依次增高,表明尽管表层土壤处于严重干旱,但底层土壤仍具有较高的含水量。整个榨季中,蔗地表层土壤含水量的变幅高于底层的土壤含水量,表明土壤较深层次的土壤含水量较为稳定。

为验证 APSIM 模型对土壤水分特征的模拟准确度,利用在甘蔗生长过程中测定的 7 个土壤表层(0～15 cm)含水量,与同一时间的模拟值的进行回归拟合检验,结果如图 7.12 所示。回归线接近 1∶1 线,决定系数为 0.84,均方根误差 RMSE 为 0.078。因此,模型对土壤表层含水量的模拟准确性达到极显著水平,也反映其他的土壤含水量的模拟准确性也能达到极显著程度。

7.5.1.7　甘蔗每日需氮量的模拟

模拟的甘蔗每日需氮量分布趋势(见图 7.13)显示,由分蘖期开始,需氮量逐渐增加,在伸长前期(7 月 3 日)达到峰值(5 kg · hm^{-2})后,逐渐下降。在 12 月进入工艺成熟期后,需氮量极低,体现了甘蔗在全生育期的需氮量"前多后少"的特征。Wood 等(1996)指出,在生长的前 6 个月,甘蔗能最大限度的吸收和储存氮素,并能满足以后的生长需求,王秀林等(1994)的研究也表明,每季甘蔗对土壤氮磷钾的吸收率在伸长期都占到全部吸收量的 80% 左右,分蘖期都在 10%~20%,苗期在 10% 以下。模拟的甘蔗全生育期的总需氮量为 327 kg·hm^{-2},而施用的尿素(含氮量 46%,提供纯氮 242 kg·hm^{-2})和干牛粪(含氮量 1.6%,完全矿化可提供纯氮 600 kg·hm^{-2})总共可提供纯氮 842 kg·hm^{-2},考虑到旱地氮肥的利用率一般为 50% 左右,因此可有 400 kg·hm^{-2} 供给甘蔗吸收利用,可以满足甘蔗需氮要求,这也是该试验蔗地能达到"吨糖田"的基本保证。

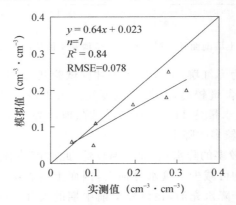

图 7.12　0~15 cm 土壤表层含水量模拟值和实测值的回归拟合

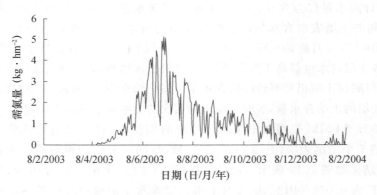

图 7.13　甘蔗每日需氮量分布趋势

7.5.1.8　甘蔗需水量的模拟

作物需水量通常是指农田潜在蒸散量和构成植株体水量之和,由于构成植株体的水量一般都小于农田潜在蒸散量的 1%,常忽略不计(陈玉民　等,1995)。农田潜在蒸散量即为作物需水量(李保国　等,2000)。本研究以蔗地潜在蒸散量作为甘蔗需水量。如图 7.14 所示,研究蔗地 2003/2004 年榨季的甘蔗生育期的需水趋势为生长前期和后期小,生长中期需水量大。甘蔗在萌芽期生理需水量不多;进入分蘖期后,蔗叶逐渐增多,生理需水相应增大;到伸长期后,甘蔗由生态需水转为生理需水,需水强度增大,此时是甘蔗需水最大的时期。因此,该榨季的甘蔗生育期的总需水量(潜在蒸散量)为 1226 mm,而总降水量为 1392 mm,土壤有效水储量的变动范围为 193～700 mm,可以满足甘蔗整个生育期需水要求。在亚热带地区,如果改善土壤的物理性状,提高土壤储水性能,依靠降水量就可以满足甘蔗生长的需求,这对于以雨养为主的甘蔗生产具有现实意义。

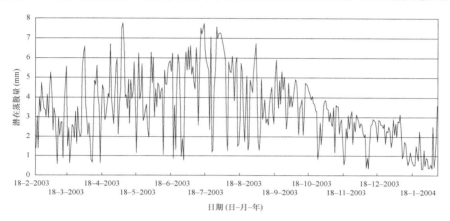

图 7.14　潜在蒸散量时间分布趋势

7.5.2　Apsim-Sugarcane 模型对新植-宿根甘蔗生长的模拟研究

利用 Apsim-Sugarcane 模型对柳州蔗区一块面积约 1.5 hm² 的研究蔗地的 2003/2004 年榨季(新植蔗)、2004/2005 年榨季(第一年宿根蔗)的两年连作甘蔗生长的模拟,为 2005/2006 年榨季(第二年宿根蔗)水氮管理应用研究提供依据。

7.5.2.1　研究区试验方案

该蔗地近年来种植的甘蔗品种为新台糖 22 号(ROC22),2004/2005 年榨季为第 1 年宿根蔗,种植行呈正南北方向,行间距 1 m,共计 100 条种植行。该榨季蔗地的累计各种肥料施用量分别为:2004 年 4 月 18 日开垄松蔸时施用堆沤肥(蔗渣、糖厂滤泥等为肥源)15 t・hm^{-2}、钙镁磷肥 60 kg・hm^{-2} 以及尿素 300 kg・hm^{-2} 作基肥;6 月底在甘蔗苗高约 1 m 左右时,结合大培土施用攻茎肥尿素 225 kg・hm^{-2} 和氯化钾 150 kg・hm^{-2}。该榨季没有进行灌溉。2005 年 4 月 10 日砍收。样品采完后进行蔗茎产量和蔗糖产量的测产。

7.5.2.2　参数的选取和确定

土壤性质参数见表 7.4。土壤剖面深度为 150 mm,分为 6 层。表层质地重壤。在管理模块中,模拟的甘蔗品种同样以 Q141 作为 ROC22 的替代品种,甘蔗根系参数也设为模型中的 Q141 默认值。甘蔗种植密度设为 20 株・m^{-2},尿素总施用量为 525 kg・hm^{-2}。在有机质模块中,由于以蔗渣堆沤肥作有机基肥,故设 C/N 为 80:1,施用量为 15 t・hm^{-2}。没有灌溉。

表 7.4　蔗地土壤剖面各土层土壤性质关键参数

	土层数					
	1	2	3	4	5	6
深度(cm)	0~15	15~30	30~60	60~90	90~120	120~150
容重(g・cm^{-3})	1.22	1.23	1.28	1.31	1.36	1.40
OM(%)	2.57	2.19	2.01	0.78	0.67	0.55
pH	6.8	6.5	5.8	5.8	6.0	5.5
NO_3-N(kg・hm^{-2})	8.8	6.6	5.3	5.5	5.0	4.6
NH_4-N((kg・hm^{-2})	0.75	0.45	0.31	0.32	0.30	0.31
风干土含水量(cm^{-3}・cm^{-3})	0.05	0.05	0.07	0.07	0.07	0.07
饱和含水量(cm^{-3}・cm^{-3})	0.51	0.50	0.46	0.46	0.44	0.43
田间持水量(cm^{-3}・cm^{-3})	0.23	0.24	0.24	0.26	0.28	0.31
萎蔫系数(cm^{-3}・cm^{-3})	0.10	0.11	0.12	0.12	0.13	0.17

7.5.2.3　榨季蔗区气候特征

表 7.5 显示了两个榨季的气候统计特征状况。2004/2005 年榨季(新植蔗)的降水总量、太阳总辐射均高于 2003/2004 年榨季(第一年宿根蔗),但总积温低于 2003/2004 年榨季,2003/2004 年榨季的的日最高降水量和最高气温均高于 2004/2005 年榨季,但日最高太阳辐射低于 2004/2005 年榨季。

表 7.5　两个榨季的气象要素比较

榨季 (年)	降水总量 (mm)	日最高降水量 (mm)	积温 (℃・d)	日最高气温 (℃)	太阳总辐射 (MJ・m^{-2})	日最高太阳辐射 (MJ・m^{-2})
2003/2004	1086	98.2	7984	34.6	4345	25.7
2004/2005	1243	96.8	7448	33.2	4497	29.8

图 7.15 显示了 2003/2004 年榨季的高温时期出现在 2003 年 6—8 月,降水也主要集中于 6 月和 8 月,逐日太阳辐射量在甘蔗生长前期起伏较大,后期则较为平稳。2004/2005 年榨季的气温分布趋势与 2003/2004 年榨季的相似,但波动稍大。2003/2004 年榨季的降水总量虽然略少于 2004/2005 年榨季的,但整个榨季的降水量分布较为均匀,在 6 月和 8 月都处于降水盛期,恰好处于甘蔗需水量较大的伸长期;2004/2005 年榨季的降水量主要集中于 2004 年的 4 月和 7 月,4 月份较大的降水会对此时的甘蔗分蘖有一定的影响,8 月份以后的降水量

明显少于 2003/2004 年榨季,其中 2004 年的 10—12 月的日均降水量近于零,此时是宿根蔗的伸长盛期,水分胁迫严重影响到甘蔗的生长。2003/2004 年榨季的逐日太阳辐射的波动状况明显小于 2004/2005 年榨季,较大的太阳辐射波动对甘蔗的正常生长会有一定的不利影响。

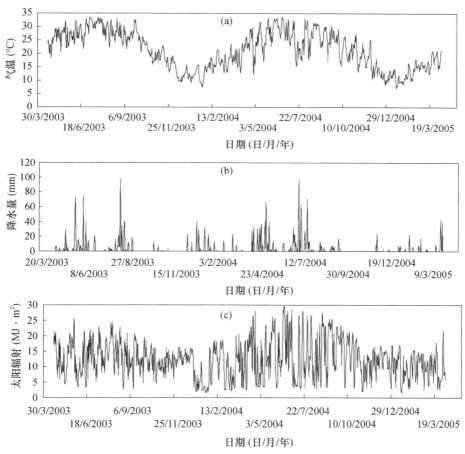

图 7.15　研究蔗地两个榨季气候因子
(a)平均气温;(b)降水量;(c)太阳辐射的时间分布趋势

7.5.2.4　甘蔗生育各阶段的划分

模型模拟的新植蔗和第一年宿根蔗的生育阶段划分如表 7.6 所示,两个榨季的甘蔗各生育阶段的所需时间都不相同。新植蔗从播种、萌芽到分蘖共需要 24 天,由于宿根蔗不需要播种,因此,从萌芽到分蘖仅需 8 d,所需时间仅为新植蔗的三分之一,体现了宿根蔗所具有的早期快速生长的特点。新植蔗的分蘖期需要 104 d,宿根蔗分蘖期则需要 117 d,稍长于新植蔗。甘蔗成熟后的砍收时间常常需要根据糖厂的生产日程进行安排,因此甘蔗成熟期的长短有较多的人为因素,但新植蔗和宿根蔗的伸长直至成熟所需时间都在 200 d 以上,是甘蔗整个生育期内最长、也是最重要的阶段。由以上模型的模拟分析可知,在两个榨季的不同的气候条件下,新植蔗和宿根蔗分别具有不同的生长发育特征。

表 7.6　连作甘蔗生育期各阶段的模拟划分

日期（日/月/年）	新植蔗				第一年宿根蔗			
	18/4/2003	11/5/2003	22/8/2003	16/4/2004	17/4/2004	24/4/2004	18/8/2004	9/4/2005
生育阶段	播种	分蘖	伸长	砍收	宿根萌发	分蘖	伸长	砍收
天数(d)	24		104	239		8	117	235

7.5.2.5　甘蔗农艺性状的模拟

图 7.16 显示,模拟的新植蔗和宿根蔗的农艺性状的逐日生长趋势极为相似,但新植蔗的各项指标均明显高于宿根蔗。新植蔗的 LAI 的最高值为 5.2,而宿根蔗仅为 4.5,甘蔗砍收时新植蔗的 LAI 在 4.8,而宿根蔗下降到 3.5。新植蔗的最终蔗茎产量为 73.6 t·hm^{-2},而宿根蔗仅为 47.6t·hm^{-2},新植蔗的最终地上部干重为 31 t·hm^{-2},而宿根蔗为 20.3 t·hm^{-2},新植蔗的蔗糖产量为 8.7 t·hm^{-2},而宿根蔗为 5.6 t·hm^{-2}。2004/2005 年榨季的蔗茎产量为 42.8 t·hm^{-2},比模拟产量还低。

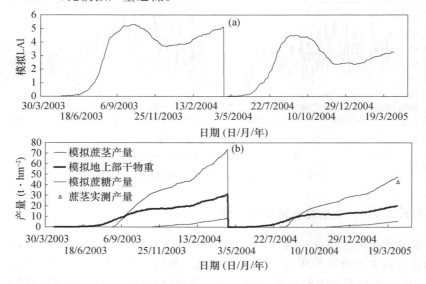

图 7.16　两个榨季甘蔗农艺性状的逐日生长趋势模拟

(a):LAI;(b)甘蔗产量构成

在对 2004/2005 年榨季前后蔗地土壤性质的空间变异研究中,发现该榨季土壤氮素处于耗竭状态,一些土壤养分在蔗地局部区域内也存在亏缺和耗竭状态,因此,宿根蔗产量低下的原因可能在于土壤氮素等营养元素的缺乏制约了甘蔗的正常生长。同时,造成新植蔗产量较高,宿根蔗产量低下的原因,与两个榨季的降水量分布趋势的差异有关,即宿根蔗受到的秋冬干旱要比新植蔗严重,导致宿根蔗的后期生长受到较为严重的水分胁迫。

7.5.2.6　甘蔗氮素营养特征的模拟

甘蔗地上部含氮量的时间分布趋势如图 7.17 所示。新植蔗由于整个生长过程中的生物量都大于同期的宿根蔗,因而含氮量也都高于宿根蔗。新植蔗的含氮量增长幅度高于宿根蔗,在生长后期地上部含氮量还在继续增加,表明新植蔗还在积累氮素。7.5.1.5 小节分析了高产蔗地(吨糖田)的新植蔗的地上部含氮量的累积特征,在水肥充足的情况下,甘蔗生长后期氮素代谢应该处于停滞状态,生理代谢应该转为碳素代谢,而本研究蔗地作为生产实践用地,受制于施肥、灌溉等不足,不能处于良好的生长环境中,使得生长期延长,成熟滞后,但为了后续榨季的按期耕作,在一年的生长期后按期砍收,因此新植蔗的蔗糖产量仅为 8 t • hm^{-2},远远低于 15 t • hm^{-2} 的高产"吨糖田"的标准。宿根蔗在伸长后期含氮量趋于稳定,不再增加,此时可能是甘蔗受制于水分缺乏的胁迫,生理代谢受到阻碍,生长趋于停滞状态。新植蔗和宿根蔗的最终地上部含氮量为 189 kg • hm^{-2} 和 113 kg • hm^{-2},远低于 7.5.1.5 小节所研究的高产"吨糖田"的地上部含氮量(243 kg • hm^{-2})。

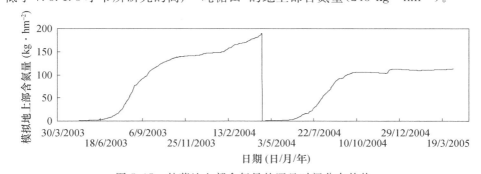

图 7.17　甘蔗地上部含氮量的逐日时间分布趋势

甘蔗每日需氮量的时间分布趋势(见图 7.18)与需水量的动态变化相符,反映出两者间具有密切的生理关系。2003/2004 年榨季的需氮量与地上部含氮量的动态趋势相符,即在砍收期间内还在生长,需要吸收一定量的氮素。2004/2005 年榨季生长后期停滞,需氮量很低。2003/2004 年榨季伸长期前(2003 年 8 月 22 日以前)的需氮量为 84 kg • hm^{-2},伸长期至最后砍收的需氮量为 182 kg • hm^{-2},该榨季需氮总量为 266 kg • hm^{-2},折算成尿素(46% 含氮量)为 578 kg • hm^{-2},考虑到旱地土壤氮肥利用率为 50%,因此施尿素总量至少要 1200 kg·hm^{-2},而该榨季的施用尿素总量为 525 kg·hm^{-2},因此甘蔗生长需要消耗土壤中的氮储存。2004/2005 年榨季在甘蔗生长前期的需氮量与 2003/2004 年榨季的相差不大,但在伸长前期的最大需氮量要低于 2003/2004 年榨季,9 月以后由于秋冬连旱,甘蔗生长缓慢,日需氮量低于 1 kg·hm^{-2},该榨季需氮总量为 159 kg·hm^{-2},折算成施尿素总量为 690 kg·hm^{-2},该榨季的施用尿素总量(525 kg·hm^{-2})仍不能满足甘蔗生长需要,甘蔗生长还需要消耗土壤中的氮储存。由此可知,在后续的榨季中必须要增大氮肥的施用量。

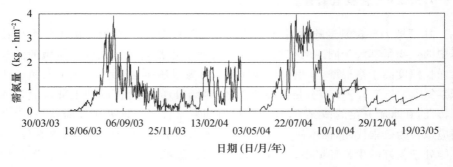

图 7.18 甘蔗需氮量的逐日时间分布趋势

7.5.3 2005/2006 年榨季水氮优化管理的实施

蔗地土壤性质时空变异研究反映了在经过一个榨季后各局部土壤养分的盈亏状况,为后续榨季的基肥精准化管理提供了依据,但还不能反映榨季中追肥的施用状况以及肥料利用效率等。甘蔗在长达 1 a 榨季的生长周期中,有几个阶段是养分最大需求期,追肥在甘蔗施肥管理中占极高的比重,单纯依靠基肥是远远不能满足这些阶段的甘蔗需肥要求的。

因此,氮肥的施用量和施用时间的合理安排对于甘蔗生长和蔗区生态环境都具有重要作用。APSIM-Sugarcane 模型对于前作或后续榨季的甘蔗逐日需氮量的模拟可为甘蔗的氮肥施用量和施用时间的制定提供指导。APSIM-Sugarcane 模型对甘蔗未来榨季的生长模拟必须要建立在对气象特征的准确模拟上,但由于亚热带地区的日降水量具有高度变异性,现在还没有很好的方法或模型对之进行精确预测。因此,在对未来的 2005/2006 年榨季的水氮施用量和施用时间的确定只能依据甘蔗生产周期中前两个榨季的模拟特征。

7.5.3.1 灌溉量和灌溉时期的确定

7.5.1 节对当前甘蔗种植周期的新植蔗和第一年宿根蔗的生长状况进行了动态的模拟研究,由于秋冬连旱发生时期与甘蔗生长的重要时期(伸长后期)相一致,因而气象灾害对甘蔗的生长及产量影响极大。宿根蔗榨季中由于 10—12 月连续 3 个月的零降水量,导致甘蔗生长严重受阻,部分甘蔗甚至干枯死亡。尽管广西蔗区普遍缺乏灌溉设施和条件,但如果能在甘蔗的水分最需求期通过运水车的运输进行少量的灌溉,可以有效缓解旱情,减少由干旱带来的减产。

在对研究蔗区的气象分析中,由于 2004/2005 年榨季的气候比较异常,而 2005/2006 年榨季的模拟气象要素分布特征与 2003/2004 年榨季的较吻合,故该榨季的灌溉量及时间安排均可参照 2003/2004 年榨季的模拟需水量进行。研究蔗地从甘蔗萌发至伸长前期都处于降水盛期,此时的降水量可以充分满足甘蔗生长的需求,只是在伸长期的中后期(9 月以后)遭遇到了秋冬连旱,故本研究只考虑甘蔗伸长期以后的灌溉状况。2003/2004 年榨季甘蔗生长后期(2003 年 8 月 22 日—2004 年 4 月 16 日)的模拟需水总量为 440 mm,而此期间的降水总量为 390 mm,缺水量为 50 mm(500 t·hm^{-2})。因此,在 2005/2006 年榨季的甘蔗生长后期,对于 1.5 hm^2 研究蔗地安排灌溉总量为 600 t·hm^{-2},即在 2005 年的 9—11 月这 3 个月中以每月 15 日以 200 t·hm^{-2} 的灌溉量采用运水车在蔗地上空喷洒模拟降雨的方式进行。

7.5.3.2　施氮量和施氮时期

研究蔗区 2004/2005 年榨季开始前和结束时的各土壤养分状况,除碱解氮外,其他的土壤养分含量整体上都有不同程度提高。碱解氮含量在整个蔗地土壤中的减少反映在该榨季中的氮肥施用量不够,该榨季的尿素总施用量为 525 kg·hm^{-2},折合纯氮 240 kg·hm^{-2},考虑到旱地作物的 50% 的氮肥利用率,因此,最后仅有 120 kg·hm^{-2} 的氮素可被甘蔗利用。作为基肥施用的堆沤肥由于 C∶N 较高(约 80∶1),对土壤氮素积累不仅没有贡献,并且还要消耗氮素(微生物作用)。因此,要提高该蔗地的甘蔗产量,必须要加大氮肥施用量,Zu 等(2018)应用 Qcane 模型的模拟研究也指出,氮素胁迫是影响我国甘蔗产量提升的关键因素。

该蔗地在上个榨季土壤碱解氮的空间分布显示碱解氮都处于中等含量水平,各局部相差不大,考虑到甘蔗生长的密集性,在后期氮肥的追肥分区施用有较大的操作难度,故仍旧采用整块蔗地均匀施用的施肥方法。综合考虑高产甘蔗实验地的氮肥施用量和甘蔗氮肥优化管理研究的相关文献报道(赵炳华　等,1999;王维赞　等,2001;何炎森　等,2002)以及该农场的实际生产状况,确定该蔗地在 2005/2006 年榨季的氮肥总量为尿素 800 kg·hm^{-2}。

在甘蔗生产过程中,氮肥的施用比例和时间一般是在下种时施用 15%,分蘖前施用 25%,70% 施用在伸长期(王秀林　等 1994)。由于气候、土壤和甘蔗品种等差异以及糖厂开榨的生产安排,各蔗地的甘蔗生长期不尽相同,施氮时期的安排也相应不同。2005/2006 年榨季开始于 2005 年 4 月 10 日,与 2003/2004 年榨季起始时间相似,且由于天气特征相似,故施氮量及时间安排参照 2003/2004 年榨季的模拟需氮量进行。2005/2006 年榨季的氮肥施用量及施用时期如表 7.7 所示。三次施肥均采用在种植行的根两侧条施覆土的方式进行。研究蔗地的种植行共计 100 行,作基肥的尿素在每行两侧各施用 0.6 kg,然后再施用其他化肥和有机肥。分蘖肥则在种植行每行两侧各条施 1 kg 尿素。攻茎肥则在种植行每行两侧各条施 2.4 kg 尿素。

表 7.7　2005/2006 榨季氮肥施用计划

	基肥	分蘖肥	攻茎肥
施用时间	2005 年 4 月 10 日	2005 年 5 月 20 日	2005 年 9 月 1 日
尿素用量(kg·hm^{-2})	120	200	480

7.5.3.3　水氮优化管理实施结果

按照上述的水氮优化管理,结合其他养分的施用管理方法(同前两个榨季),对 2005/2006 年榨季进行具体实施。在 2006 年 4 月 10 日进行砍收和测产,甘蔗的各项农艺性状平均值和蔗茎产量、蔗糖分含量如表 7.8 所示。相对于 2004/2005 年榨季的农艺性状,2005/2006 年榨季的甘蔗各项农艺性状都有一定程度的提高,茎长提高了 19 cm,茎径提高了 0.23 cm,单茎重提高了 0.17 kg,蔗糖含量提高了 2%,蔗茎产量则提高了 27.4 t·hm^{-2},反映了增施氮肥和在甘蔗伸长后期的及时灌溉增产效果。蔗地 5 个随机采样点的土壤碱解氮的平均含量为 91.2 mg·kg^{-1},稍高于 2005 年的平均含量,表明土壤氮素储存有所提高。

表 7.8　2005/2006 榨季甘蔗农艺性状和产量

	茎长(cm)	茎径(cm)	单茎重(kg)	蔗茎产量(t·hm^{-2})	蔗糖含量(%)
2005/2006 年榨季	297.2	2.68	1.65	70.2	13.2
2004/2005 年榨季	278.3	2.45	1.68	42.8	13.0

7.5.4　Apsim—Sugarcane 应用于不同播期甘蔗生长状况研究

受糖厂榨季榨糖能力影响,我国的糖料甘蔗砍收、新植蔗种植、宿根蔗萌芽等的时间常常相差较大,因甘蔗生长期内的光温水肥等利用状况不同而使产量和品质有所差异。在我国,关于播种期对作物影响的有关报道主要集中在玉米、水稻、果蔬等作物,而在甘蔗播期方面的研究较少。应用 APSIM-Sugarcane 模拟预测试验区 3 个播期处理的桂糖 32 号的逐日的生长、产量、品质状况以及蔗区土壤养分的动态变化。通过实际生长状况、产量及品质,研究不同播期条件下对于桂糖 32 生长的影响。

7.5.4.1　研究区试验方案

试验布设于广西大学农学院实验基地,土壤是发育于第四季红土母质的赤红壤,试验区上作亦为甘蔗(新台糖 22 号)。试验地处南亚热带季风湿润气候类型区,年平均气温 21.6 ℃,年平均降水量 1300.6 mm,4—9 月降水量占全年降水量 79.8%。

于 2015 年 1 月、3 月、4 月三期栽种,分别设为 J 组、M 组和 A 组;追肥期分为 1,2 两组,1 组于播期后 100 d 追肥,2 组于播期后 80 d 追肥;共设 6 个处理 J1,J2,M1,M2,A1,A2(字母代表播期处理,数字代表追肥期处理),两组平行。通过同一年份的冬、春、夏划分播期,播期后 80 d、100 d 划分追肥期。

所有处理均在播种当天施基肥,每个小区施用尿素 7.9 kg、钙镁磷肥 10 kg、硫酸钾 3.2 kg。追肥每个小区尿素 3.9 kg、硫酸钾 4.8 kg、不再追加磷肥。没有灌溉。

7.5.4.2　土壤养分参数状况

种植甘蔗前(2015 年 1 月 22 日)进行土壤剖面采样,土壤养分参数如下:土壤 0~30 cm 土层平均 pH 5.85,全碳 23.32 g·kg^{-1},有机质 37.90 g·kg^{-1},碱解氮 70.43 mg·kg^{-1},铵态氮 85.61 mg·kg^{-1},硝态氮 78.69 mg·kg^{-1},速效磷 68.58 mg·kg^{-1},速效钾 86.77 mg·kg^{-1},全氮 0.19 mg·kg^{-1},全磷 0.33 g·kg^{-1},全钾 12.07 g·kg^{-1}。

7.5.4.3　Apsim—Sugarcane 对不同播期甘蔗生长状况模拟

甘蔗的鲜茎产量、地上部分总干物质(已脱落老叶部分不在其中)、茎干物质量以及蔗糖产量能反映出甘蔗在本榨季的基本生产情况。图 7.19、图 7.20 和图 7.21 为这几项指标的 APSIM 模型模拟值与实际测量值的动态对比情况。因为桂糖 32 号是高产高糖品种,模拟中选用类似的高产品种 m55560 作为代替。

在鲜茎产量的模拟中,J 组甘蔗从 6 月中旬,M、A 组从 7 月上旬开始长出真正意义上的有效茎,此时正是甘蔗发育的伸长期,在之前的鲜茎产量非常低。模拟结果为 J1>M1>A1,与实际产量关系吻合。收获期平均模拟值 J、M、A 组分别为 10586.7 g·m^{-2}、9890.3 g·m^{-2}、9862.1 g·m^{-2}。J 组鲜茎模拟值在后期普遍低于实测值,收获时 J1 模拟值比实测值低 9.85%,J2 模拟值比实测值低 9.20%;M 组偏差在 3.0% 以内,拟合良好;A1 模拟值比实测值高 36.90%,A2 模拟比实测值高 18.25%,A 组偏差严重。

在蔗糖产量的模拟中,甘蔗在 7 月前产糖量非常低,当进入伸长期后期,生物量累积到一定程度时产糖开始。结果表明 J 组模拟值最高为 1865.2 g·m^{-2},A1 最低为 981.9 g·m^{-2},与实际关系吻合。J 组、M 组、A 组模拟值与实测值拟合良好。

　　在干物质产量的模拟中,到了各自伸长期后总干物质与茎干物质基本是平行升高,说明后期甘蔗叶干物质变化不大,新老叶的更替正好让叶片生物量持平。J组、M组、A组的生物量模拟值与实测值拟合的决定系数分别为 0.96、0.93、0.99。

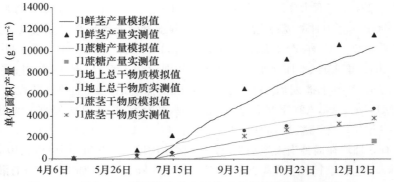

图 7.19　播期在 1 月份的甘蔗产量构成的模拟值与实测值状况

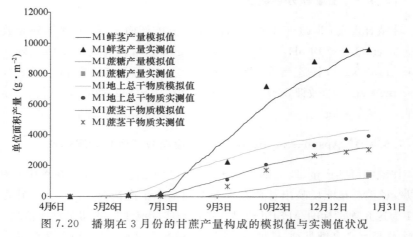

图 7.20　播期在 3 月份的甘蔗产量构成的模拟值与实测值状况

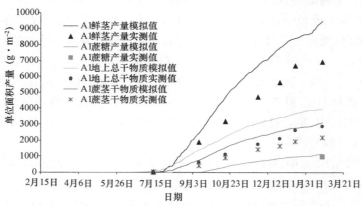

图 7.21　播期在 4 月的甘蔗产量构成的模拟值与实测值状况

综合来说,大部分农艺性状拟合表现良好,模型能够反映因为播期、追肥期的不同甘蔗产量间的增减关系,但也存在拟合差的情况(A 组)。本榨季中 J 组产量最接近桂糖 32 号的实际生产能力,M、A 组都有不同程度的减产,所以总体上模型结果略微低估了桂糖 32 号的产量水平,而且对于 A 组这样因为播期和追肥期原因大量减产的情况模拟精度较低。

7.6　甘蔗生长模拟模型发展前景

7.6.1　作物模拟模型存在的共性问题

王文佳等(2012)对国外主要作物模型的研究进展与存在问题做了归纳和总结,指出各作物模型各有优势,但同时也存在一些共同困难。

由于目前作物模型多是半经验半机理性的,模拟精度不够,还需在生理生态机理上仍需作深入的研究并且进一步加以完善;另外,模型开发时是假设在田间条件均一的理想情形下进行的,但实际土壤往往存在高度的空间变异性,而且多种限制因素和不可测减产因素重叠发生,使外界实际条件超出了模型边界条件的有效范围。这是模型模拟结果出现偏差的一个重要原因。

作物模型获取参数多,难以操作。作物模型机理性越强,模拟越精确,运行过程需要的参数就越多,参数的获取及可靠性是影响模型精确模拟应用的关键问题。但目前,与作物模型应用相匹配的参数获取、估算与计算方法还很不完善。因此,需要在保证作物模型准确性的前提下,对输入参数变量进行简化、优化和格式标准化。

作物模型模拟结果选优存在困难。如何选择和判断模型模拟结果的精确性和准确性是模型应用中最重要的一步。但是目前对于作物模拟模型的可靠性验证与有效性检验还存在一定困难,通常采用模拟值与实测值是否一致、模型模拟曲线拟合程度等来判断模型的优劣。模型优劣往往与检验结果并不一致,因此,研究有效的模型检验和对比选优方法比继续开发新模型显得更为重要。

作物模型在时空上外推时存在困难。作物模型通常是在某个均质小区域开发和验证的。因此,在引进模型时,首先要用本地实测资料对模型中的一些重要参数(如遗传参数、土壤参数等)进行调试或者校准,然后再用另一批数据进行检验,以保证得到较好的模拟结果。目前的做法主要是以少数试验数据得到参数的大致取值范围,然后在此范围内反复调试参数,直至模拟的发育期和生物量数值与观测值的误差在给定的允许误差范围内,最终得到比较合理的参数。然而,有些参数调试过程往往只是纯数学意义上的多变量优化算法。如果只利用有限地点、有限年份的观测资料单纯调试参数，就有可能出现部分变量模拟效果较好，但其生物学意义或科学意义有纰漏的现象。

由于大多数作物模型都是在田间尺度上建立和检验的，如何将其从田间尺度扩展到区域尺度，是模型在空间上外推时面临的另一个问题。目前，通常采用的办法是结合地学统计方法处理空间变异信息，如结合地理信息系统（GIS）空间分析技术，将空间不均匀的气候、土壤、作物、水文要素划分成均质性单元（分区），然后在每个单元分别运行作物模型，最后再通过 GIS 的空间分析能力将各单元模拟结果进行综合表达，从而得到模拟结果的空间分布，该方法已被普遍采用。

农作物产量的变化取决于天气条件状况，因此，作物模型预测的准确程度很大程度上取决于对作物生长期逐日天气预报的能力和准确度，但还没有一个较好的解决办法。目前，作物模型在进行长时间序列的预测时，往往是结合天气发生器进行。但天气发生器等算法很难适用于模拟预测极端气候；另外，天气发生器生成的天气条件的不确定性，又增大了作物模型模拟结果与实际的差异。

7.6.2　甘蔗模拟模型发展前景

目前作物模型的进一步发展重心，已经从继续开发新的作物模型上转移到对现有作物模型的集成和综合，同时模型相关的检验和选优方法以及资金支持和人才储备也得到足够重视。作物模型是农田生态系统的一个研究工具，模型的模拟精度取决于模型中的各个计算方程，模型的继续发展也离不开大田试验实测数据支持，因此，作物模型和大田试验在农业研究中相辅相成，缺一不可（王文佳　等，2012）。

甘蔗生长模型未来的发展趋势，一方面，从宏观上加强与遥感技术、GIS 的结合，建立更加完善的基于作物生长模拟的作物生产计算机决策管理系统；另一方面，从生命科学上与植物生理学、基因组学结合，将生理指标、表型性状和分子标记、等位基因信息通过数学模型和模型参数联系起来，通过基因信息与数学模型的结合来预测基因对环境的反应（毛钧　等，2017）。此外，多种作物模型联合比较与改进国际合作项目（Ag MIP）也为甘蔗模拟模型综合性发展提供了广阔平台（Rosenzweig，2013）。随着不同学科技术的相互交融及深入研究、生态农业、大数据数字化农业的发展，以甘蔗生理基础为背景的生长模型对产量和糖分的模拟预测将更加准确，用其评估不同管理措施下的甘蔗生产潜力，将为农业管理提供更为科学的依据。

第8章　甘蔗光合、生长和发育的模拟

甘蔗(Saccharum L. spp.)是一种多年生草本植物,主要分布在南北纬30°之间的广大地区。热带和亚热带湿润气候条件下充足的水分和热量供应,超长的生长季(9~24个月),稠密的叶片可吸收大部分达到冠层的阳光,能利用C4光合途径,使甘蔗成为世界上生物产量最高的作物之一(Irvine,1983)。有证据表明,甘蔗的最大干物质产量超过 100 t・hm^{-2}・a^{-1} (Irvine, 1983；Wacla-wovsky et al., 2010)。全世界2/3的食糖是蔗糖。作为世界第一大糖料作物,甘蔗产量的变化对食糖安全有至关重要的影响。

出于生产实践的需要,人们研发了若干甘蔗生长模型。按干物质累积的模拟方法可分为光能利用途径(如 Canegro(Inman-Bamber,1991)和 APSIM-Sug-arcane(Keating et al., 1999))和光合与呼吸途径(如 QCANE(Liu et al., 2001))。光能利用率(RUE)被广泛用于模拟多种作物的生长(Whisler et al., 1986),是估算陆地生态系统净初级生产力的有效方法(Choudhury,2000)。对于特定的生物/环境条件下生长的作物,采用生物量–辐射关系进行作物生长模拟是有效的。但如果田间管理和土壤水分、养分显著改变了作物生长的条件,RUE 也将随之改变。为克服 RUE 不稳定带来的模拟误差,人们在模型中考虑温度、水分和氮素胁迫的影响,对 RUE 进行修订(如 Inman-Bamber,1994a；Keating et al,1999)。

模拟光合作用的常见方法是利用辐射在冠层内分布的日变化模式将叶片瞬时光合速率整合到日和冠层尺度。叶片瞬时光合速率的光响应由直角或非直角双曲线模型(Thornley,1976)描述。观测到的甘蔗的最大光合速率(P_{max})范围在 20~60 $\mu mol・m^{-2}・s^{-1}$,平均约为 35 $\mu mol・m^{-2}・s^{-1}$(Sage et al.,2014)。温度、叶氮含量、比叶重、前期光照历史通过调节最大光合速率来影响光合作用(Boote & Loomis,1991)。呼吸作用由生长呼吸和维持呼吸构成,分别是光合产物和生物量的函数,可在全株或器官、组织水平计算。维持呼吸占现存生物量的比例强烈地依赖于温度和植物氮素水平(de Wit et al.,1970)。

甘蔗营养生长期对光周期不敏感,这使得温度成为甘蔗发育的驱动因子。作物发育模拟主要有生长度日法(如 Canegro 模型(Inman-Bamber,1991；Sin-gels et al.,2008))和生理发育时间法(如 QCANE 模型(Liu et al.,1998)和

APSIM-sugarcane 模型(Keating et al. ，1999))。生长度日法用高于基础温度的日平均气温计算有效积温，特定品种的甘蔗发育速率是恒定的。生理发育时间法将三基点温度(基础温度、最佳温度和上限温度(Ceiling temperature))引入有效积温的计算，并考虑温度日变化影响。特定品种的甘蔗发育速率随温度变化，低于或高于最佳温度的甘蔗发育速率都变小(Liu et al. ，1998；钟楚等，2012)。甘蔗的基础温度和有效积温随甘蔗品种和发育阶段不同而发生变化。

我国甘蔗模型研究起步较晚。陈凯荣等(2010)基于田间观测模拟了甘蔗光合、呼吸和干物质动态，与田间观测结果吻合较好。由于缺少甘蔗发育、干物质分配和土壤水分、氮素等相关模块，尚不能构成一个完整的甘蔗生长模型。为尽快提高我国甘蔗生产的管理水平，有必要引进国外成熟的甘蔗模型。黄智刚和谢晋波(2007)应用 APSIM-sugarcane 模型对南宁甘蔗产量进行模拟和验证，取得较好效果。现有甘蔗生长模型中，QCANE 模型虽不如 APSIM-Sugarcane 和 Canegro 应用广泛，但它对甘蔗生理生态过程的模拟较为细致、深入，有较好的发展前景。

我国是食糖生产和消费大国，所产食糖 90％以上是蔗糖。甘蔗种植在我国农业生产中占有重要地位。然而长期以来，我国蔗糖生产不能满足国内需求，且生产成本偏高。改革开放以来，随着甘蔗优良品种的引进和推广，灌溉设施的改善，化肥投入的增加，我国蔗糖产业取得了突飞猛进的发展。全国甘蔗种植面积增加了 2 倍以上，单产也增加了 80％。2006 年后甘蔗单产开始徘徊不前，甘蔗种植面积也大体趋于稳定(国家统计局，2014)。在现有生产管理条件下，我国甘蔗实际产量与潜在产量之间还存在较大差距，甘蔗生产还有较大的潜力可挖。

我国甘蔗产区主要分布在热带和亚热带，包括广西、云南、广东西部和海南等省区，其中广西和云南的甘蔗种植面积和蔗糖总产均占全国的 80％以上(国家统计局，2014)。本章用广西、云南的田间观测数据对 QCANE 模型进行标定和验证，通过模型参数本地化，提高甘蔗产量模拟的精度，以期对指导我国亚热带地区甘蔗生产、准确预测甘蔗产量有所帮助。

8.1　研究方法

8.1.1　观测地点介绍

甘蔗的光合、生长和发育观测分别在云南开远、广西河池侧岭的甘蔗试验田进行。两地的气候和土壤信息见表 8.1。云南省农业科学院甘蔗研究所的试验基地(23°42′N,103°15′E,海拔 1055 m)位于云南省开远市,地处云南高原南部,红河州中部,属亚热带高原季风气候。辐射较强,具有夏长无冬、春秋相连、日温差大,干湿季明显、常年多干旱的气候特点。年平均气温比较稳定,年际变化甚微,雨热同期而无酷暑。土壤为旱地红壤,呈微酸性,有机质含量为 2.26%(见表 8.1)。

广西壮族自治区河池市金城江区侧岭乡(24°52′17″N,107°44′5″E,海拔520 m),地处广西西北边陲、云贵高原南麓,属中亚热带向南亚热带过渡的季风气候,辐射适宜,热量丰富,无霜期长,雨量充沛。土壤为黏壤土,呈微酸性,有机质含量为 2.76%(见表 8.1)。当地主要农作物为水稻、甘蔗、玉米等。

表 8.1　观测地点气候、土壤特征

观测地点	省份	年日照时数 (h)	年平均气温 (℃)	年降水量 (mm)	土壤有机质 含量(%)	土壤 pH
开远	云南	2200	19.8	800	2.26	6.20
侧岭	广西	1500	20.4	1470	2.76	5.93

8.1.2　实验观测与数据搜集

8.1.2.1　甘蔗光合观测

2016 年 7 月在云南省农业科学院甘蔗研究所内的甘蔗试验田开展甘蔗叶片光合观测。观测选在晴天 09:00—12:00 进行。供试甘蔗品种为桂糖 02—467。于田间选取有代表性的 3 株甘蔗,用便携式光合作用测定仪(LI-6400XT,Li-Cor Inc.,USA)测倒 2 叶的光合作用对光照的响应。光强梯度设置为:2000,1800,1600,1400,1200,900,600,400,200,150,100,50,0 μmol・m^{-2}・s^{-1}。样品室 CO_2 浓度设为 400 μmol・mol^{-1}。测定前对叶片进行光强为 2000 μmol・m^{-2}・s^{-1} 的光诱导,持续约 15 min,仪器稳定后开始正式观测。观测时叶片位置保持在植株的原方位。每个光强下的光合观测时间为 120~180 s。同时测定叶室内气温、叶温、相对湿度、光合有效辐射和气孔导度等。观测期间的叶室内气温约为 30 ℃。甘蔗叶片的光合光响应曲线由直角双曲线拟合:

$$P_n = \frac{\alpha P_{\max} I}{P_{\max} + \alpha I} - R_d \tag{8.1}$$

式中,P_n 为净光合速率(单位:μmol・m^{-2}・s^{-1}),$P_{\max}$ 为光饱和时的最大净光合作用速率(单位:μmol・m^{-2}・s^{-1}),α 为初始光能利用率,I 为光合有效辐射(单

位：$\mu mol \cdot m^{-2} \cdot s^{-1}$），$R_d$ 为暗呼吸速率（单位：$\mu mol \cdot m^{-2} \cdot s^{-1}$）。

8.1.2.2　甘蔗生长、发育观测

2014—2016 年在广西侧岭的蔗田开展甘蔗生育期、株高、叶面积和生物量观测。观测期间的蔗田管理情况见表 8.2。供试甘蔗品种均为桂糖 94－119。田间设 3 个固定调查点，每点连续 10 株，每 10 d 观测 1 次发育期、株高。在甘蔗进入下一发育阶段的前后加密观测发育期，以 50% 以上的植株进入下一发育阶段为达到该发育期的标准。在主要发育期测定甘蔗种植密度。在株高达到最高后停止株高观测。

定期取样测定甘蔗生物量、叶面积。每次分三点取样，每点随机选取有代表性的 5 株甘蔗。用百分之一电子天平称茎、叶鲜重，送入烘箱中105 ℃杀青 1 h，再 85 ℃烘干至恒重，称取干重。每月测定茎干鲜重 1 次、叶干鲜重 2 次。每周测定 1 次叶面积，由叶面积仪（Yaxin-1242，北京雅欣理仪科技有限公司生产）测定。甘蔗工艺成熟后，定期钻取蔗茎汁，用手持式折光仪（WYT，成都泰华光学有限公司生产）测定锤度，测量范围是 0～80%，精度 1%。收获前测产，分 4 点取样，每点连续 10 株，称取茎鲜重，结合种植密度计算甘蔗产量。蔗糖分采用下式计算：

$$S_c = 1.05B_c - 6.845 \tag{8.2}$$

$$Y_s = Y_c S_c \tag{8.3}$$

式中，B_c 为平均锤度（单位：%），S_c 为蔗糖分（单位：%），Y_c 为甘蔗产量（单位：$t \cdot hm^{-2}$），Y_s 为蔗糖产量（单位：$t \cdot hm^{-2}$）。公式（8.2）中的系数由广西博东糖厂提供。

表 8.2　侧岭甘蔗田间管理情况

甘蔗类型	年份	播种时间（月/日）	收获时间（月/日）	施肥时间（月/日）	施肥量（kgN·hm^{-2}）
新植蔗	2014	2/20	1/20*	5/28	250.5
宿根蔗	2015	1/21	1/20*	3/15	305.4
				5/28	250.5
宿根蔗	2016	1/21	12/31	3/8	05.4
				5/14	250.5
				6/23	228.7

注：* 表示次年。

8.1.2.3　气象数据

甘蔗生长模型（QCANE）需要输入的气象数据包括日最高和最低气温、日

最高和最低相对湿度、总辐射、风速、降水,由当地气象观测台站获取。由于气象站一般没有辐射观测,需将日照时数转换为辐射,由以下公式计算:

$$R_s = R_a \left(a + b \, \frac{SH}{SH_x} \right) \tag{8.4}$$

式中,R_s 和 R_a 分别为地面和大气层顶部的太阳总辐射(单位:$MJ \cdot m^{-2} \cdot d^{-1}$);$SH$ 实际日照时数;SH_x 最大可能日照时数;a 和 b 为系数,取自距离最近的辐射观测站(Chen et al.,2004)。

8.1.2.4　土壤参数

研究地点的土壤参数来自面向陆面过程模拟的中国土壤水文数据集,由北京师范大学提供(Dai et al.,2013)。该数据集为栅格格式,分辨率为 30 弧秒,采用 NetCDF 格式存储。按侧岭的经纬度提取所在栅格的土壤理化参数,见表 8.3。

表 8.3　侧岭研究地点的土壤参数

土层深度 (cm)	凋萎系数 ($cm^3 \cdot cm^{-3}$)	田间持水量 ($cm^3 \cdot cm^{-3}$)	饱和含水量 ($cm^3 \cdot cm^{-3}$)	相对有效土壤含水量 (%)	有机碳含量 (%)	土壤容重 ($g \cdot cm^{-3}$)	pH 值
0~4.5	0.164	0.313	0.483	1.00	1.623	1.222	6.00
4.5~9.1	0.164	0.313	0.483	1.00	1.598	1.261	6.16
9.1~16.6	0.166	0.316	0.482	1.00	1.619	1.301	5.63
16.6~28.9	0.175	0.311	0.452	0.33	1.509	1.375	6.44
28.9~49.3	0.177	0.311	0.452	0.33	1.243	1.485	6.65
49.3~82.9	0.172	0.302	0.445	0.00	0.823	1.470	6.49

8.1.3　QCANE 模型模拟

8.1.3.1　模型介绍

QCANE 是澳大利亚糖业试验总局(BSES)研发的一款甘蔗生长模拟模型(O'Leary,2000)。QCANE 模型以甘蔗生理过程为基础,针对糖分积累,结合光合作用、呼吸作用等生理指标进行模拟。与以往采用日平均气温计算积温不同,QCANE 发育模块用日最高、最低气温计算积温,以考虑温度日变化对发育进程的影响(Liu et al.,1998)。其光合模块用直角双曲线方程描述叶片光合作用的光响应;结合光的日变化和在冠层内的衰减,将光合作用上推至日和冠层尺度,并考虑叶片氮含量和温度的影响(Liu et al.,1996)。在 QCANE 模型中,甘蔗被分为四个部分:叶、叶鞘(Non-millable top)、茎和根。每日同化的碳被分配到各部分用于生长、糖分累积和呼吸消耗(见图 8.1)(Liu et al.,2001),在不同生育阶段受不同温度函数控制。通过模拟季节变化和节间年龄对茎含水量的影响估计甘蔗产量(茎鲜重)(Liu et al.,2003)。QCANE 模型的优势在于它能模拟作为碳源的蔗糖提供作物日常的碳结构以及维护作物对碳的需求。其土壤模块借鉴 CERES 模型,分层模拟根系生长、土壤水分和碳氮动态过程。QCANE模型在考虑土壤参数、气象条件(如温度、降水、辐射、相对湿度和风速)、作物特性(如生长周期、宿根与新植、光合能力和干物质分配系数等)和田间管理(施肥、灌水等)的基础上,以日为时间步长模拟甘蔗生长发育。

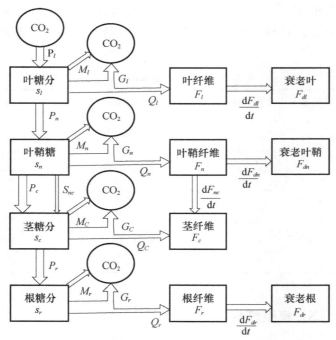

图 8.1　QCANE 模型主体结构框图(引自:Liu et al.,2001)。其中,P_l 是叶片光合作用生成的碳水化合物,P_n、P_c 和 P_r 分别是分配到叶鞘、茎和根的碳水化合物;G_i 和 M_i 分别是各个部分的生长呼吸和维持呼吸;Q_i 是各部分纤维的生长速率;l、n、c 和 r 分别代表叶、叶鞘、茎和根

8.1.3.2　模型标定

作物品种遗传参数是作物与环境关系的一种量化表达,不同环境条件和作物品种具有不同的遗传参数(Xiong et al.,2008)。澳大利亚甘蔗的品种特性、

种植环境和栽培管理模式与我国有很大不同。由于 QCANE 模型的土壤参数和蔗田管理信息主要从外部输入,我们重点调整模型的作物参数。

侧岭前两年蔗田观测数据用于模型调参。调试前的准备工作包括:(1)将站点的蔗田管理数据、分层土壤参数和相应气象站点的气象观测数据整理成 QCANE 模型的输入格式;(2)搜集模型所需作物参数,如甘蔗发育、光合和干物质分配参数等。参数可以来自实验观测、文献或模型调试。若参数由当地田间实验观测得到,可直接使用,无需再调。

本研究中,用于模型调试的甘蔗数据分为四部分:生育期,株高,器官干重和叶面积,以及器官鲜重。相应地,模型调试也分四步进行。QCANE 模型中,甘蔗发育和株高增长主要受温度控制,计算较为简单,模拟相对独立,可分别单独调试这两部分参数。等甘蔗发育和株高的模拟参数确定后,再进行干重和叶面积模拟参数的调试,最后是鲜重模拟参数的调试。

QCANE 模型中,澳大利亚甘蔗的发育参数(基础温度和有效积温)采用动态基础温度法通过迭代运算得到的(Liu et al.,1998)。该方法用于我国甘蔗发育参数的计算时,大部分甘蔗品种的计算效果都不太理想,以至于难以获得一个甘蔗品种包括各发育阶段在内的一套完整发育参数。有鉴于此,我们将基础温度和有效积温设定为固定值。基础温度来自文献报道,有效积温通过模型调试得到。

模型调试采用试错法。对要调试的参数,先根据文献或经验给定一个初值,逐步增减,同时保持其他参数不变,运行模型,比较不同参数数值组合的模拟结果与实测值得吻合程度。如误差较大,进一步调整参数值,再运行模型,直到误差降至最低为止,确定该参数的终值。重复上述步骤逐个调试其他参数,直到全体参数组合的模拟结果与实测值的误差最低为止。

8.1.3.3　模型验证

将修订后的甘蔗生长发育参数带入 QCANE 模型,模拟第三年侧岭甘蔗的株高、叶面积指数(LAI)和生物量,并用田间观测数据验证。将模型输出的模拟值与实测值比较,除二者线性拟合的斜率、截距、相关系数(r)外,还用平均相对误差(MRE)、标准均方根误差(NRMSE)和一致性指数(IA)来评价模型模拟的精度。其中,NRMSE 和 IA 的计算公式如下:

$$NRMSE = \frac{\sqrt{\dfrac{1}{n}\sum_{i=1}^{n}(y_i - x_i)^2}}{x_i} \tag{8.5}$$

$$IA = 1 - \frac{\sum_{i=1}^{n}(y_i - x_i)^2}{\sum_{i=1}^{n}(|y_i - \bar{x}| + |x_i - \bar{x}|)^2} \tag{8.6}$$

式中：y_i 为第 i 个模拟值，x_i 第 i 个实测值，$\bar{x}$ 平均实测值，n 样本数。标准均方根误差（NRMSE）用于说明数据的离散程度，无量纲。MRE 和 NRMSE 越接近 0，说明数据越集中，模型的模拟效果越好。IA 是均方误差与可能误差的比率，取值在 0～1，1 代表模拟值与实测值完全一致，0 表示完全不一致。斜率、相关系数的值越接近于 1，模拟效果越好。

8.2 结果与讨论

8.2.1 甘蔗叶片光合光响应的模拟

采用直角双曲线模型（公式（8.1））模拟甘蔗叶片光合作用对光照的响应。光照较弱时，甘蔗叶片净光合速率（P_n）随光合有效辐射强度（I）增加呈线性迅速增加，其斜率为初始光能利用效率（α）；当 $I > 200$ μmol·m^{-2}·s^{-1} 后，随 I 增加 P_n 的增速变缓，并逐渐趋近一最高值，即最大光合速率（P_{max}）（见图 8.2）。本研究中，直角双曲线模型模拟的甘蔗叶片光合的光响应曲线与实测值吻合较好。二者拟合直线的斜率为 0.992，相关系数达到 0.996（$P < 0.001$）（见图 8.3）；平均相对误差（MRE）和相对均方根误差（NRMSE）较小，分别为 5% 和 6%；一致性指数（IA）为 0.998，接近于 1。

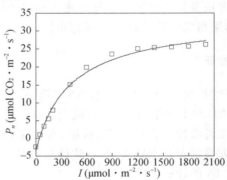

图 8.2 直角双曲线模型拟合的甘蔗叶片光合作用的光响应曲线

（线为模拟值，点为实测值，2016 年在开远测定）

本研究所得甘蔗叶片的 P_{max} 为 1620 μgCO$_2$·m^{-2}·s^{-1}，略高于 QCANE 原值（1570 μgCO$_2$·m^{-2}·s^{-1}）。α 为 18.27 μgCO$_2$·J^{-1}，高出原值（10.88 μgCO$_2$·J^{-1}）约 70%（见表 8.4），甚至高于 Hartt 等（1967）报道的最大 α（16.08 μgCO$_2$·

J^{-1})。当然,这个最大值是 50 年前得到的,随着甘蔗品种不断改良,栽培技术不断提高,现今甘蔗品种的 α 值超出以往的最大 α 值是有可能的。初始光能利用率表征的是植物叶片对弱光的利用能力。澳大利亚甘蔗种植较稀(行距 1.5 m),不如我国甘蔗种植密度高(行距 1 m)(见表 8.4),且澳大利亚蔗区的光照较为充足,甘蔗冠层稀疏,冠层内部叶片受光良好。长期处于充足光照环境下的甘蔗品种,其叶片对弱光利用能力低是有可能的。

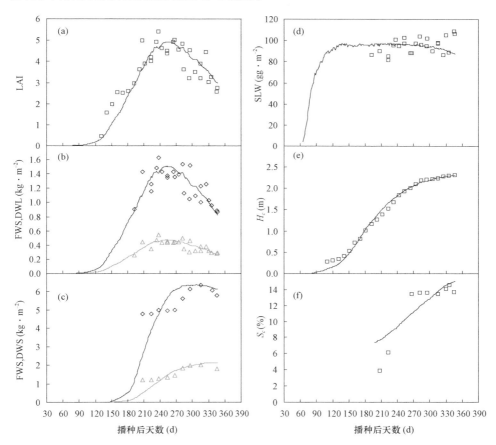

图 8.3　甘蔗叶面积指数(a)、生物量(b,c)、比叶重(d)、株高(e)、蔗糖分(f)和季节变化
(点为实测值,2016 年在侧岭测定;线为模拟值,由 QCANE 模型模拟。FWL 为叶鲜重,DWL 为叶干重,
FWS 为茎鲜重,DWS 为茎干重。图中菱形点为鲜重,三角点为干重。其他符号含义见表 8.6)

有研究表明,P_{max} 受温度影响,温度过高或过低时 P_{max} 减小(Booteet al.,1991)。本研究中,甘蔗叶片光合的光响应曲线是在 30 ℃(叶室内气温)下测定的。30 ℃是甘蔗光合作用的最佳温度,所测 P_{max} 代表了温度最佳状况下的值。

表 8.4 QCANE 模型中部分甘蔗参数的原值与修订值

参数	符号	单位	原值[1]	修订值[1]	修订值来源
基础温度（萌芽期）	$T_{b,e}$	℃	11.5	13.0	张跃彬等,2013
有效积温（萌芽期）	θ_e	℃·d	161	220/131	模型调试
基础温度（幼苗、分蘖期）	$T_{b,a}$	℃	12.9/12.3[2]	15.0	张跃彬等,2013
有效积温（幼苗、分蘖期）	θ_a	℃·d	1120/965[2]	750/690	模型调试
最佳温度	T_o	℃	30.0～32.0	30.0	张跃彬等,2013
最高温度	T_c	℃	36.0～40.0	40.0	钟楚等,2012 张跃彬等,2013
最大光合速率	P_{max}	$\mu gCO_2 \cdot m^{-2} \cdot s^{-1}$	1570	1620	观测数据拟合
初始光能利用率	α	$\mu gCO_2 \cdot J^{-1}$	10.88	18.27	观测数据拟合
基础比叶重	SLW_0	$g \cdot m^{-2}$	85.5	81.5	模型调试
行距	d_r	m	1.5	1.0	田间实测数据

注:(1)原值在澳大利亚昆士兰获取(Liu et al.,1998;2001),修订值为本研究得到的结果。(2)前者为新植蔗的值,后者为宿根蔗的值。

8.2.2 甘蔗发育模拟

（1）发育参数

甘蔗发育的基础温度一般在 10 ℃以上(Bonnett,2014),随品种和发育阶段而变。本研究设定的基础温度,萌芽期(播种/发株到出苗)为 13 ℃,幼苗和分蘖期(出苗到茎伸长开始)为 15 ℃(见表 8.4)(张跃彬 等,2013)。最佳温度和最高温度采用大部分文献的研究结果分别设为 30 ℃和 40 ℃(见表 8.4)(钟楚等,2012;张跃彬 等,2013)。这些温度阈值是在大量实验基础上总结出来的,适用于我国不同甘蔗品种,已广泛应用于科研和生产实践中。

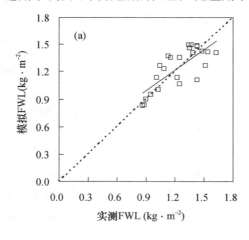

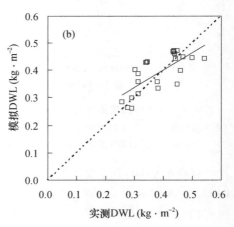

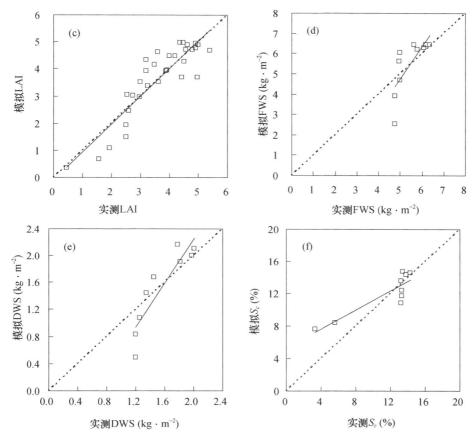

图 8.4　QCANE 模型模拟的甘蔗生物量(a,b,d,e)、叶面积指数(c)和蔗糖分(f)与实测值比较

(2016 年在侧岭测定,虚线为 1：1 线,符号含义同表 8.6)

确定了不同发育阶段的三基点温度后,通过模型调试得到有效积温:萌芽期新植蔗和宿根蔗分别为 220 ℃·d 和 131 ℃·d,幼苗-分蘖期新植蔗和宿根蔗分别为 750 ℃·d 和 690 ℃·d(见表 8.4)。新植蔗萌芽期和幼苗-分蘖期所需有效积温均长于宿根蔗。除新植蔗萌芽期外,其它有效积温修订值均小于原值。萌芽期和幼苗-分蘖期修订的基础温度都高于原值(见表 8.4)。基础温度增高,相同时间段的有效积温自然减少。澳洲品种萌芽期的有效积温新植蔗和宿根蔗相同。本研究中,修订的新植蔗和宿根蔗萌芽期的有效积温相差很大,前者比后者高 70%,原值介于二者之间(见表 8.4)。究其原因,可能是中澳甘蔗品种特性不同所致。本研究中,基础温度和有效积温都是萌芽期低于幼苗和分蘖期,与 QCANE 模型原值一致(见表 8.4)。萌芽期基础温度低于幼苗期和分蘖期由甘蔗发育的生理机制和所处环境决定。萌芽期持续时间短,有效积温自然少于持续时间较长的幼苗期和分蘖期。

（2）发育模拟验证

将 QCANE 模型模拟的甘蔗发育期与实测值进行比较，发现模拟的宿根蔗发株日期 2015 年比实测日期延迟了 4 d，2016 年比实测日期提前了 3 d；模拟的茎伸长开始日期 2015 年比实测日期延迟了 6 d；2016 年比实测日期提前了 5 d（见表 8.5）。发育日期的年际间差异是导致模型模拟误差的一个重要原因。2015 年和 2016 年分别为甘蔗宿根一年和宿根二年。模拟发育日期两年相差 7～11 d，实测发育日期两年差距达到 2～3 周（见表 8.5）。实测发育日期的年际间差异可能是由于宿根年限不同，也可能是两年气候年型差异所致。新植蔗只有 2014 年一年的数据，无法既用于模型调参也用于模型验证。

表 8.5　QCANE 模型模拟的宿根蔗生育期与实测值比较

年份	发株日期			茎伸长开始日期		
	实测（月/日）	模拟（月/日）	模拟-实测(d)	实测（月/日）	模拟（月/日）	模拟-实测(d)
2015	3/12	3/16	4	6/1	6/7	6
2016	3/28	3/25	−3	6/20	6/15	−5

注：2015 年用于模型调参，2016 年用于模型验证。

表 8.6　QCANE 模型模拟甘蔗株高、叶面积指数、生物量和蔗糖分的精度

变量	符号	单位	截距	斜率	r	MRE（%）	NRMSE（%）	IA	n
株高	H_c	m	−0.055	1.041	0.996***	9.4	5.3	0.997	24
叶面积指数	LAI	$m^2 \cdot m^{-2}$	−0.057	1.007	0.896***	14.2	15.5	0.942	32
叶鲜重	FWL	$kg \cdot m^{-2}$	0.312	0.755	0.771***	9.7	12.0	0.877	24
叶干重	DWL	$kg \cdot m^{-2}$	0.149	0.637	0.723***	12.3	14.6	0.845	24
茎鲜重	FWS	$kg \cdot m^{-2}$	−2.763	1.504	0.720*	13.0	16.6	0.734	10
茎干重	DWS	$kg \cdot m^{-2}$	−0.874	1.525	0.888**	16.8	19.6	0.869	9
蔗糖分	S_c	%	4.967	0.615	0.892**	21.3	15.9	0.907	9

注：模型验证用 2016 年观测数据。MRE：平均相对误差；NRMSE：相对均方根误差；IA：一致性指数；r：相关系数；n：样本数。截距和斜率分别是模拟值（纵坐标 y）对观测值（横坐标 x）拟合直线的截距和斜率（图 8.4）。截距单位同变量单位。相关显著性："*"表示 $P<0.05$；"**"表示 $P<0.01$，"***"表示 $P<0.001$。

8.2.3　甘蔗生长模拟

（1）生长参数

除甘蔗光合参数和种植密度外，我们对比叶重参数也进行了修订。QCANE 模型中的比叶重（SLW）由下式计算：

$$SLW = SLW_0 + k\,DAP \tag{8.7}$$

式中 SLW_0 为基础比叶重，QCANE 设为 85.5 g·m^{-2}；DAP 为播种后天数，k 为

经验系数。QCANE 模型中，SLW_0 原值为 85.5 g · m^{-2}，计算得到的比叶重偏高，使得模拟的 LAI 偏小。将 SLW_0 降为 81.5 后，计算得到的成熟叶片比叶重在 95 g · m^{-2} 上下（图 8.4a），模拟的 LAI 与实测值吻合较好（见图 8.3a、图 8.4c）。

修订后模拟的甘蔗比叶重变小，除中澳甘蔗品种特性不同外，种植密度不同也是一个重要原因。我国甘蔗种植密度大于澳大利亚（见表 8.4）。与稀疏冠层相比，稠密冠层内部受光较弱。为接收更多的光线，甘蔗需要尽可能地增大叶面积。在叶片干物质有限的情况下，必然导致叶片变薄，比叶重降低。

（2）生长模拟验证

模型验证结果表明，模拟值与实测值变化趋势均较为一致（见图 8.3）。其中株高和叶面积的模拟效果最好，模拟值与实测值拟合直线的斜率和相关系数都接近于 1（$P < 0.001$）；MRE 分别为 9.4% 和 14.2%，NRMSE 分别为 5.3% 和 15.5%，IA 接近于 1。叶干鲜重的模拟值与实测值显著相关（$P < 0.001$）；拟合直线的斜率均小于 1，表明实测值较小时模拟值偏高，实测值较大时模拟值偏低。叶干鲜重的 MRE 和 NRMSE 范围在 9.7%～14.6%，AI 范围在 0.85～0.88，模拟效果较好。茎干鲜重的模拟值与实测值显著相关（$P < 0.01$ 或 $P < 0.05$）；拟合直线的斜率均大于 1，表明实测值较小时模拟值偏低，实测值较大时模拟值偏高。茎干鲜重的 MRE 和 NRMSE 范围在 13%～20%，AI 范围在 0.73～0.87。蔗糖分的模拟值与实测值显著相关（$P < 0.01$）；拟合直线的斜率均小于 1，表明实测值较小时模拟值偏高，实测值较大时模拟值偏低；蔗糖分的 MRE 和 NRMSE 分别为 21.3% 和 15.9%；AI 为 0.89（见图 8.4、图 8.5 和表 8.6）。由于模拟的蔗糖分随生长天数线性增长，与实测值相比，茎鲜重模拟值前期偏低、中期偏高，这使得蔗糖分模拟值前期偏高、中期偏低。综合来看，大部分模拟量与实测值的误差在 20% 以内；一致性指数在 0.8 以上（见表 8.6），总体模拟效果较好。

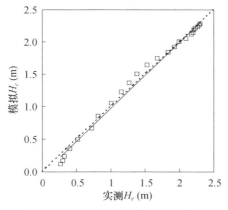

图 8.5　QCANE 模型模拟的甘蔗株高与实测值比较

（2016 年在侧岭测定，虚线为 1∶1 线）

甘蔗收获时的茎鲜重为产量。QCANE 模型模拟的甘蔗产量比实测产量高3.3%,模拟的蔗糖分比实测值高 1.5%(见表 8.7),模拟精度较高。用实测甘蔗产量和蔗糖分计算实际蔗糖产量,由于误差累积,模拟产量比实际产量高出5%。即便如此,蔗糖产量的模拟效果还是很不错的。

表 8.7　QCANE 模型模拟的甘蔗和蔗糖产量与实测值比较(侧岭,2016)

变量	符号	单位	实测值	模拟值	模拟值-实测值	相对误差(%)
甘蔗产量	Y_c	$t \cdot hm^{-2}$	60.78	62.84	2.06	3.34
蔗糖分	S_c	%	14.33	14.54	0.21	1.45
蔗糖产量	Y_s	$t \cdot hm^{-2}$	8.71[(1)]	9.15	0.44	4.97

注:蔗糖实测产量由甘蔗产量和蔗糖分按公式(8.3)计算。

8.3　结论

综上所述,我们得出以下结论:

(1)采用直角双曲线模型模拟甘蔗叶片光合作用对光照的响应,得到甘蔗叶片的最大光合速率为 1620 $\mu gCO_2 \cdot m^{-2} \cdot s^{-1}$,初始光能利用效率为18.27 $\mu gCO_2 \cdot J^{-1}$。基础比叶重设为 81.5 $g \cdot m^{-2}$。我国甘蔗种植密度较大,植株叶片较薄,利用弱光能力较强。

(2)QCANE 模型中,甘蔗发育的基础温度萌芽期设为 13 ℃,幼苗和分蘖期设为 15 ℃;最佳温度和最高温度分别设为 30 ℃和 40 ℃。经模型调试得到有效积温萌芽期新植蔗和宿根蔗分别为 220 ℃·d 和 131 ℃·d,幼苗-分蘖期新植蔗和宿根蔗分别为 750 ℃·d 和 690 ℃·d。

(3)标定后,QCANE 模型模拟值与实测值的相关性均达显著水平,NRMSE多在 20%以内,AI 多大于 0.8,总体模拟效果较好。其中株高、LAI 和叶干鲜重的模拟效果好于茎干鲜重和蔗糖分。QCANE 模型模拟甘蔗产量和蔗糖分的相对误差分别为 3.3%和 1.5%,模拟精度较高。

第9章　基于卫星遥感的原料蔗产量与蔗糖产量预报

　　食糖是国家重要战略物资,也是世界重要贸易商品。是人民生活必需品及食品工业原料或添加剂。受食糖价格频繁走低且波动异常的影响,中国糖料蔗种植面积、食糖产量呈现连年下滑,给国家食糖安全带来前所未有的挑战。受当前甘蔗农业气象观测体系基础薄弱、获取甘蔗生产相关信息手段有限等影响,甘蔗产量等生产信息获取难度很大。基于农学、统计学方法的甘蔗产量预报存在一定的局限性,不确定性大。基于作物生长模拟技术的产量预测模型,受参数多影响,目前还难以大范围在业务上推广应用。为了进一步提高甘蔗产量预测的能力和水平,提供更准确、客观的产量预测信息,实现精准化、精细化、业务化的甘蔗气象服务,拟基于地面农艺性状观测数据和多源卫星遥感数据开展区域甘蔗产量预测关键技术研究,建立甘蔗产量遥感预测模型,客观地估测区域年度甘蔗产量,实现甘蔗产量精准化、网格化预报。对指导政府相关部门合理安排蔗糖生产、保障食糖安全具有重大意义。

　　农作物产量估算是农业遥感的重要研究领域,长期以来国内农业遥感的研究重点一直集中在遥感估产上。1997年,中国科学院将"中国资源环境遥感信息系统及农情速报"作为中国科学院"九五"重大和特别支持项目,实现了全国小麦、玉米、大豆、水稻等大范围长势遥感监测与产量预报(江东　等,1999)。1998年开始,农业部实施"全国农作物业务遥感估产"项目,发展并逐步建立一套适合中国国情的农作物遥感监测业务运行系统,监测对象主要包括全国小麦、玉米、棉花,后逐步扩大到水稻、大豆等作物(周清波,2004)。"十五"期间,中国继续深化农作物遥感估产业务系统研究与应用,陆续建成和完善了多个国内作物长势监测与估产系统(吴炳方,2000,2004;王建林　等,2005)等。"十一五"期间,通过"统计遥感"项目实施,北京师范大学和国家统计局建成了"国家粮食主产区粮食作物种植面积遥感测量与估产系统"(潘耀忠　等,2013)。近些年,中国科学院、中国气象局和农业部等单位陆续对国外重要产粮区玉米、大豆、小麦和水稻等作物进行产量估算,为国家和部门决策提供了重要可靠参考信息(王建林　等,2007;吴炳方　等,2010;钱永兰　等,2012;任建强　等,2015)。中国大面积作物产量估算中,常用数据为中低空间分辨率EOS/MODIS、SPOT/VGT、

NOAA/AVHRR 和 FY 卫星等多光谱遥感数据,而中高或高分辨率遥感数据主要用于小范围或田块尺度作物监测评价(李卫国　等,2010;谭昌伟　等,2011)。高光谱遥感数据和微波遥感数据虽然具有很强的应用潜力,但多为小范围作物长势参量反演(如作物叶面积指数、生物量、含水量等)和作物长势监测的研究和应用(梁亮　等,2011;化国强,2011;张佳华　等,2012;宋小宁　等,2013;贾明权,2013)。随着高分系列卫星陆续发射,国产高分辨率遥感数据也在产量估算中得到一定应用(张素青　等,2015;Li et al.,2016)。作物单产估算技术方法有多种,如统计调查法、统计预报法、农学预测法、气象估产方法、作物生长模拟和遥感估产方法(任建强　等,2005)。其中,前 4 种方法属于传统经典的方法,而作物生长模拟方法和遥感估产方法则是伴随计算机技术、信息技术和空间技术等高新技术发展起来的新方法。目前,国内大面积作物产量遥感估算模型主要分为 3 种,即经验模型、半机理模型和机理模型(杨鹏　等,2008)。经验模型主要利用遥感反演的作物生长状况参数(如各类光谱植被指数等)、作物结构参数(如叶面积指数、生物量等)、作物环境参数(如温度、降水、太阳辐射和土壤水分等)等与作物单产间直接建立线性或非线性统计模型,该类模型简单易行,但涉及作物产量形成机理较少;半机理模型又称参数模型,主要利用遥感技术获得作物净初级生产力或作物生物量,在此基础上通过收获指数进行修正,从而获得作物单产计算结果。该方法特点是实用,可充分发挥遥感获取大范围信息的优势,但该方法本身对作物机理有所涉及,部分参数量化(如光能利用效率、收获指数等)需要进一步加强研究;机理模型主要利用作物生长模型进行作物单产模拟的方法,该类模型最大特点是机理性强,面向过程,但模型需要输入参数多,在一定程度上限制了作物生长模型在大范围作物估产中的广泛应用。随着遥感同化技术的发展,基于遥感数据同化作物生长模型的农作物产量模拟技术逐渐成为前沿和有发展潜力的应用研究领域。近些年,中国已经开展了不同主流模型(如WOFOST、DSSAT 和 EPIC 等)不同同化方法(如 EnKF、PF、POD-4DVar、SCE-UA 等)支持下的作物生长模型作物单产模拟比较研究(马玉平　等,2005;Fang et al.,2008;姜志伟,2012;Jiang et al.,2013,2014;Li et al.,2016),包括模型参数本地化、模型区域化、模型同化方案、精度验证和模型不确定性分析等研究,为提高农作物单产定量化模拟的技术精度和水平发挥了重要作用(杨鹏　等,2007;任建强　等,2011;姜志伟　等,2012)。随着遥感同化生长模型进行作物单产模拟技术的逐渐深入,该技术已经有望在中国业务化估产运行中加以应用。

　　遥感监测模拟方法则是利用空间遥感资料和地面遥感资料与农作物的播种面积、农作物生长状况、农作物遭受自然灾害状况,以及产量构成之间的关系,建立回归模型来估算农作物产量。

9.1　遥感和地面观测数据

9.1.1　卫星遥感数据

（1）卫星数据来源

2014—2017 年的 FY3B-MERSI-NDVI（250 m 分辨率）和 FY3B-VIRR-ND-VI（1 km 分辨率），由国家卫星中心提供；

2010—2013 年的 MODIS-LAI（250 m 分辨率）数据，由国家卫星中心提供；

2009—2015 年的 HJ-1 卫星数据（30 m 分辨率），网站免费下载；

2013—2017 年的 LANDSAT8 卫星数据（30 m 分辨率），网站免费下载。

（2）卫星遥感数据预处理

辐射定标：是指建立遥感传感器的数字量化输出值 DN 与其所对应视场中辐射亮度值之间的定量关系。其关键在于确定定标系数，所采用的卫星数据定标系数及公式由相应标准或规定指定。

地图投影变换：是指从一种地图投影点的坐标变换为另一种地图投影点的坐标。

几何校正：卫星图像的纠正有两种，一是根据卫星轨道公式将卫星的位置、姿态、轨道及扫描特征作为实践函数加以计算，来确定每条扫描线上像元坐标。但是往往由于遥感器的位置及姿态的测量值精度不高，其校正图像仍存在不小的几何变形，因此进一步的几何纠正需要利用地面控制点和多项式纠正模型，包括地面控制点（GCP）的选取、多项式纠正模型、重采样等三大步骤，保证误差不超过半个像元。

图像镶嵌：利用地理经纬度链接方式，将相邻的卫星图像进行拼接，形成更大范围的遥感图像。

NDVI 时间序列重构：主要采用 Savizky-Golay 滤波器进行平滑滤波处理，这种方法采用 NDVI 数据的上包络线来拟合 NDVI 时序数据的变化趋势，根据自然界的实际情况制定一些模拟规则，通过一个迭代的过程使 Savizky-Golay 平滑达到最好的效果。这种方法的计算速度快，适用于数据量较大的滤波平滑。具体步骤如下：NDVI 时间序列图像生成；根据云状态线性内插 NDVI 数列；用 Savizky-Golay 滤波拟合长期变化趋势线，重构新的时序数列。

9.1.2　甘蔗农艺性状观测数据

（1）甘蔗农艺性状资料来源

农艺性状观测数据主要来源于糖厂甘蔗观测数据和项目设定的观测点获取

的试验观测数据。

（2）甘蔗农艺性状资料数据

为了能够全面地分析糖料蔗遥感指数（NDVI、LAI）与产量构成的农艺性状（有效茎（密度）、株高、茎粗、单茎重、土壤水分含量等）之间的关系，首先需要获取足够多的糖料蔗农艺性状地面观测数据。在甘蔗各个生长发育期（出苗、分蘖、茎伸长、糖分积累和工艺成熟期），定期进行叶面积指数（LAI）观测、甘蔗产量农艺观测（有效茎（密度）、株高、茎粗、单茎重、土壤水分含量以及最终产量测定）。

9.1.3　甘蔗叶面积指数 LAI 观测数据

（1）甘蔗 LAI 观测方法

在柳州甘蔗核心试验区开展了 LAI 地面观测工作。甘蔗种植面积为 2.6 亩，属于小样地。甘蔗属于由稀疏到浓密的成行的农田，根据作物观测原理和 LAI-2200 植物冠层分析仪对观测范围的要求，在甘蔗地的中央设定了观测样线，测量设计为 ABBBB。以甘蔗生长发育期为依据，开展了连续的甘蔗叶面积指数以及甘蔗株高的观测工作，观测结果见图 9.1。以 2015 年观测结果为例进行详细分析。

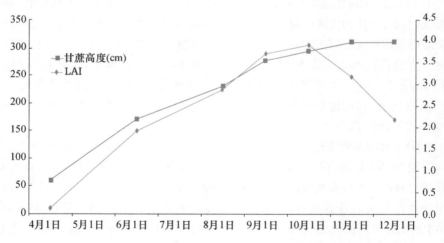

图 9.1　2015 年度甘蔗 LAI 和株高观测值随时间变化曲线图

（2）试验区甘蔗 LAI 观测结果

由图 9.1 可见，在 4 月，宿根甘蔗正处于发株期，地面覆盖度较低，LAI 数值较低（0.15），随着甘蔗进入旺盛生长期（6 月以后），LAI 随着甘蔗株高增加而增加，到了茎伸长旺盛期（9 月底 10 月初），甘蔗 LAI 和株高同时达到最大值，数值达 4.0,11 月之后,随着甘蔗进入工艺成熟期,叶片变黄枯萎,田间遮闭度降低,株高不再增加,而 LAI 迅速降低(2.2),甘蔗 LAI 数值的变化符合甘蔗实际生长的规律。对同期观测获得的各生长发育期甘蔗株高和 LAI 数据进行相关性分析,发现二者的相关性很高,尤其是在旺盛生长期相关性更好,相关系数达到 0.91。拟合公式为:$y = 19.73x^2 + 143.5x + 33.3$,其中 y 表示株高,单位厘米,x 表示 LAI 观测值。因此,甘蔗 LAI 与株高有着良好的相关性,可以用于甘蔗生长监测评估以及产量预测的指标。

(3)大田甘蔗 LAI 观测结果

除了在核心试验区开展 LAI 观测之外,在甘蔗的茎伸长期,在柳州凤糖辖区的柳城糖厂、和睦糖厂以及雒容糖厂辖区的大田也开展了甘蔗 LAI 的观测工作(见表 9.1),发现长势偏差的甘蔗,在同一时期,LAI 数值较低,长势好的甘蔗 LAI 数值较高。同样长势的甘蔗田,剥掉叶子的甘蔗 LAI 数值降低很多,可见甘蔗剥叶对 LAI 的数值影响较大,在卫星遥感反演 LAI 出现异常时需要考虑的实际因素之一。

表 9.1　2016 年柳州市凤糖辖区大田甘蔗 LAI 观测数据列表

测量地点	测量日期	发育期	LAI 观测值
柳州社冲(长势好)	2016 年 8 月 24 日	茎伸长期	3.200
融水永乐乡(长势差)	2016 年 8 月 24 日	茎伸长期	2.385
柳城大埔镇木桐村保大屯(长势差)	2016 年 8 月 25 日	茎伸长期	1.956
柳城大埔镇里明村龙庆屯(长势好)	2016 年 8 月 25 日	茎伸长期	3.100
龙庆屯相邻地块,剥掉甘蔗叶子(长势好)	2016 年 8 月 25 日	茎伸长期	1.750
雒容镇农场附近(长势好)	2016 年 8 月 26 日	茎伸长期	3.410

9.2　甘蔗遥感估产模型建立及应用

9.2.1　地市级甘蔗单产遥感预测模型建立

利用多源卫星遥感数据、地面甘蔗产量性状观测数据、区域单产数据开展了甘蔗产量遥感监测模型的研究工作。

卫星遥感数据:FY3B-NDVI、MODIS-LAI、LANDSAT8-NDVI、NPP、HJ-1-NDVI。

地面观测数据:糖厂地面观测数据、核心试验区观测数据、甘蔗单产统计数据等。

建立模型的方法：

第一步：卫星遥感 NDVI、LAI、NPP 等与地面甘蔗农艺性状以及产量数据相关性分析。

第二步：采用线性与非线性（指数、对数、二次多项式、幂函数）数学统计模型，构建最佳甘蔗产量遥感预测模型。

（1）基于 HJ-1-NDVI 序列数据和统计单产的地市级甘蔗单产遥感预测模型的建立

资料：主要利用 2009－2013 年崇左、来宾、南宁、防城港、柳州等地市的蔗糖平均单产及对应时间和对应地市的 HJ-1-NDVI 长时间序列数据。

数据处理方法：计算各地市甘蔗区 HJ-1-NDVI 的平均值，分月份统计获得甘蔗关键生育期的 NDVI 与产量对应数据，并进行相关性分析。主要挑选了与产量相关性较高的 8 月、9 月、10 月和 11 月进行分析。8 月总样本数为 21，9 月为 14，10 月为 22，11 月为 21，符合统计学建模的样本数量要求，结果见表 9.2。

由表 9.2 可见，统计上各地市（县）的单产与 NDVI 平均值有一定的相关性，但相关性不大。只有 11 月单产与 NDVI 平均值的相关性稍高，而且用二次多项式拟合效果最好。

表 9.2　单产与 HJ-1-NDVI 模型统计表

月份	线性回归方程	相关系数 R
8	$Y = 4.909 - 1.309 X_{NDVI}$	0.214
9	$Y = 3.766 + 0.786 X_{NDVI}$	0.128
10	$Y = 4.444 - 0.351 X_{NDVI}$	0.069
11	$Y = 2.779 + 3.259 X_{NDVI}$	0.434
11	$Y = -0.060 X_{NDVI}^2 + 0.575 X_{NDVI} - 0.879$	0.48

备注：Y 代表单产，X_{NDVI} 代表 NDVI 平均值。

（2）基于 HJ-1-NDVI 序列数据和糖厂地面测产数据的地市级甘蔗单产遥感预测模型的建立

资料：2010－2012 年南宁部分糖厂地面观测数据与对应点的 HJ-1-NDVI 数据分。

地面观测点 NDVI 数值获取方法：根据地面观测点的经纬度，在 HJ-NDVI 图上提取各点甘蔗 NDVI 数据。经相关性分析，发现 2010 年 11 月甘蔗 NDVI 与地面观测点单茎重相关系数最高为 0.36，$y = 0.354x^2 - 0.952x + 1.025$（其中，$y$ 为甘蔗单产，x 为 11 月甘蔗 NDVI 平均值）；2011 年 11 月甘蔗 NDVI 与地面观测点单茎重相关系数最高为 0.53，$y = -0.132x^2 + 0.218x + 0.448$（其中，$y$ 为甘蔗单产，x 为 11 月甘蔗 NDVI 平均值）。可见点对点的相关性不是很高，这可能与卫星数据跟地面点无法实现完全对应有关。

（3）基于 FY3B-NDVI 和糖厂甘蔗农艺性状观测数据以及工业产量的甘蔗单产遥感预测模型的建立

资料来源：柳州凤糖公司提供了辖区各糖厂 2009—2016 年连续 3 年的甘蔗农艺性状地面观测数据。对应区域的 2014—2016 年由国家卫星中心提供的 FY3B-NDVI 序列数据。

数据处理：分别以凤糖辖区内各乡镇（太平、大浦、龙头、沙浦、古砦、和睦、永乐、融水、雒容）为单元，求算各乡镇的农艺观测性状（行距、40 m 有效茎、亩有效茎、茎径、株高、单茎重）、理论产量、工业产量的平均值。同时利用获取的各乡镇的甘蔗种植区矢量，在甘蔗主要生长发育期（4—12 月）分别提取各乡镇各旬的 FY3B-NDVI 数据系列。

① 甘蔗农艺性状观测数据与单产相关性分析

根据糖厂提供的地面观测数据和实际单产，对 2009—2015 年的数据进行了分析，并分别就株高、茎径、亩有效茎数、单茎重与单产进行了相关性分析。由表 9.3 可见，株高和单茎重与单产的相关性较高，相关系数最高可以达到 0.86，说明这两个要素可以用于预测甘蔗单产。

表 9.3　甘蔗农艺性状观测数据与单产相关性分析表

年份	株高与单产相关系数	茎径与单产相关系数	单茎重与单产相关系数	亩有效茎数与单产相关系数	备注
2009	0.707	0.589	0.813	0.586	
2010	0.768	0.466	0.819	0.632	
2011	0.86	0.377	0.829	0.657	样本数约
2012	0.771	0.312	0.775	0.615	为 200 个
2013	0.743	0.291	0.749	0.535	
2014	0.691	0.441	0.762	0.429	
2015	0.697	0.422	0.688	0.573	

② FY3B-NDVI 与甘蔗农艺性状以及地面观测数据相关性分析

利用 2014—2015 年两年的地面观测数据和卫星遥感数据进行分析建模。

A. 株高与 NDVI 相关性：在 7 月下旬、8 月中旬、9 月下旬相关性为 $0.64 \sim 0.84$；

模型表达式：$y = 110.733 + 88.038x_1 + 235.471x_2$（其中，$y$ 为甘蔗株高，x_1 为 7 月下旬甘蔗 NDVI，x_2 为 8 月中旬甘蔗 NDVI）。

B. 40 m 有效茎数与 NDVI 相关性：5 月下旬、6 月下旬、8 月上旬、8 月下旬、9 月上旬、10 月下旬相关性为 $0.53 \sim 0.76$；

模型表达式：$y = -226.887 + 396.96x_1 + 508.307x_2$（其中，$y$ 为甘蔗 40 m 有效茎数，x_1 为 5 月下旬甘蔗 NDVI，x_2 为 10 月下旬甘蔗 NDVI）。

C. 亩有效茎数与 NDVI 相关性：5 月中旬、5 月下旬、7 月中旬、8 月上旬、8

月下旬相关性为 0.687~0.783；

模型表达式：$y=-257.257+4400.932x_1+3450.427x_2$（其中，$y$ 为甘蔗亩有效茎数，x_1 为 5 月中旬甘蔗 NDVI，x_2 为 7 月中旬甘蔗 NDVI）。

D. 平均茎径与 NDVI 相关性：6 月上旬，6 月中旬，11 月上旬相关性为 0.56~0.57；

E. 单茎重与 NDVI 相关性：6 月上旬，6 月中旬，7 月下旬，11 月上旬相关性为 0.51~0.65；

根据农艺观测性状获得的理论产量与工业实际产量的相关性为 0.81。

由上述相关性分析可见，地面农艺观测性状与甘蔗生长旺盛时期的各旬 NDVI 之间存在较高的相关性，可以将 NDVI 代入到根据农艺性状估产的方程中（生物学估产模型），从而间接实现卫星遥感估产的模型的建立。

③ 2015 年 FY3B-NDVI 与凤糖各乡镇实际产量数据模型

经相关性分析，发现实际单产与 2015 年 9 月下旬、10 月上旬、11 月上旬的 NDVI 相关性较好，与 11 月上旬的相关性最好。模型如下：

$y=2.867+2.742x$（其中，y 为甘蔗单产，x 为 11 月上旬甘蔗 NDVI）

$y=0.707+2.297x_1+2.195x_2+1.774x_3$（其中，$y$ 为甘蔗单产，x_1 为 11 月上旬甘蔗 NDVI，x_2 为 9 月下旬甘蔗 NDVI，x_3 为 10 月上旬甘蔗 NDVI 相关系数 0.57。）

④ 甘蔗工业单产与 NDVI、LAI 的预测模型

经分析发现，农艺观测性状中的株高与甘蔗工业单产的相关性最高，为 0.84，单产与株高统计模型如下表。株高与 NDIV 的相关性最高，株高与 NDIV 的估产模型如下：卫星遥感 FY3B-NDVI 初步估产模型：$y=-2.313+0.024g=-2.313+0.024\times(110.733+88.038x_1+235.471x_2)=0.344592+2.112912x_1+5.651304x_2$（其中，$y$ 为甘蔗单产，g 为株高，x_1 为 7 月下旬甘蔗 NDVI，x_2 为 8 为中旬甘蔗 NDVI）。

而 2015 年在柳州社冲地面的地面观测数据发现株高与地面观测的 LAI 存在良好的相关性，二次项拟合模型如表 9.4 所示。

表 9.4　工业单产与株高、NDVI、LAI 拟合模型表

模型名称	方程式	相关系数
工业单产与农艺观测因子模型	$y=-2.313+0.024g$ （其中，y 为甘蔗工业单产；g 为株高，单位：cm）	0.84
工业单产与 NDVI 的预测模型	$y=0.344592+2.112912x_1+5.651304x_2$	
2015 年柳州社冲地面观测数据	$g=-19.73L^2+143.5L+33.3$ （其中，g 为甘蔗、株高，单位：cm；L 为甘蔗叶面积指数实际观测值）	0.91
工业单产与 LAI 的预测模型	$y=-1.5138-0.47352L^2+3.444L$ （其中，y 为甘蔗，L 为甘蔗叶面积指数实际观测值）	

由该表可以发现,工业单产与株高有很好的相关性,而株高与地面观测的 LAI 的相关性达到 0.91,因此,LAI 可以纳入单产预测模型中。根据地面观测的 LAI 可以直接预测该地块的工业单产。

地面观测 LAI 单产预测模型如下:

$y = -1.5138 - 0.47352L^2 + 3.444L$(其中,$y$ 为甘蔗工业单产,L 为甘蔗叶面积指数实际观测值)

(4)甘蔗 NPP 与糖厂地面实测农艺性状、实际产量关系分析及单产预测模型建立

资料:由国家气象中心提供的广西 2015 年 NPP 数据,凤糖辖区甘蔗农艺性状地面观测数据。

数据处理:以凤糖辖区内各乡镇为单元,求算各乡镇的农艺观测性状、理论产量、工业产量的平均值。同时根据各乡镇的甘蔗种植区矢量,分别提取各乡镇年 NPP 数据。

以 2015 年为例,利用凤糖辖区甘蔗 NPP 数据,与地面实测农艺性状相关性分析和建模,发现 NPP 与各地面观测性状之间均存在较好的相关性,一般都在 0.5 左右,各因子进入模型后,可以反演 NPP,相关性较高。

$y = 6933.961 + 258.072x_1 - 16.624x_2 - 1909.749x_3 + 0.341x_4 - 1186.282x_5$(其中,$y$ 为甘蔗净初级生产力年平值(NPP);x_1 为甘蔗单茎重(单位:kg/条);x_2 为甘蔗株高(单位:cm);x_3 为甘蔗茎径(单位:cm);x_4 为甘蔗亩有效茎数(单位:条/亩);x_5 为甘蔗行距(单位:m)),复相关系数 0.83。

NPP 与实际单产的模型如下:

$y = 6.605 - 0.002 \times N$(其中,$y$ 为甘蔗工业单位,N 为甘蔗净初级生产力年平均值 NPP),相关系数 0.47。

(5)MODIS-LAI 与糖厂实际单产数据建模型

资料:由国家卫星中心提供 2013 年度广西区域 MODIS-LAI 反演数据,同年度凤糖各乡镇实际单产数据

数据处理:以凤糖辖区内各乡镇为单元,以 2013 年为例,求算各乡镇工业产量的平均值。同时根据各乡镇的甘蔗种植区矢量,分别提取各乡镇各旬的 MODIS-LAI 序列数据。

通过分析发现,各乡镇实际单产与 MODIS-LAI 的各旬相关性,5 月下旬、06 月份和 7 月上旬相关性稍高。模型如下:

$y = 6.09 - 0.014L$(其中,y 为甘蔗工业单产,L 为 5 月下旬至 7 月上旬甘蔗 MODIS-LAI 平均值),相关系数 0.45。

(6)LANDSAT8-NDVI 与糖厂实际单产、地面农艺性状观测数据建立产量预测模型

资料:由网站下载 LANDSAT8-NDVI 卫星数据,同年度凤糖各乡镇实际单

产和地面农艺性状观测数据。

数据处理：以凤糖辖区内各乡镇为单元，以 2015 年为例，求算各乡镇工业产量的平均值。同时根据各乡镇的甘蔗种植区矢量，分别提取各乡镇甘蔗关键发育期的晴空的 LANDSAT8-NDVI 数据。

2015 年凤糖各乡镇单产数据、地面甘蔗性状观测数据与 LANDSAT8-NDVI 的模型建立二次多项式如下：

$y = -319.9x^2 + 234.6x - 38.76$（其中，$y$ 为甘蔗单产，x 为甘蔗关键发育期 L8-NDVI 平均值），相关系数 0.66，比 FY-3B、HJ 卫星数据相关性好，更有利于小区域产量预测。

9.2.2 地市级甘蔗单产遥感模型应用及精度分析

（1）预测结果

根据产量遥感预测模型：y（工业产量）$= 0.344592 + 2.112912 \times \text{NDVI}$（7 月下旬）$+ 5.651304 \times \text{NDVI}$（8 月中旬），对 2016/2017 年榨季雒容、和睦和柳城蔗区的糖料蔗单产进行了预测，结果如下：综合气象、卫星遥感资料、作物产量预测模型和未来天气预报分析，预计 2016/2017 榨季雒容、柳城、和睦蔗区糖料蔗单产分别为 4.4、4.15、4.15（吨/亩），比上一榨季分别增加 4.5%、1.0%、2.5%，详细产量预测结果空间分布见图 9.2。由图 9.2 可以直观地看出哪些区域的甘蔗产量高，哪些区域的产量低，对糖业公司决策提供切实的支持。

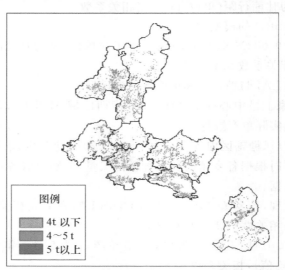

图例
4t 以下
4～5 t
5 t 以上

图 9.2 2016/2017 年榨季柳州凤糖辖区甘蔗单产预测结果空间分布图

（2）精度分析

根据该研究建立的模型预测的结果，与糖厂本榨季实际单产对比分析，预报误差基本小于 5%，表明该预报模型预报精度高。

9.3　小结

9.3.1　结论

　　国内大面积作物产量遥感估算模型主要分为 3 种，即经验模型、半机理模型和机理模型。经验模型主要利用遥感反演的作物生长状况参数（如各类光谱植被指数等）、作物结构参数（如叶面积指数、生物量等）、作物环境参数（如温度、降水、太阳辐射和土壤水分等）等与作物单产间直接建立线性或非线性统计模型。本章参考经验模型的方法，通过卫星遥感反演的各类指数与甘蔗产量直接进行相关性分析，并建立了甘蔗产量预测模型。

　　经分析各类遥感数据与产量的相关关系，发现在甘蔗单产预测模型建立方面，单纯的产量与遥感反演指数 NDVI、LAI、NPP 存在一定的相关性，但相关系数并不是很高，有些无法满足统计学要求，因此建立的模型精度都不够高。此外，从卫星数据上来说，LANDSAT8-NDVI、FY3B-NDVI、HJ-1-NDVI 与产量的相关性，LANDSAT8-NDVI 最高，说明该数据更适合用于甘蔗产量预测。

　　通过对各类资料的详细分析，研究发现遥感反演指数 NDVI、LAI 等与甘蔗产量农艺性状各因子之间的相关性比直接与产量的相关性更高，能够满足统计学的要求。尤其是株高与产量相关性很高，与关键生长发育期的甘蔗 NDVI 的相关性达到 0.84，因此，可以利用株高这个间接的因子，建立基于卫星遥感的甘蔗产量预测模型，比如模型 y（工业产量）＝0.344592＋2.112912×NDVI（7 月下旬）＋5.651304×NDVI（8 月中旬）已经在柳州凤糖公司进行了初步应用，并获得较高的预报精度，可进一步在其他区域推广应用。

9.3.2　存在的问题

　　本章的甘蔗产量遥感预测方法简单易行，容易在甘蔗产量预报业务工作中发挥作用。但方法本身对甘蔗生长机理基本未有涉及，而且受卫星遥感数据本身精度的影响，也会间接地影响预报模型的精度，模型的稳定性有待提高。

　　在今后的进一步研究中，争取将甘蔗生长模拟模型引入，并加强甘蔗地面生物量、LAI 观测等工作，为遥感反演指数修正提供基础数据，提高模型预测精度，并增强遥感预测模型的机理性。

第10章　基于"互联网＋"的甘蔗智慧气象服务

"互联网＋"是指利用互联网的平台、信息通信技术把互联网和包括传统行业在内的各行各业结合起来,从而在新领域创造一种新生态(马化腾,2015)。

智慧化则包括三个层次:数字化、智能化、智慧化。以交通为例,十字路口放了摄像头,能清点这个路口的人数,这就是个传感器,这是数字化,我们能通过后台看到整个路口的人流情况;有了这个人流数据之后,我们就可以智能地去调节路口的红绿灯,使得人开车或者步行过的时候最大限度地开通,这个就叫智能化;如果不仅仅是看这个路口,而是把整个城市的所有交通工具的使用情况,所有道路的实际情况以及和交通相关的,比如社区的分布,基础设施的分布,通信设施的分布等等综合起来形成一个交通解决方案,这个就叫智慧化。举个例子,和人的大脑中枢神经一样,我们通过五官作为传感器接收到的所有信息到大脑做一个综合性决策,这个叫智慧城市(郭为,2015)。

直通式服务是指点对点的服务方式,是一种完全不同于以往广播方式的气象服务新模式,是一对一、一事一议、有针对性的服务方式。

基于"互联网＋"的甘蔗智慧直通式服务即指:建立基于光纤和移动互联网技术的自动观测站网,以获取的大数据为基础,利用生物、数学模型建立模式,统筹各种要素,得出可靠结论和服务观点,并通过一对一的服务模式将信息推送到用户手中的服务新模式。

10.1　大数据系统构建

大数据(big data),指无法在一定时间范围内用常规软件工具进行捕捉、管理和处理的数据集合,是需要新处理模式才能具有更强的决策力、洞察发现力和流程优化能力的海量、高增长率和多样化的信息资产(中国大数据,2016)。

在维克托·迈尔-舍恩伯格及肯尼斯·库克耶编写的《大数据时代》中大数据指不用随机分析法(抽样调查)这样捷径,而采用所有数据进行分析处理的信息。大数据具有5V特点(IBM提出):Volume(大量)、Velocity(高速)、Variety(多样)、Value(低价值密度)、Veracity(真实性)。

　　甘蔗智慧直通式服务大数据系统的构建主要包括以下三个部分:1. 自动观测站网;2. 光纤和移动互联网;3. 数据库及服务终端。简要介绍如下。

10.1.1　自动观测站网

　　在 2014 年前,广西自 1998 年开始先后有 6 个站点开展了甘蔗农业气象观测,但甘蔗农业气象观测基本处在以目测或简单器测、手工记录和报表寄送、纸质存档等非电子化阶段,在 2010 年后才形成了电子文档,且这些站点的观测也并不连续,期间时断时续,观测站点偏少,观测资料的可用性明显满足不了开展甘蔗气象业务服务的需求。从 2014 年起,因为甘蔗属于地方特色作物,不属于中国气象局规定的农业气象观测作物品种被取消观测,造成了甘蔗农业气象观测信息的中断。由此可见,甘蔗农业气象观测技术、观测时效、观测连续性、站点密度等也远不能满足现代甘蔗气象业务发展的需求,与气象业务现代化建设要求相差甚远,迫切需要提高甘蔗气象的自动化观测能力。

　　目前广西已建成农业气象自动观测站 15 套(截至 2017 年年底),大体均匀分布在广西行政区域内,未来仍将建设数十套用于开展田间小气候、农田环境及作物长势等要素的观测,可以为甘蔗气象服务工作提供自动化、分钟级的海量数据。同时,广西围绕甘蔗特色气象服务也应用卫星和无人机遥感数据开展了一系列甘蔗长势及灾害的监测评估工作,相关卫星数据、无人机影像、地面观测资料和生理生化试验结果都为相关服务提供了大数据基础。

10.1.2　光纤和移动互联网

　　甘蔗气象自动观测站网的海量数据需要依托商用的光纤或 4G 移动通信网络实现设备状态监控、运行管理和数据传输;同样直通式服务产品的点对点推送,也需要 4G 移动网络的支持。在甘蔗气象智慧直通式服务系统中光纤、移动互联网是链接各个节点的主干道。

10.1.3　数据库及服务终端

　　数据库、服务终端设备及服务软件平台是甘蔗气象智慧直通式服务系统的中枢和大脑。各种海量数据通过互联网集中到数据库中,利用信息挖掘技术进行筛选、精简,在分析、服务软件系统中结合判断标准、生长模型、专家系统等综合做出直通式服务结论和建议。

10.2　甘蔗智慧直通式气象服务构架

　　甘蔗智慧直通式气象服务框架结构参见图 10.1。其中数据源包括:卫星反演数据、无人机航拍影像、农气自动站观测数据、地面调查数据、生理生化测定数据等。直通式服务发布渠道包括:多媒体触摸屏、LED 户外显示屏、手机 APP、微信公众号、微信群、手机短信及电子邮件等,主要以手机为服务产品载体。

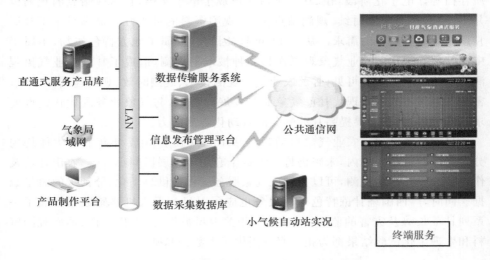

图 10.1　甘蔗智慧直通式气象服务框架结构

10.3　甘蔗智慧直通式气象服务示范建设

　　为探索甘蔗智慧直通式气象服务硬件、软件建设及服务流程、标准的可行性,广西气象减灾研究所在广西壮族自治区崇左市扶绥县"甜蜜之光"现代特色农业示范区开展了示范建设和服务试点。

　　"甜蜜之光"现代特色农业示范区位于广西崇左市扶绥县,总规划面积 38 万亩,其中甘蔗现代化种植面积 25.8 万亩,占示范区面积三分之二以上。示范区围绕甘蔗主导产业,创建集休闲、旅游、科研、文化于一体的现代特色农业核心示范区。

　　为准确把握服务需求,提高服务的专业度和针对性,提升社会化服务能力,广西气象减灾研究所通过现场调研、召开座谈会和电话访问等方式,联系相关潜在客户,密切跟踪糖业生产管理部门、糖企和种植大户的关注热点,以"融合到园区建设中,造影响、出效益、打品牌,示范引领"为指导思想开展了示范建设。建设内容主要有:甘蔗农业气象自动观测技术研发与应用示范;气象灾害对甘蔗影响定量化监测评估外场试验;直通式服务方式应用示范(触摸屏.LED.微信公众号.短信……);省市县三级直通式服务协作示范(设备维护·产品更新·技术指导);智慧化服务探索;现代农业气象科普示范等。"甜蜜之光"现代农业示范园区的甘蔗智慧直通式气象服务示范建设经过近两年的运行,实现了观测的自动化、产品的精准化和服务的直通智能化,"智慧气象"初见雏形,示范引领效果明显,服务成果显著,具良好的示范意义和辐射带动作用。现就主要特色介绍如下。

10.3.1　目标区域甘蔗农业气象自动观测

在示范区建设完成了 2 套农业气象自动观测站,实现了甘蔗生长特征(发育期、株高、覆盖度等)、蔗地小气候、土壤水分和环境监控为一体的自动化观测。农气自动观测站的系统结构和观测要素见图 10.2。

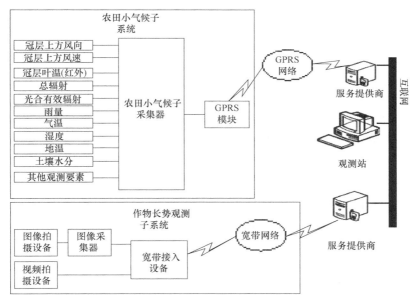

图 10.2　农气自动观测站系统框图

目前建成的农业气象自动观测站已稳定运行 2 年,获取了大量的甘蔗生长特征及田间小气候数据,为相关服务提供了海量数据支持。

10.3.2　甘蔗灌溉用水量智能预报

蔗糖产业是广西农业生产中最主要的经济支柱产业之一,广西也是全国年降水量最丰富的一个省份之一。但因地处东亚季风区域,受季风影响,降水时空分布不均,季节性干旱频繁发生,而且蔗区大部分处于喀斯特地貌地区,土壤保水保肥率低,灌溉对于发展甘蔗生产、保障糖料蔗品质及提高产量显得尤为重要(崔远来　等,2009;陈皓锐　等,2013)。

甘蔗为 C4 作物,水对于甘蔗生长、产量的形成和蔗糖分的累积都有非常重要的作用。甘蔗植株高大,蔗田蒸发、蔗叶蒸腾的量也大,而且甘蔗生长期很长,在其生长过程中,不同的生长阶段有不同的需水规律,总体而言,耗水量多,需水量大(梁文经,1998;张义盼　等,2009)。各地区的甘蔗因为气候、土壤、品种、栽培管理、生长期的不同,需水量有所不同(陈海波　等,2010)。

国内外的灌溉研究结果均表明,蔗田的合理灌溉利于节本增效,提高甘蔗的品质和产量(黄艳　等,2012;王平　等,2013)。本课题组以田间水量平衡方程为依据(李远华,1999;尚松浩　等,2000;李娜,2014;李福强　等,2017),以未来某时段土壤含水量为主要预报对象,结合气象降水预报和甘蔗生长情况进行运算,针对设定的未来某时段适宜甘蔗生长的目标土壤含水量,智能预报所需的灌溉水量和灌溉时间,指导甘蔗实时灌溉。田间水量平衡方程为:

$$W_t = W_r + G_w + I + P_f - ET_c$$

其中,W_t 为目标土壤含水量,W_r 为当前土壤含水量,G_w 为地下水补给量,I 为灌水量,P_f 为预报的有效降雨量,ET_c 为甘蔗需水量。

(1)土壤含水量 W 的计算

当前土壤储水量应用该土层当前体积含水率 θ_r 与土层厚度 h(mm)的乘积计算得到,其中的该土层当前体积含水率通过土壤湿度实时监测系统获取。

$$W_r = \theta_r \times h$$

目标土壤储水量应用该土层目标体积含水率 θ_t 与土层厚度 h(mm)的乘积计算得到,其中的该土层目标体积含水率通过由目标土壤相对湿度 H_t 与相应的田间持水率 F_c 和土壤容重 σ 的乘积计算得到。

$$W_t = \theta_t \times h$$

$$\theta_t = H_t \times F_c \times \sigma$$

(2)地下水补给量 G_w 的计算

由于广西较大部分的甘蔗基本种植区域为坡地,地下水水位深,因此,地下水补给量 G_w 取值为 0。

$$G_w = 0$$

(3)有效降雨量 P_f 的计算

有效降雨量是指降雨能够渗入甘蔗根系层中,而后甘蔗能够有效利用的那部分降雨量。计算如下:

$$P_f = P_r \times \alpha$$

P_r为某时段内降雨量预报值,α为降雨有效利用系数,该系数受土壤类型及时段内降雨量大小影响(见表 10.1)。

表 10.1　降雨有效利用系数对照表

土壤类型	时段降雨量(mm)	有效利用系数
黏土	<50	0.55
	50~80	0.50
	80~120	0.45
	>120	0.35
壤土	<50	0.60
	50~80	0.55
	80~120	0.50
	>120	0.40
砂土	<50	0.50
	50~80	0.45
	80~120	0.40
	>120	0.30

进行计算时,需要先掌握当地甘蔗种植区域的土壤类型,选择合理的降雨有效利用系数。

(4)甘蔗需水量 ET_c 的计算

甘蔗需水量是指甘蔗在适宜的土壤、水分和气候条件下,经过正常的生长发育,获得高产时的植株蒸腾、棵间蒸发以及构成甘蔗植株本体的水量之和。甘蔗植株蒸腾是指甘蔗根系从土壤中吸收进入体内的水分,通过甘蔗叶片的气孔传输到大气中的现象,棵间蒸发是甘蔗植株之间的土壤的水分蒸发,以上二者均受气象条件的影响,此外,植株蒸腾会随着植株生长繁盛而有所增加,棵间蒸发则会因植被覆盖度的增加而相应减小。

甘蔗的蒸腾蒸发耗水是通过土壤-甘蔗-大气的连续系统进行传输的一个过程,甘蔗本身、土壤和大气三部分中的任何一个相关因素都会影响到甘蔗的需水量的大小。甘蔗需水量的大小主要受到太阳辐射、温度、日照、风速和湿度等气象条件,以及土壤质地、甘蔗生长阶段等的影响。

采用联合国粮农组织(FAO)于 1998 年正式推荐的彭曼-蒙特斯公式(Penman—Monteith 公式)计算潜在蒸散量,最新的修正彭曼—蒙特斯公式已被广泛应用且已证实具有较高精度及可使用性。彭曼—蒙特斯公式的表达式及各项物理意义如下:

$$ET_0 = \frac{0.408\Delta(R_n-G)+\gamma\dfrac{900}{T+273}U_2(e_a-e_d)}{\Delta+\gamma(1+0.34U_2)} \tag{10.1}$$

式中:ET_0为作物蒸发蒸腾量,即潜在蒸散,单位:mm・d^{-1};Δ 为温度~饱和水汽压关系曲线在 T 处的切线斜率,单位:kPa・$℃^{-1}$;

$$\Delta = \frac{4098 \cdot e_a}{(T+237.3)^2} \tag{10.2}$$

T 为平均气温,单位:$℃$;e_a为饱和水汽压,单位:kPa;

$$e_a = 0.611\exp\left(\frac{17.27T}{T+237.3}\right) \tag{10.3}$$

R_n为净辐射,单位:MJ・m^{-2}・d^{-1};

$$R_n = R_{ns} - R_{nl} \tag{10.4}$$

式中,R_{ns}为净短波辐射,单位:MJ・m^{-2}・d^{-1};R_{nl}为净长波辐射,单位:MJ・m^{-2}・d^{-1};

$$R_{ns} = 0.77(0.19+0.38n/N)R_a \tag{10.5}$$

式中,n为实际日照时数,单位:h;N为最大可能日照时数,单位:h;

$$N = 7.64W_s \tag{10.6}$$

式中,W_s为日照时数角,单位:rad;

$$W_s = \arccos(-\tan\psi \cdot \tan\delta) \tag{10.7}$$

式中,ψ为地理纬度,单位:rad;δ为日倾角,单位:rad;

$$\delta = 0.409 \cdot \sin(0.0172J-1.39) \tag{10.8}$$

式中,J为日序数(元月 1 日为 1,逐日累加);R_a为大气边缘太阳辐射,单位:MJ・m^{-2}・d^{-1};

$$R_a = 37.6 \cdot d_r(W_s \cdot \sin\psi \cdot \sin\delta + \cos\psi \cdot \cos\delta \cdot \sin W_s) \tag{10.9}$$

式中,d_r为日地相对距离;

$$d_r = 1+0.033\cos\left(\frac{2\pi}{365}J\right) \tag{10.10}$$

$$R_{nl} = 2.45 \times 10^{-9} \cdot (0.9n/N+0.1) \cdot (0.34-0.14\sqrt{e_d}) \cdot (T_{kx}^4 + T_{kn}^4) \tag{10.11}$$

式中,e_d为实际水汽压,单位:kPa;

$$e_d = \frac{e_d(T_{\min})+e_d(T_{\max})}{2} = \frac{1}{2}e_a(T_{\min}) \cdot \frac{RH_{\max}}{100} + \frac{1}{2}e_a(T_{\max}) \cdot \frac{RH_{\min}}{100} \tag{10.12}$$

式中,$RH_{\max}$为日最大相对湿度,单位:%;$T_{\min}$为日最低气温;单位:$℃$;$e_a(T_{\min})$为 $T_{\min}$时饱和水汽压,单位:kPa,可将 $T_{\min}$代入(10.3)式求得;$e_d(T_{\min})$为 $T_{\min}$时实际水汽压,单位:kPa;$RH_{\min}$为日最小相对湿度,单位:%;$T_{\max}$为日最高气温,单位:$℃$;$e_a(T_{\max})$为 $T_{\max}$时饱和水汽压,单位:kPa,可将 $T_{\max}$代入式(10.3)求得;$e_d(T_{\max})$为 $T_{\max}$时实际水汽压,单位:kPa;

若资料不符合(12.12)式要求或计算较长时段 ET_0,也可采用下式计算 e_d,即

$$e_d = RH_{mean} / \left[\frac{50}{e_a(T_{\min})} + \frac{50}{e_a(T_{\max})}\right] \tag{10.13}$$

式中，RH_{mean} 为平均相对湿度，单位：%；

$$RH_{mean}=\frac{RH_{max}+RH_{min}}{2} \qquad (10.14)$$

在最低气温等于或十分接近露点温度时，也可采用下式计算 e_d，即

$$e_d=0.611\exp\left(\frac{17.27T_{min}}{T_{min}+237.3}\right) \qquad (10.15)$$

式中，T_{ks} 为最高绝对温度，单位：K；T_{kn} 为最低绝对温度，单位：K；

$$T_{ks}=T_{max}+273 \qquad (10.16)$$

$$T_{kn}=T_{min}+273 \qquad (10.17)$$

式中，G 为土壤热通量，单位：$MJ\cdot m^{-2}\cdot d^{-1}$；

对于逐日估算 ET_0，则第 d 日土壤热通量为

$$G=0.38(T_d-T_{d-1}) \qquad (10.18)$$

对于分月估算 ET_0，则第 m 月土壤热通量为：

$$G=0.14(T_m-T_{m-1}) \qquad (10.19)$$

式中，T_d、T_{d-1} 为分别为第 d、$d-1$ 日气温，单位：℃；T_m、T_{m-1} 为分别为第 m、$m-1$ 日气温，单位：℃；γ 为湿度表常数，单位：$kPa\cdot ℃^{-1}$；

$$\gamma=0.00163P/\lambda \qquad (10.20)$$

式中，P 为气压，单位：kPa；

$$P=101.3\left(\frac{293-0.0065Z}{293}\right)^{5.26} \qquad (10.21)$$

式中，Z 为计算地点海拔高程，单位：m；λ 为潜热，单位：$MJ\cdot kg^{-1}$；

$$\lambda=2.501-(2.361\times10^{-3})\cdot T \qquad (10.22)$$

式中，u_2 为 2 m 高处风速，单位：$m\cdot s^{-1}$；

$$u_2=4.87\cdot u_h/\ln(67.8h-5.42) \qquad (10.23)$$

h 为风标高度，单位：m；u_h 为实际风速，单位：$m\cdot s^{-1}$。

计算时需要获取甘蔗种植区域的气象要素数据包括：气象站点的日平均气压、日平均气温、日最高温度、日最低温度、日平均相对湿度、日平均风速、日平均水汽压、日日照时数、日雨量等。

再根据查阅文献资料及结合实测的甘蔗作物系数 K_c，计算甘蔗实际需水量 ET_c，计算如下式：

$$Et_c=ET_0\cdot K_c$$

(5)甘蔗地灌溉水量 I 的计算

可根据上文所述的田间水量平衡方程计算甘蔗地灌溉水量 I，如下式：

$$I=W_t-W_r-G_w-P_f+ET_c$$

(6)"甜蜜之光"甘蔗核心示范区甘蔗灌溉用水量智能预报

利用崇左市扶绥县气象站 1961—2010 年的日平均气温、日最高气温、日最

低气温、日平均气压、日平均风速、日平均相对湿度、日平均水汽压、日日照时数和日雨量等气象观测数据,根据上述计算方法计算该县甘蔗种植区域的历年逐日甘蔗需水量,并对其进行五年滑动平均分析,根据气候条件的周期变化及实际情况考虑,选用近十年的甘蔗需水量 ET_c 数据作为参考基准。

根据甘蔗每个发育期最佳土壤相对湿度,实地测量的田间持水率和土壤容重计算目标体积含水率,并根据甘蔗根深对应的土层厚度计算目标土壤储水量 W_t。假设降雨量 P_f 为 0,考虑目标与实际的相对湿度差值为 $1\%\sim5\%$,$5\%\sim10\%$,$10\%\sim15\%$,$15\%\sim20\%$,$20\%\sim25\%$,$25\%\sim30\%$ 时推算出 (W_t-W_r) 的值,来进一步计算出"甜蜜之光"甘蔗园区的甘蔗灌溉用水量 I。(见表10.2)

表 10.2　扶绥甘蔗不同生育期需水量和灌水量参考值表

发育期	收获期	播种期 (萌芽期)	分蘖期	茎伸长期			工艺成熟期
日期(月日)	0101—0220	0221—0521	0521—0630	0701—0831	0901—1031	1101—1220	1221—1231
土层厚度(mm)	500	300	500	500	500	500	500
需水量(mm)	3.74	14.80	13.86	26.94	17.43	6.72	0.90
目标土壤相对湿度(%)	60	60	65	70	70	70	60
每亩需灌水量(m³)							
1%<相对湿度差≤5%	3.6~7.9	10.5~12.9	10.3~14.6	19.0~23.3	12.7~17.0	5.6~9.9	1.7~6.0
5%<相对湿度差≤10%	7.9~13.3	12.9~15.8	14.6~20.0	23.3~28.7	17.0~22.4	9.9~15.3	6.0~11.4
10%<相对湿度差≤15%	13.3~18.7	15.8~18.8	20.0~25.4	28.7~34.1	22.4~27.8	15.3~20.6	11.4~16.8
15%<相对湿度差≤20%	18.7~24.0	18.8~21.8	25.4~30.8	34.1~39.5	27.8~33.2	20.6~26.0	16.8~22.2
20%<相对湿度差≤25%	24.0~29.4	21.8~24.8	30.8~36.2	39.5~44.9	33.2~38.6	26.0~31.4	22.2~27.5
25%<相对湿度差≤30%	29.4~34.8	24.8~27.8	36.2~41.6	44.9~50.3	38.6~43.9	31.4~36.8	27.5~32.9

10.4　甘蔗智慧直通式气象服务实例

针对甘蔗生产成本高、迫切需要节本提质增效,而传统农业气象服务多定性、大众化、缺少针对农产品提质增效的精准、分众服务,且服务信息与服务对象、生产管理措施脱节的弊端,创新性开展甘蔗生长全过程的智能、精准、分众、融合式服务模式的探索,开创了按地块提供精准灌溉用水量预报和分众推送,并通过智能衔接和 WEB、APP 交互,打造了监测—预报—生产管理"一条链"的用户体验,形成了"气象部门+行业龙头企业+基地(园区)"的甘蔗智能精准服务模式,实现了从传统农业气象服务模式向智能精准服务模式的转变,使甘蔗生产节本提质增效。

　　甘蔗智能精准服务模式已经在东亚糖业扶南糖厂和南宁糖业(中国最大糖企)共 10000 多亩蔗区示范应用,并建立了五星级应用示范区,已成为"产学研用"相结合的典范,经测算年平均可节本约 270 万元/万亩、增效 1100 万～2100 万元/万亩(见表 10.3)。

表 10.3　甘蔗节本增效测算

项目	传统灌溉	智能预报灌溉
自动观测与灌溉设施	0	200 元/年/亩
肥料及中间成本	600 元/年/亩	300 元/年/亩
水肥管理人工	200 元/年/亩	30 元/年/亩
节省成本约 270 万元/万亩		
糖料蔗产量	1500～2500 元/亩	3000～4000 元/亩
蔗糖分	13.0%～14.5%	13.5%～15.0%
增加效益　1100 万～2100 万元/万亩		

第 11 章　基于 GIS 的蔗糖产量预报与灾害监测评估预警智能制作发布系统

　　基于 GIS 的蔗糖产量预报与灾害监测评估智能制作发布系统具有良好的移植性和通用性,以蔗糖产区各省气象业务部门蔗糖气象服务为导向,严格遵循气象部门的构建原则,严格执行《地面气象资料实时统计处理业务规定(试行)》《全国农业气象数据库环境技术规范(试行)》《全国智慧农业气象服务平台数据存储规范(试行)》和《国家气象中心数据集成规范》等气象业务数据标准,使用相同的数据来源和相同的数据结构表,确保系统在各省能无缝链接使用。

　　产品制作系统开发工具为 Microsoft Visual Studio 2010,开发环境为 Microsoft . NET Framework3. 5 SP1 以上版本,采用 MS. NET 程序设计语言,使用气象 MGDB(MeteoGIS)空间数据库访问引擎和 MG Objects 开发组件,产品发布系统采用 Asp. NET 和 GeoServer 地图服务软件。

11.1　系统总体功能结构

　　系统总体分为产品制作子系统和产品发布子系统。其中产品制作子系统包含气象要素查询统计、预报数据读取、多元回归分析、细网格推算插值、寒冻害监测预警、干旱监测、大风监测预警、甘蔗遥感长势监测、甘蔗产量预测等功能;产品发布子系统基于 WebGIS 技术,实现了干旱监测产、寒冻害监测预警、大风灾害监测预警、遥感长势监测等产品和甘蔗气象服务材料的发布功能。总体功能结构如图 11.1 所示,系统主界面如图 11.2 所示。

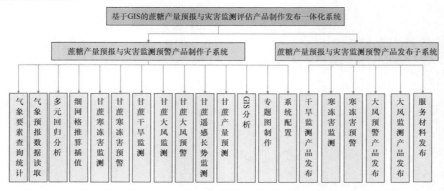

图 11.1　系统总体功能结构图

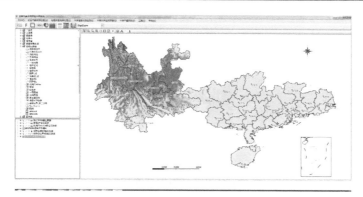

图 11.2　产品制作系统主界面

11.2　系统主要功能模块

产品制作系统包含气象要素查询统计、预报数据读取、多元回归分析、细网格推算插值、寒冻害监测评估预警、干旱监测评估、大风监测评估预警、甘蔗遥感长势监测、甘蔗产量预测等功能。

11.2.1　气象要素查询统计

气象要素查询统计是根据用户输入的查询要素、查询范围和时间，基于MUSIC 接口读取 CIMISS 系统数据。可将查询结果保存为 MGDB 矢量点数据，站点信息与要素信息作为矢量点的属性保存；也可将结果保存为 EXCEL 的xlsx 表格。查询流程如图 11.3 所示，查询界面如图 11.4、图 11.5 所示。

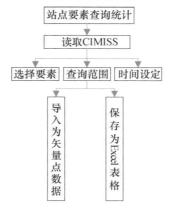

图 11.3　气象要素查询统计流程

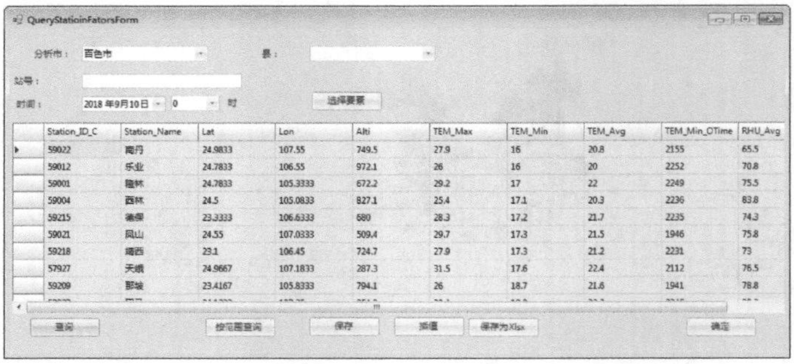

图 11.4　查询统计界面

图 11.5　要素选择

11.2.2　气象预报数据读取

　　预报数据读取是读取经过各地市气象台订正后的格点预报数据,格式为 Mi-caps Diamond 4 格式。读取功能为后续的甘蔗气象灾害预警提供数据输入接口。预报数据读取根据输入的读取区域、预报文件路径和导入后的 MGDB 文件存放路径,即可将数据读取并导入为 DatasetGrid 数据集,同时根据输入的读取区域进行裁剪,得到的即为所关心的区域数据。预报数据读取界面如图 11.6 所示。

图 11.6　预报数据读取窗口

11.2.3　多元回归分析

多元回归分析是利用最小二乘法,对设置好的自变量和因变量进行多元回归分析得到估算模型。在本系统中,利用多元回归分析对气象站点观测要素进行细网格内插推算。在甘蔗气象灾害监测中,通常所用到的自变量为经度、纬度、海拔高度、坡度、坡向等,而因变量为温度、风速等;在甘蔗产量遥感预测中,利用实测的遥感 NDVI、甘蔗研究区的平均株高、行距、有效径数、茎厘、单茎重量、亩产等进行多元回归分析,得到产量估算模型。图 11.7 为多元回归分析流程图,图 11.8 为多元回归分析功能界面。

图 11.7　多元回归分析流程

图 11.8　多元回归分析建模

11.2.4　细网格推算插值

基于多元回归分析得到的格点推算模型,配置好各个自变量对应的格点数据,即可通过细网格推算功能将需要模拟的要素或者因子进行细网格推算。同时,利用样本数据,对推算好的网格数据进行残差订正,即完成细网格推算,推算流程如图 11.9 所示,订正窗口如图 11.10 所示。

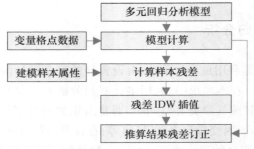

图 11.9　细网格推算

图 11.10　细网格推算订正

11.2.5　甘蔗寒冻害监测

　　甘蔗寒冻害指标分为平流型、辐射型,系统提供两种指标的甘蔗寒冻害监测产品计算。系统提供计算寒冻害监测所需的过程因子计算和建模指标模型计算。系统界面和监测图如图 11.12、图 11.13 所示。

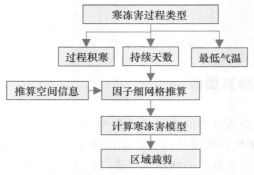

图 11.11 甘蔗寒冻害监测流程

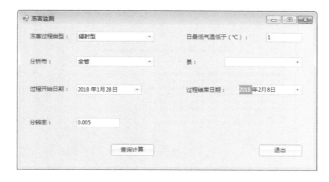

图 11.12　寒冻害监测产品计算窗口

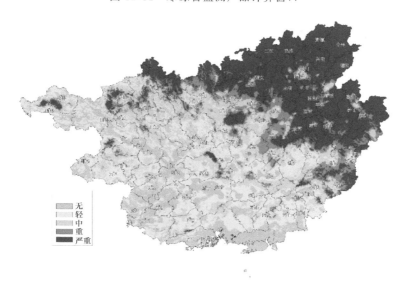

图 11.13　广西区 2018 年 1 月 28 日—2 月 7 日甘蔗寒冻害监测

11.2.6　甘蔗寒冻害预警

寒冻害预警根据 216 h 各地市订正后的预报产品,统计出寒冻害指标所需的最低气温、低于界限温度持续天数、积寒三个因子。利用统计出的因子代入甘蔗寒冻害指标,即可得到寒冻害监测产品数据。

甘蔗寒冻害预警指标因子统计流程如图11.14所示,甘蔗寒冻害预警指标因子统计界面如图 11.15 所示。

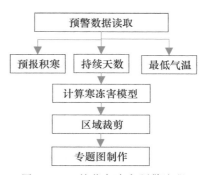

图 11.14　甘蔗寒冻害预警流程

图 11.15　寒冻害预警指标因子分析

11.2.7　甘蔗干旱灾害监测

　　系统提供两种甘蔗干旱灾害监测方法,即相对湿度指数法和水分亏缺距平指数法两种。甘蔗干旱监测相对湿度指数法流程如图 11.16 所示,相对湿度指数法分析界面如图 11.17 所示,图 11.18 为 2017 年 10 月 15 日甘蔗,水分亏缺距平指数监测图。

图 11.16　干旱相对湿度指数产品制作流程

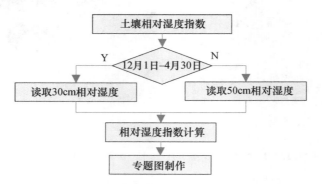

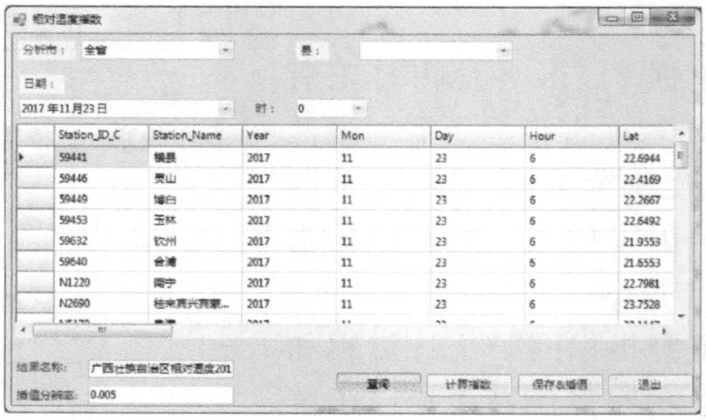

图 11.17　相对湿度指数计算

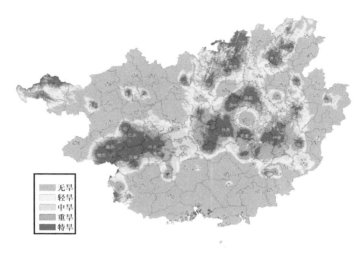

图 11.18　2017 年 10 月 15 日广西区甘蔗水分亏缺距平指数

(1)相对湿度指数即读取某个时次的 10 cm、20 cm、30 cm、40 cm、50 cm 土壤湿度,代入相对湿度指数指标计算出结果;

(2)水分亏缺距平指数是利用站点数据,计算站点日蒸散,进而计算水分亏缺率,并同历史 30 年平均值进行距平分析,最后得到水分亏缺距平指数。

11.2.8　甘蔗大风灾害监测

系统提供过程最大风速统计功能,通过读取 CIMISS 中站点日最大风速,并统计过程中的最大风速,利用空间建模插值推算方法,将过程最大风速推算为设定好的空间分辨率。再利用甘蔗大风灾害指标进行等级划分,即可得到甘蔗大风灾害监测数据,进而制作甘蔗大风灾害监测专题图。甘蔗大风灾害监测功能界面如图 11.19 所示。

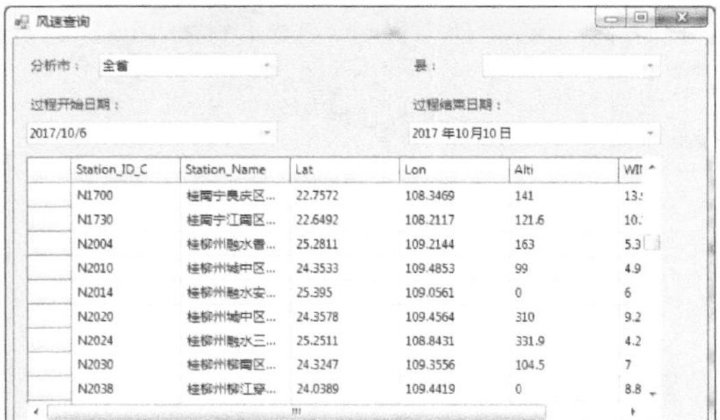

图 11.19　甘蔗大风灾害监测

11.2.9　甘蔗大风灾害预警

甘蔗大风预警根据 216 h 各地市订正后的预报产品,统计出 216 h 预报风速,并计算过程中每个格点的最大风速。再利用甘蔗大风灾害指标进行等级划分,即可得到甘蔗大风灾害预警数据,进而制作甘蔗大风灾害预警专题图。甘蔗大风灾害预警功能界面如图 11.20 所示;图 11.21 为 2017 年 8 月 24—25 日广西甘蔗大风灾害监测图。

图 11.20　甘蔗大风灾害预警

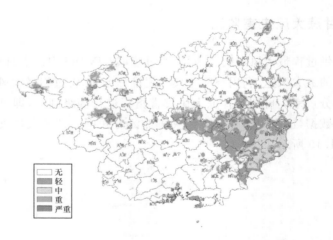

图 11.21　2017 年 8 月 24—25 日广西甘蔗大风灾害监测

11.2.10　甘蔗长势遥感监测

系统提供甘蔗长势遥感监测产品制作功能。甘蔗长势遥感监测是利用连续

4 年以上的同一月份 NDVI 数据,采用甘蔗遥感长势监测标准算法,并在计算完成后统计监测区内甘蔗的好中差三级的面积比例。图 11.22 为甘蔗长势遥感监测界面,图 11.23 为 2014 年 8 月广西崇左市江州区甘蔗长势遥感监测图。

图 11.22　甘蔗长势遥感监测

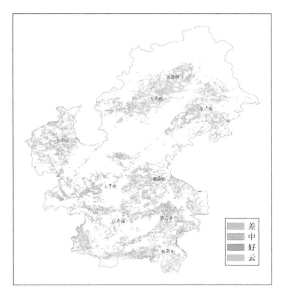

图 11.23　2014 年 8 月崇左市江州区甘蔗长势监测图

11.2.11　甘蔗产量预测

11.2.11.1　甘蔗遥感产量预测

甘蔗遥感产量预测通过前一年的实地测量数据,包括平均行距、有效茎数、平均茎径厘、平均株高和当年实际产量等,结合当年各个月份或者旬的 NDVI 数据,建立单产估算模型,再结合甘蔗种植分布,计算出预测区域内每个像元的甘蔗平均亩产,然后计算每个像元的产量既可得到预测区域内的产量。图 11.24 为甘蔗遥感产量预测流程图,图 11.25 为甘蔗遥感产量预测功能界面,图 11.26 为鹿寨县甘蔗遥感产量预测专题图。

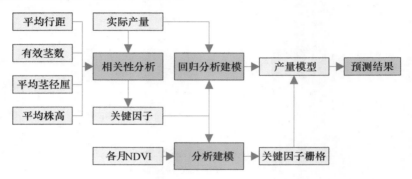

图 11.24　甘蔗遥感产量预测流程

图 11.25　甘蔗遥感产量预测计算窗口

11.2.12　GIS 分析

GIS 分析功能主要包括 SHAPE 文件导入、表格导入、属性数据查看和导出、栅格数据导出、栅格数据裁剪分析、地图保存等功能。GIS 分析功能结构如图 11.27 所示。

Shape 文件导入:ArcGIS Shape 矢量文件导入。

表格导入:将带有经纬度信息的表格,按每行一个点的方式导入为点数据。

栅格数据导入:导入保存为 GeoTiff 文件。

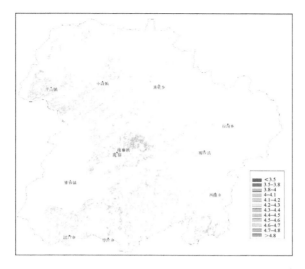

图 11.26　鹿寨县甘蔗遥感产量预测专题图

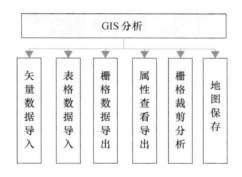

图 11.27　GIS 分析功能结构

栅格数据裁剪分析:根据矢量面对栅格数据进行裁剪。

地图保存:将配置好的地图保存为 XML 文件。

11.2.13　栅格产品拼图

由于不同地区由于数据源的原因,一个省可能无法做出四个省区的监测图,为便于制作四省区甘蔗主产区的监测预警产品,系统提供栅格数据镶嵌功能,地图中显示叠加的栅格数据,而列表中列出工作空间所有数据里面包含的栅格数据,可选择结果保存的位置、名称、分辨率等。图 11.29 为拼接镶嵌而成的四省区寒冻害监测产品。图 11.28 栅格产品拼接界面,图 11.29 为拼接镶嵌而成的四川省区甘蔗寒冻害监测图。

图 11.28　栅格数据拼接镶嵌

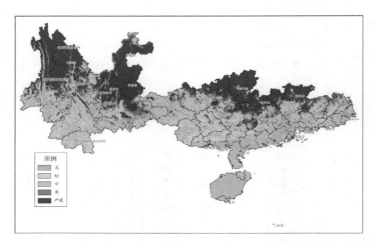

图 11.29　2018 年 1 月 28 日—2 月 7 日四省区甘蔗寒冻害监测图

11. 2. 14　系统配置

11. 2. 14. 1　基础地理信息配置

基础地理信息配置主要负责应用省份的基础地理信息背景数据的配置,包括地区名称、行政代码和对应的数据源及省、市、县对应的境界和行政点配置。要求县级行政边界和行政点包含有对应市级的名称和对应的行政编码字段。图 11. 30 为地理信息数据配置功能界面。

11. 2. 14. 2　系统参数配置

系统参数配置如图 11. 31 所示,配置项为:

图 11.30　基础地理信息数据配置

图 11.31　系统配置

- 工作目录、生成的数据存放路径；
- 站点数据源 CIMISS 的地址以及用户名密码；
- 统计预报子系统的存放路径；
- 默认的打开的地图。

附录　甘蔗干旱灾害等级
（GB/T 34809—2017）

本标准按照 GB/T 1.1—2009 给出的规则起草。

本标准由中国气象局提出。

本标准由全国农业气象标准化技术委员会（SAC/TC539）归口。

本标准起草单位：广西壮族自治区气象减灾研究所，广西壮族自治区农业科学院农业资源与环境研究所，广西壮族自治区气象信息中心。

本标准主要起草人：匡昭敏、李 莉、罗永明、欧钊荣、杨绍锷、夏小曼、李玉红、何 燕、王政锋。

1　范围

本标准规定了甘蔗干旱灾害的指标及等级划分。

本标准适用于我国甘蔗产区对甘蔗干旱灾害的调查、监测、预警和评估。

2　术语和定义

下列术语和定义适用于本文件。

2.1　甘蔗干旱灾害　drought of sugarcane

由于土壤干旱或大气干旱，甘蔗根系从土壤中吸收到的水分难以补偿蒸腾的消耗，使植株体内水分收支平衡失调，甘蔗正常生长发育受到影响甚至死亡，并最终导致减产和品质降低。

2.2　甘蔗干旱灾害等级 drought grade of sugarcane

描述甘蔗不同干旱灾害程度的级别。

3　等级划分与指标

3.1　等级划分

甘蔗干旱灾害等级分为 4 级，分别为 1 级，2 级，3 级，4 级，对应的干旱灾害等级类型为轻旱、中旱、重旱、特旱。

采用土壤相对湿度指数、甘蔗水分亏缺距平指数、甘蔗形态指标来界定。

3.2 等级指标

3.2.1 基于土壤相对湿度指数(R_{sm})的甘蔗干旱灾害等级

土壤相对湿度指数(R_{sm})的等级见表1。

土壤相对湿度指数的计算方法见附录A。

表 1 基于土壤相对湿度指数(R_{sm})的灾害等级

等级	类型	土壤相对湿度指数(%)
1	轻旱	$60 \leqslant R_{sm} < 65$
2	中旱	$55 \leqslant R_{sm} < 60$
3	重旱	$45 \leqslant R_{sm} < 55$
4	特旱	$R_{sm} < 45$

3.2.2 基于水分亏缺距平指数的甘蔗干旱灾害等级

水分亏缺距平指数($CWDIa$)的等级见表2。

甘蔗水分亏缺距平指数的计算方法见附录A。

表 2 基于水分亏缺距平指数($CWDIa$)的灾害等级

等级	类型	甘蔗水分亏缺距平指数(%)	
		茎伸长期	其余发育期
1	轻旱	$30 \leqslant CWDIa < 45$	$35 \leqslant CWDIa < 50$
2	中旱	$45 \leqslant CWDIa < 60$	$50 \leqslant CWDIa < 65$
3	重旱	$60 \leqslant CWDIa < 75$	$65 \leqslant CWDIa < 80$
4	特旱	$CWDIa \geqslant 75$	$CWDIa \geqslant 80$

3.2.3 甘蔗形态指标等级

农田与作物形态指标的等级见表3。

表 3 甘蔗形态指标等级划分表

等级	类型	甘蔗形态		
		播种期	出苗或发株期	茎伸长期-工艺成熟期
1	轻旱	出现干土层,且干土层厚度小于3 cm	因旱影响出苗或发株率,出苗或发株率为大于等于60%,小于80%	因旱白天叶片上部卷起,夜间可恢复
2	中旱	干土层厚度大于等于3 cm,小于6 cm	因旱播种困难,出苗或发株率为大于等于40%,小于60%	因旱叶片白天凋萎,灌溉后可恢复

续表

等级	类型	甘蔗形态		
		播种期	出苗或发株期	茎伸长期-工艺成熟期
3	重旱	干土层厚度大于等于 6 cm,小于 12 cm	因旱无法播种或出苗、发株率为大于等于 30%,小于 40%	因旱有死苗、叶片枯萎、生长点死亡等现象,灌溉后可恢复 70% 以上
4	特旱	干土层厚度大于等于 12 cm	因旱无法播种或出苗、发株率小于 30%	因旱植株干枯死亡 30% 以上,存活植株即使灌溉后生长也受到严重抑制

注:工艺成熟期的叶片指顶部功能叶片。

出苗期:新植蔗锥状幼芽露出地面,长约 2.0 cm。

发株期:甘蔗收后开始发株,长约 2.0 cm。

茎伸长期:茎节迅速伸长,地面上出现主茎的第一个节,伸长的节间约 3.0 cm。

工艺成熟期:枯黄叶增多,梢叶短小,茎的外皮干燥光滑,蜡粉稀薄色淡,蔗汁呈淡黄色,断面中间显有灰白色小点,这时含糖量最高。如有条件可按当地标准进行锤度、蔗糖、纯度测定。无测定条件可品尝蔗汁,蔗汁上、中、下三部甜度差异不大(上、下部锤度之比达 0.9~1.0)时,为工艺成熟期。

3.3 使用原则

有土壤湿度观测的地区优先使用土壤相对湿度指数指标,没有土壤湿度观测时,使用水分亏缺距平指数指标。当采用上述两种划分的甘蔗干旱灾害等级不一致时,以土壤相对湿度指数划分的等级为准。当前面两者资料均不具备时,采用甘蔗形态指标。

附 录 A

(规范性附录)

指标的计算方法及适用范围

A.1 土壤相对湿度指数计算方法

本标准采用 50 cm 厚度的土壤相对湿度,适用范围为旱区。考虑作物根系发育情况,在甘蔗播种期和苗期土层厚度取 30 cm,其它生长发育阶段取 50 cm。

土壤相对湿度指数的计算如(A.1)式:

$$R_{sm} = a \times \left[\frac{\sum\limits_{i}^{n} w_i}{\sum\limits_{i}^{n} fc_i} \times 100 \right] \quad \text{(A.1)}$$

式中:R_{sn} 为土壤相对湿度指数(单位:%);a 为作物发育期调节系数,苗期和茎伸长期为 0.9,其余发育期为 1;w_i 为第 i 层土壤重量含水率(单位:%);fc_i 为第 i 层土壤田间持水量(单位:%)。

A.2 甘蔗水分亏缺距平指数计算方法

本标准选用甘蔗水分亏缺距平指数以消除区域与季节差异。本指数适用范围为气象要素(日最高气温、日最低气温、风速、水汽压、日照、降水量)观测齐备的甘蔗种植区。

某时段甘蔗水分亏缺距平指数($CWDIa$)按公式(A.2)计算:

$$CWDIa = \begin{cases} CWDI & \overline{CWDI} \leqslant 0 \\[2mm] \dfrac{CWDI - \overline{CWDI}}{100 - \overline{CWDI}} & \overline{CWDI} > 0 \end{cases} \quad (A.2)$$

式中:$WWDIa$ 为某时段(30 d)甘蔗水分亏缺距平指数(单位:%);$CWDI$ 为某时段(30 d)甘蔗水分亏缺率(单位:%);$\overline{CWDI}$ 为所计算时段(30 d)同期甘蔗水分亏缺率 30 a(1971—2000 年)平均值(单位:%)。

$$\overline{CWDI} = \frac{1}{n} \sum_{i=1}^{n} CWDI_i \quad (A.3)$$

式中:n 为 30 a;$i = 1, 2, \cdots, n$。

$$CWDI = a \times CWDI_j + b \times CWDI_{j-1} + c \times CWDI_{j-2} \quad (A.4)$$

式中:$CWDI$ 为某时段累计水分亏缺率(单位:%);$CWDI_j$ 为第 j 时间单位(本标准取 10 d)的水分亏缺率(单位:%);$CWDI_{j-1}$ 为第 $j-1$ 时间单位的水分亏缺率(单位:%);$CWDI_{j-2}$ 为第 $j-2$ 时间单位的水分亏缺率(单位:%);a, b, c 为各时间单位水分亏缺率的权重系数,a 取值为 0.6;b 取值为 0.3;c 取值为 0.1。各地可根据当地实际情况,通过历史资料分析或田间试验确定系数值。

$CWDI_j$ 由式(A.5)计算:

$$CWDI_j = \frac{W_j - (P_j + I_j)}{W_j} \times 100 \quad (A.5)$$

式中:P_j 为某 10 d 累计降水量(单位:mm);I_j 为某 10 d 累计灌溉量(单位:mm);W_j 为甘蔗某 10 d 需水量(单位:mm),可由式(A.6)计算:

$$W_j = k_c \times ET_0 \quad (A.6)$$

ET_0 为某 10 d 的甘蔗潜在蒸散量。k_c 为某 10 d 甘蔗所处发育阶段的作物系数,有条件的地区可以根据实验数据来确定本地的作物系数,无条件地区可以直接采用 FAO 的数值或国内临近地区通过试验确定的数值(参见附录 B)。

附 录 B

（资料性附录）

甘蔗主产区作物系数(k_c)参考值

表 B.1　甘蔗主产区作物系数(k_c)参考值

时间		地区			
		广西	云南	广东	海南
1月	上旬	0.4	0.4	0.4	0.4
	中旬	0.4	0.4	0.4	0.4
	下旬	0.4	0.4	0.4	0.4
2月	上旬	0.4	0.4	0.4	0.4
	中旬	0.4	0.4	0.4	0.4
	下旬	0.4	0.4	0.4	0.4
3月	上旬	0.4	0.4	0.4	0.4
	中旬	0.4	0.4	0.4	0.4
	下旬	0.5	0.5	0.5	0.5
4月	上旬	0.5	0.5	0.5	0.5
	中旬	0.5	0.5	0.5	0.5
	下旬	0.6	0.6	0.5	0.5
5月	上旬	0.6	0.7	0.6	0.6
	中旬	0.7	0.7	0.7	0.7
	下旬	0.7	0.8	0.7	0.7
6月	上旬	0.8	0.9	0.8	0.8
	中旬	0.9	0.9	0.9	0.9
	下旬	0.9	1.0	0.9	0.9
7月	上旬	1.0	1.1	1.0	1.0
	中旬	1.1	1.1	1.1	1.1
	下旬	1.2	1.2	1.2	1.2
8月	上旬	1.1	1.1	1.1	1.1
	中旬	1.1	1.0	1.1	1.1
	下旬	1.0	1.0	1.0	1.0
9月	上旬	1.0	1.0	1.0	1.1
	中旬	1.0	0.9	1.0	1.0
	下旬	0.9	0.9	0.9	0.9

续表

时间		地区			
		广西	云南	广东	海南
10 月	上旬	0.9	0.9	0.9	0.9
	中旬	0.9	0.8	0.9	0.9
	下旬	0.8	0.8	0.8	0.8
11 月	上旬	0.8	0.7	0.8	0.8
	中旬	0.7	0.6	0.7	0.7
	下旬	0.6	0.6	0.7	0.7
12 月	上旬	0.6	0.6	0.6	0.6
	中旬	0.6	0.6	0.6	0.6
	下旬	0.6	0.6	0.6	0.6

参考文献

曹鹏飞,2014. 基于光谱特征技术的农作物特征波段提取与分类研究[D]. 昆明:云南师范大学.

陈国平,2007. 水稻虫害的地面高光谱分析及其检测软件的设计[D]. 镇江:江苏大学.

陈海波,李就好,刘宗强,等,2010. 不同阶段控制灌溉对甘蔗生长影响的试验研究[J]. 节水灌溉(7):57-62.

陈皓锐,伍靖伟,黄介生,等,2013. 关于灌溉用水效率尺度问题的探讨[J]. 灌溉排水学报,32(6):1-6.

陈惠,1998. 甘蔗群体生产及产量形成与气象条件的关系[J]. 甘蔗,5(4):12-16.

陈凯荣,2010. 宿根甘蔗光合生产和干物质分配模型的构建[D]. 湛江:广州海洋大学.

陈凯荣,王季槐,莫俊杰,等,2010. 甘蔗光合作用模型的构建与大田实验验证[J]. 贵州科学,28(2):45-49.

陈刘凤,林开平,胡宝清,等,2015. 基于 Landsat8_OLI 数据的甘蔗种植面积监测[J]. 南方农业学报,46(11):2068-2072.

陈效逑,王林海,等,2009. 遥感物候学研究进展[J]. 地理科学进展,28(1):33-40.

陈玉民,郭国双,王广兴,等,1995. 中国主要作物需水量与灌溉[M]. 北京:水利电力出版社.

崔凯,蒙继华,左廷英,2012. 遥感作物物候监测方法研究. 安徽农业科学[J]. (10)L6279-6281+6321.

崔远来,熊佳,2009. 灌溉水利用效率指标研究进展[J]. 水科学进展,(04):590-598.

丁美花,谭宗琨,何燕,等,2009. 基于 MODIS 数据的甘蔗冻害监测——以广西来宾市为例[J]. 热带作物学报,30(7):918-922.

丁美花,谭宗琨,李辉,等,2012. 基于 HJ-1 卫星数据的甘蔗种植面积调查方法探讨[J]. 中国农业气象,33(2):265-270.

丁娅萍,2013. 基于微波遥感的旱地作物识别及面积提取方法研究[D]. 中国农业科学院,.

董建军,牛建明,张庆,等,2013.基于多源卫星数据的典型草原遥感估产研究[J]. 中国草地学报,35(6):64-69.

段若溪,姜会飞,2002. 农业气象学[M]. 北京:气象出版社.

范磊,程永政,王来刚,等,2010. 基于多尺度分割的面向对象分类方法提取冬小麦种植面积[J]. 中国农业资源与区划,31(6):44-51.

冯奇,吴胜军,2006.我国农作物遥感估产研究进展[J]. 世界科技研究与发展,28(3):32-36,6.

盖钧镒,2002. 试验统计方法[M]. 北京:中国农业出版社,13-33.

广西壮族自治区气候中心,2007. 广西气候[M]. 北京:气象出版社,104-108.

广西壮族自治区统计局,2016. 广西统计年鉴-2016 [M]. 北京:中国统计出版社.

郭为,2015 年 4 月,2015 年中国城镇化高层国际论坛,大会发言

国家气象局,1993. 农业气象观测规范[M]. 北京:气象出版社.

国家统计局,2014. 中国农村统计年鉴[M]. 北京:中国统计出版社.

国家统计局,2015. 中国统计年鉴[J]. 北京:中国统计出版社.

韩帅,师春香,林泓锦,等,2015. CLDAS 土壤湿度业务产品的干旱监测应用[J]. 冰川冻土,37(02):446-453.

韩宇平,张功瑾,王富强,2013. 农业干旱监测指标研究进展[J]. 华北水利水电学院学报,34(1):74-78.

何炎森,李瑞美,2002. 不同施肥模式对丘陵旱地土壤理化性状及甘蔗产量的影响[J]. 甘蔗糖业,(4):20-24.

侯佳,2014. 广西蔗糖产业发展现状与分析[J]. 新经济,2014 年 2 月.

化国强,2011. 基于全极化 SAR 数据玉米长势监测及制图研究[D]. 南京:南京信息工程大学.

黄敬峰,王福民,王秀珍,2010. 水稻高光谱遥感实验研究[M]. 杭州:浙江大学出版社.

黄晚华,薛昌颖,李忠辉,等,2009. 基于作物生长模拟模型的产量预报方法研究进展[J]. 中国农业气象,30(增 1):140-143.

黄艳,杨登登,2012. 基于物联网技术的精准灌溉农业系统应用框架[J]. 现代计算机(专业版),(20):68-71,76.

黄永春,谢名洋,2000. 榨季小期蔗糖糖分的灰色预测[J]. 中国糖料,(2):1-6.

黄智刚,谢晋波,2007. 我国亚热带地区甘蔗产量的模型模拟[J]. 中国糖料,(1):8-12.

贾明权,2013. 水稻微波散射特性研究及参数反演[D]. 成都:电子科技大学.

江东,王乃斌,杨小唤,1999. 我国粮食作物卫星遥感估产的研究[J]. 自然杂志,21(6):351-355.

江东,王乃斌,杨小唤,等,2002. NDVI 曲线与农作物长势的时序互动规律[J]. 生态学报,22(2):247-253.

姜志伟,2012. 区域冬小麦估产的遥感数据同化技术研究[D]. 北京:中国农业科学院研究生院.

蒋菊生,谢贵水,林位夫,等,1999. 气象要素与甘蔗生产的关系及其预测模型的建立[J]. 甘蔗,6(1):1-5.

蒋运志,陈宗行,马新建,等,2010. 农业气象观测中需要注意的问题[J]. 现代农业科技,(15):338.

鞠昌华,2008. 利用地-空高光谱遥感监测小麦氮素状况与生长特征[D]. 南京:南京农业大学.

匡昭敏,2007. 基于 EOS/MODIS 卫星数据的甘蔗干旱遥感监测模型及其应用研究[D]. 南京:南京信息工程大学,21-27.

匡昭敏,李强,尧永梅,等,2009. EOS/MODIS 数据在甘蔗寒害监测评估中的应用[J]. 应用气象学报,20(3):360-364.

匡昭敏,朱伟军,丁美花,等,2007. 多源卫星数据在甘蔗干旱遥感监测中的应用[J]. 中国农业气象,28(1):93-96.

匡昭敏,朱伟军,丁美花,等,2007. 多源卫星数据在甘蔗干旱遥感监测中的应用[J]. 中国农业气象,28(1):93-96.

冷伟锋,王海光,媚岩,等,2012. 无人机遥感监测小麦条绣病初探[J]. 植物病理学报,(02):202-205.

李保国,龚元石,左强,等,2000. 农田土壤水的动态模型及应用[M]. 北京:科技出版社.

李冰,刘镕源,刘素红,等,2012. 基于低空无人机遥感的冬小麦覆盖度变化监测[J]. 农业工程学报,28(13).

李存军,王纪华,王娴,等,2008. 遥感数据和作物模型集成方法与应用前景[J]. 农业工程学报,24(11):295-301.

李代峰,2009. 广西甘蔗种植现状和发展对策[D]. 南宁:广西大学.

李东林,2014. 农业气象观测与试验[M]. 北京:气象出版社.

李佛琳,李本逊,曹卫星,2005. 作物遥感估产的现状及其展望[J]. 云南农业大学学报,20(5):680-684.

李福强,张恒嘉,王玉才,等,2017. 我国精准灌溉技术研究进展[J]. 中国水运,17(4):145-148.

李航,2012. 统计学习方法[M]. 北京:清华大学出版社.

李娜,2014. 关于农业灌溉用水计量方法的探讨[J]. 水科学与工程技术(6):69-71.

李天宏,杨海宏,赵永平,1997. 成像光谱仪遥感现状与展望[J]. 遥感技术与应用(2):54-58.

李卫国,李秉柏,王志明,等,2006. 作物长势遥感监测应用研究现状和展望[J]. 江苏农业科学,(3):12-15.

李卫国,李正金,杨澄,2010. 基于CBERS遥感的冬小麦长势分级监测[J]. 中国农业科技导报,12(3):79-83.

李祥,傅俊琼,2009. 基于图像融合的微表面快速三维重构算法研究[J]. 计算机应用研究,26(10):3992-3994.

李翔,李杨瑞,杨柳,等,2014. 2013年广西甘蔗生产情况调查报告[J]. 中国农学通报,30(13):260-268.

李杨瑞,李代锋,2009. 广西甘蔗种植现状和发展对策[D]. 南宁:广西大学.

李远华,1999. 节水灌溉理论与技术[M]. 武汉:武汉水利电力出版社.

李宗南,陈仲新,王利民,等,2014. 基于小型无人机遥感的玉米倒伏面积提取[J]. 农业工程学报,30(19):207-213.

梁海福,2004. 不同结构甘蔗高产群体生长动态及生理研究[D]. 南宁:广西大学.

梁继,王建,王建华,2002. 基于光谱角分类器遥感影像的自动分类和精度分析研究[J]. 遥感技术与应用,17(6):299-303.

梁亮,杨敏华,张连蓬,等,2011. 小麦叶面积指数的高光谱反演[J]. 光谱学与光谱分析,31(6):1658-1662

梁顺林,2009. 定量遥感[M]. 北京:科学出版社:314-379.

梁文经,1998. 雷州半岛甘蔗需水量及灌溉制度[J]. 广东水利水电,(1):39-43.

林展图,李涛,王彩云,等,2014.甘蔗抗旱基因研究进展[J].湖北农业科学(2):249-254.

刘凡值,刘文慈,2009.甘蔗的多元化利用机器相关产业发展[J].广西蔗糖,(4):13-15.

刘峰,李存军,黎锐,等,2008.陆面数据同化系统构建方法及其农业应用[J].农业工程学报,(S2).

刘海娟,邵陆寿,朱建辉,等,2009.基于图像处理的水稻成熟期密度检验[J],昆明理工大学学报(理工版),02:84-88.

刘浩,邵芸,王翠珍,1997.多时相Radarsat数据在广东肇庆地区稻田分类中的应用[J].国土资源遥感,(4):1-6.

刘吉凯,钟仕全,徐雅,等,2014.基于多时相GF-1 WFV数据的南方丘陵地区甘蔗种植面积提取[J].广东农业科学,41(18):149-154.

刘可群,张晓阳,黄进良,1997.江汉平原水稻长势遥感监测及估产模型[J].华中师范大学学报(自然科学版),31(04):110-115.

刘玫岑,李霞,蒋平安,等,2005.ASTER数据在棉花信息提取中的应用——以兵团农一师十六团为例[J].遥感技术与应用,20(6):591-595.

刘少春,张跃彬,吴正昆,等,2001.旱地甘蔗主要栽培回归数学模型应用研究[J].中国糖业,(2):4-8

刘文秀,2008.广西甘蔗生产机械化现状及趋势[J].农机科技推广,09:39-40.

刘宪锋,朱秀芳,潘耀忠,等,2015.农业干旱监测研究进展与展望[J].地理学报,70(11):1835-1848.

刘小宁,任芝花,2005.地面气象资料质量控制方法研究概述[J].气象科技,33(3):199-203.

刘炎选,白惠东,蒋桂英,2007.中国精准农业的研究现状和发展发现[J].中国农学通报,23(7).

刘云,孙丹峰,宇振荣,等,2008.基于NDVI-Ts特征空间的冬小麦水分诊断与长势监测[J].农业工程学报,24(05):147-151.

刘志平,孙涵,胡萌琦,等,2010.农业气象自动观测样机的研制[J],安徽农业科学,17:9287-9289.

鲁恒,2008.利用无人机影像进行土地利用快速巡查的几个关键问题研究[D].成都:西南交通大学.

陆明,申双和,王春艳,等,2011.基于图像识别技术的夏玉米生育期识别方法初探研究[J],中国农业气象,03::423-429.

陆尚平,黄林,陈丙森,等,2012.基于机器视觉的甘蔗种植机械化研究[J],广西农业机械化,(5):28-29.

路京选,曲伟,付俊娥,2009.国内外干旱遥感监测技术发展动态综述[J].中国水利水电科学研究院学报,7(02):105-111.

路威,2005.面向目标探测的高光谱影像特征提取与分类技术研究[D].郑州:信息工程大学.

马化腾,2015.全国两会上,《关于以"互联网＋"为驱动,推进我国经济社会创新发展的建议》的议案.

马尚杰,裴志远,汪庆发,等,2011.基于多时相环境星数据的甘蔗收割过程遥感监测[J].农业工程学报,27(3):215-219.

马树庆,王春乙,2009. 我国农业气象业务的现状、问题及发展趋势[J]. 气象科技,37(1): 29-33.

马玉平,王石立,2004. 利用遥感技术实现作物模拟模型区域应用的研究进展[J]. 应用生态学报,15(9):165-171.

马玉平,王石立,张黎,等,2005. 基于遥感信息的作物模型重新初始化/参数化方法研究初探[J]. 植物生态学报,29(6):918-926

毛钧,Inman-Bamber N G,杨昆,等,2017. 甘蔗农业生产系统模拟模型模块化设计与应用研究进展[J]. 中国糖料,39(1):44-50.

蒙继华,吴炳方,李强子,等,2010. 农田农情参数遥感监测进展及应用展望[J]. 遥感信息,3: 122-128

孟翠丽,谭宗琨,李紫甜,2016. 广西甘蔗寒冻害空间反演模型研究[J]. 中国农业资源与区划,37(6):15-21.

明道绪,2013. 田间试验与统计分析[M]. 北京:科学出版社,12-37.

莫建飞,钟仕全,陈燕丽,等,2015. 基于 GIS 的广西甘蔗萌芽分蘖期干旱等级空间分布[J]. 江苏农业科学,43(03):113-115.

潘学标,2003. 作物模型原理[M]. 北京:气象出版社.

潘耀忠,张锦水,朱文泉,等,2013. 粮食作物种植面积统计遥感测量与估产[M]. 北京:科学出版社.

彭代亮,2009. 基于统计与 MODIS 数据的水稻遥感估产方法研究[D]. 杭州:浙江大学.

浦瑞良,宫鹏,2000. 高光谱遥感及其应用[M]. 北京:高等教育出版社:3-4.

钱永兰,侯英雨,延昊,等,2012. 基于遥感的国外作物长势监测与产量趋势估计[J]. 农业工程学报,28(13):166-171.

任建强,陈仲新,周清波,等,2015. MODIS 植被指数的美国玉米单产遥感估测[J]. 遥感学报,19(4):568-577.

任建强,刘杏认,陈仲新,等,2009. 基于作物生物量估计的区域冬小麦单产预测[J]. 应用生态学报,20(4):872-878.

任建强,唐华俊,陈仲新,2005. 农作物产量估计和预报方法研究现状与发展趋势//唐华俊,周清波. 资源遥感与数字农业. 北京:中国农业科学技术出版社:11-20.

尚松浩,雷志栋,杨诗秀,2000. 冬小麦田间墒情预报的经验模型[J]. 农业工程学报,16(5): 31-33.

邵庆,张楠,路阳,2013. 小麦病害图像识别处理及形状特征提取研究[J],农机化研究,08: 35-37.

邵芸,廖静娟,范湘涛,等,2002. 水稻时域后向散射特性分析:雷达卫星观测与模型模拟结果对比[J]. 遥感学报,6(6):440-450.

沈掌泉,王珂,王人潮,1997,. 基于水稻生长模拟模型的光谱估产研究[J]. 遥感技术与应用,12(2):17-20.

盛莉,2013. 快速城市化背景下城市热岛对土地覆盖及其变化的响应关系研究[D]. 杭州:浙江大学.

石晶晶,2013. 稻飞虱生境因子遥感监测及应用[D]. 杭州:浙江大学.

史定珊,毛留喜,1992. NOAA/AVHRR 冬小麦苗情长势遥感动态监测方法研究[J]. 气象学报,(04):520-523.

舒宁,1998. 国内外有关成像光谱数据影像的分析方法研究[J]. 国土资源遥感(1):16-20.

宋小宁,马建威,李小涛,等,2013. Hyperion 高光谱数据的植被冠层含水量反演[J]. 光谱学与光谱分析,33(10):2833-2837.

宋晓宇,王纪华,刘良云,等,2005. 基于高光谱遥感影像的大气纠正:用 AVIRIS 数据评价大气纠正模块 FLAASH[J]. 遥感技术与应用,20(4):393-398.

孙晨红,杨贵军,董燕生,等,2014. 旱冻双重胁迫下的冬小麦幼苗长势遥感监测研究[J]. 麦类作物学报,34(5):635-641.

孙华生,2008. 利用多时相 MODIS 数据提取中国水稻种植面积和长势信息[D]. 浙江大学环境与资源学院.

谭昌伟,王纪华,朱新开,等,2011. 基于 Landsat TM 影像的冬小麦拔节期主要长势参数遥感监测[J]. 中国农业科学,44(7):1358-1366.

谭宗琨,2011. 甘蔗生产气象监测与评估[M]. 南宁:接力出版社.

谭宗琨,丁美花,杨鑫,等,2010. 利用 MODIS 监测 2008 年初广西甘蔗的寒害冻害[J]. 气象,36(4):116-119.

谭宗琨,黄城华,孟翠丽,等,2014. 甘蔗寒冻害等级指标及灾损指标的初步研究[J]. 中国农学通报,30(28):169-181.

谭宗琨,吴良林,丁美花,等,2007. EOS/MODIS 数据在广西甘蔗种植信息提取及面积估算的应用[J]. 气象,33(11):76-81.

谭宗琨,吴全衍,1994. 影响广西原料蔗产量的主要气象因子及产量预报研究[J]. 广西农业科学,(3):108-111.

谭宗琨,吴全衍,符合,1996. 原料蔗产量波动与气象条件关系及产量预报[J]. 中国农业气象,16(3):50-53.

唐晏,2014. 基于无人机采集图像的植被识别方法研究[D]. 成都:成都理工大学.

陶士伟,徐枝芳,等,2009. 地面自动站资料质量控制方案及应用[J]. 高原气象,28(5):1202-1209.

王东伟,王锦地,梁顺林,2010. 作物生长模型同化 MODIS 反射率方法提取作物叶面积指数[J]. 中国科学:地球科学,(01):73-83.

王东伟,王锦地,肖志强,等,2008. 基于波谱数据库先验信息的地表参数同化反演方法[J]. 自然科学进展,(08):908-917.

王红说,黄敬峰,2009. 基于 MODIS NDVI 时间序列的植被覆盖变化特征研究[J]. 浙江大学学报:农业与生命科学版,35(1):105-110.

王建国,孙景兰,2014. 现代农业气象观测技术方法[M]. 北京:气象出版社.

王建林,吕厚荃,张国平,等,2005. 农业气象预报[M]. 北京:气象出版社.

王建林,宋迎波,杨霏云,等,2007. 世界主要产粮区粮食产量业务预报方法研究[M]. 北京:气象出版社.

王静,2006. 土地资源遥感监测与评价方法[M]. 北京:科学出版社,109-141.

王久玲,黄进良,王立辉,等,2014. 面向对象的多时相 HJ 星影像甘蔗识别方法[J]. 农业工程学报,(11):145-151.

王君华,莫伟华,钟仕全,等,2010 . 基于 MODIS 数据的蔗区旱情监测与评价——以广西崇左市为例[J]. 安徽农业科学,38(17):9103-9105.

王平,高丹,郑淑红,2013. 精准灌溉技术研究现状及发展前景[J]. 中国水利(s1):52-53.

王维赞,朱秋珍,邓展云,2001. 赤红壤蔗区甘蔗高产优质的生态条件[J]. 甘蔗糖业,(2):22-26.

王文佳,冯浩,2012. 国外主要作物模型研究进展与存在问题[J]. 节水灌溉,(8):63-70.

王玉鹏,2011. 无人机低空遥感影像的应用研究[D]. 焦作:河南理工大学.

韦小蕾,2014. 广西甘蔗产业化现状研究[J]. 中国市场(11).

维克托·迈尔-舍恩伯格,肯尼斯·库克耶. 大数据时代,2013 年 1 月

吴炳方,2000. 全国农情监测与估产的运行化遥感方法 [J]. 地理学报,55(1):25-35.

吴炳方,2004. 中国农情遥感监测研究[J]. 中国科学院院刊,19(3):202-205

吴炳方,蒙继华,李强子,等,2010. 全球农情遥感速报系统(CropWatch)新进展[J]. 地球科学进展,25(10):1013-1022

吴炳方,许文波,孙明,等,2004a. 高精度作物分布图制作[J]. 遥感学报,8(6):688-695.

吴炳方,张峰,刘成林,等,2004b. 农作物长势综合遥感监测方法[J]. 遥感学报,8(6):498-514.

吴炫柯,段毅强,陈利东,2011. 甘蔗茎伸长量与气象水分参数的相关性分析[J]. 气象科技,39(01):110-113 .

吴炫柯,韦剑锋,刘永裕,2013. 甘蔗茎伸长量与土壤水分含量的相关性[J]. 中国糖料,(04):60-61.

肖乾广,周嗣松,陈维英 ,等,1986. 用气象卫星数据对冬小麦进行估产的试验[J]. 环境遥感,(04):260-269.

谢贵水,蒋菊生,林位夫,等,1998. 冬植甘蔗新台糖 l 号高产栽培生态学研究 1. 生长规律与生长模型的研究[J]. 热带作物学报,(4):7-60

谢金兰,吴建明,黄杏,等,2015. 我国甘蔗新品种(系)的抗旱性研究[J]. 江苏农业科学 ,43(3):108-112.

谢名洋,黄永春,2001. GM(1,1)模型在预测甘蔗单产中的应用[J]. 中国糖业,(4):1-4.

辛景峰,2001. 基于 3S 技术与生长模型的作物长势监测与估产方法研究[D]. 北京:中国农业大学.

信乃诠,1998. 中国农业气象学[M]. 北京:中国农业出版社:369-378.

熊勤学,黄敬峰,2009. 利用 NDVI 指数时序特征监测秋收作物种植面积[J]. 农业工程学报,25(1):144-148.

许维娜,1993. 农业气象观测规范-上卷[M]. 北京:气象出版社,作物分册,15,19-30,41.

闫岩,柳钦火,刘强,等,2006. 基于遥感数据与作物生长模型同化的冬小麦长势监测与估产方法研究[J]. 遥感学报,(05):804-811.

阳景阳,2016. APSIM-Sugarcane 模型应用于不同播期甘蔗生长的模拟研究[D]. 南宁:广西大学 .

杨邦杰,1999.农作物长势的定义与遥感监测[J].农业工程学报,15(3):214-218.

杨国鹏,2007.基于核方法的高光谱影像分类与特征提取[D].郑州:信息工程大学.

杨国鹏,余旭初,冯伍法,等,2008.高光谱遥感技术的发展与应用现状[J].测绘通报(10):1-4.

杨昆,蔡青,刘家勇,等,2015.甘蔗生长模型研究进展[J].湖南农业大学学报:自然科学版,41(1):29-34.

杨年珠,涂方旭,黄雪松,等,2007.中国气象灾害大词典·广西卷[M].北京:气象出版社:359-369.

杨鹏,吴文斌,周清波,等,2007.基于作物模型与叶面积指数遥感影像同化的区域单产估测研究[J].农业工程学报,23(09):130-136.

杨鹏,吴文斌,周清波,等,2008.基于光谱反射信息的作物单产估测模型研究进展[J].农业工程学报,24(10):262-268.

杨萍,刘伟东,等,2011.北京地区自动气象站气温观测资料的质量评估[J].气象气象学报,22(6):706-715.

杨沈斌,申双和,李秉柏,等,2009.ASAR数据与水稻作物模型同化制作水稻产量分布图(英文)[J].遥感学报,(02):282-290.

杨永梅,李宏,2012.云南省甘蔗种植比较效益分析[J].云南农业大学学报:社会科学版,06(2):27-31.

姚克敏,吴举开,王树斌,1994.我国甘蔗的气候生产力特征分析[J].中国农业气象,15(4):15-25

俞日新,1997.广西水旱灾害及减灾对策[M].南宁:广西人民出版社:309-328.

袁源,陈雷,吴娜,等,2016.水稻文枯病图像识别处理方法研究[J].农机化研究,06:84-87.

詹鹏举,2013.全球背景下的广西糖业发展现状及对策[D].南宁:广西大学.

张佳华,杜育璋,刘学锋,陈仲新等,2012.农业遥感研究应用进展与展望765基于高光谱数据和模型反演植被叶面积指数的进展[J].光谱学与光谱分析,32(12):3319-3323.

张竞成,袁琳,王纪华,等,2012.作物病虫害遥感监测研究进展[J].农业工程学报,20:1-11.

张立国,吴超,时广毅,2013.基于云计算和WebGIS的农业信息服务系统构建[J].湖北农业科学,52(5):1161-1163.

张凌云,2009.广西干旱的时空分布特征及春旱和夏旱的成因分析[D].广州:中山大学.

张素青,贾玉秋,程永政,等,2015.基于GF-1影像的水稻苗情长势监测研究[J].河南农业科学,44(8):173-176.

张廷斌,唐菊兴,刘登忠,2006.卫星遥感图像空间分辨率适用性分析[J].地球科学与环境学报,28(1):79-82.

张卫正,董寿根,齐晓祥,等,2016.基于图像处理的甘蔗茎节识别与定位[J],农机化研究,04:217-221.

张义盼,崔远来,史伟达,2009.农业灌溉节水潜力及回归水利用研究进展[J].节水灌溉,(05):50-54.

张跃彬,陈勇,刘少春,等,2013.现代甘蔗糖业[M].北京:科学出版社,13-15.

张跃彬,王斌,等,2001.云南蔗区甘蔗栽培专家系统的设计[J].农业工程学报,17(4):

168-170.

张宗贵,王润生,郭大海,等,2006. 成像光谱岩矿识别方法技术研究和影响因素分析[M]. 北京:地质出版社,108-136.

章毓晋,1996. 图象分割评价技术分类和比较[J]. 中国图象图形学报,(2):151-158.

赵炳华,马志和,张跃彬,1999. 甘蔗目标产量优化农艺措施推荐及函数模型建立[J]. 甘蔗,6(1):28-36

赵虎,杨正伟,李霖,等,2011. 作物长势遥感监测指标的改进与比较分析[J]. 农业工程学报,27(1):243-249.

赵其国,黄国勤,2012. 广西农业[M]. 阳光出版社:11-12.

赵彦茜,齐永青,朱骥,等,2017. APSIM 模型的研究进展及其在中国的应用[J]. 中国农学通报,33(18):1-6.

赵艳霞,2005a. 遥感信息与作物生长模型结合方法研究及初步应用[D]. 北京:北京大学物理学院大气科学系.

赵艳霞,周秀骥,梁顺林,2005b. 遥感信息与作物生长模式的结合方法和应用研究进展[J]. 自然灾害学报,14(1):103-109.

中国大数据,2016 年 1 月,6 个用好大数据的秘诀

钟楚,周臣,徐梦莹,2012. 甘蔗生理发育时间及生育期预测[J]. 中国糖料,(2):49-51.

钟楚,周晨,徐梦莹. 甘蔗生理发育时间及生育期预测[J],中国糖料,

钟健,2004. 广西甘蔗糖业发展的现状及前景分析[J]. 甘蔗,11(4):51-59.

周清波,2004. 国内外农情遥感现状与发展趋势[J]. 中国农业资源与区划,25(5):9-14

周嗣松,汪勤模,1986. AVHRR 定量资料的提取及其应用[J]. 气象科技,(03):86-91

周嗣松,肖乾广,陈维英,等,1985. AVHRR 资料在农作物生长状况监测中的应用[J]. 农业现代化研究,(06):51-53.

朱钟麟,赵燮京,王昌桃,等,2006. 西南地区干旱规律与节水农业发展问题[J]. 生态环境,15(4):876-880.

祝必琴,黄淑娥,陈兴鹃,等,2014. 基于 FY3B/MERSI 水稻长势监测及其与 AQUA/MODIS 数据对比分析[J]. 江西农业大学学报,36(5):1009-1015.

邹金秋,2011. 农情监测数据获取及管理技术研究[D]. 北京:中国农业科学院.

邹旭恺,张强,王有民,等,2005. 干旱指标研究进展及中美两国国家级干旱监测[J]. 气象,31(07):6-9.

Almeida T I R,De Souza Filho C R,Rossetto R,2006. ASTER and Landsat ETM+ images appliedto sugarcane yield forecast [J]. International Journal of Remote Sensing,27(19):4057-4069.

Armstrong J Q,Dirks R D,Gibson K D,2009. The use of early season multispectral images for weed detection in corn[J]. Weed Technology,21(4):857-862.

Baghdadi N,Nathalie B,Pierre T,et al,2009. Potential of SAR sensors TerraSAR-X,ASAR/ENVISAT and PALSAR/ALOS for monitoring sugarcane crops on Reunion Island [J]. Remote Sensing of Environment,113(8):1724-1738.

Bending J,Bolten A,Bareth G ,2013. UAV-based imaging for multi-temporal,very high resolution crop surface models to monitor crop growth variabilitu [J]. Photogrammetrie-Fernerkundung-Geoinformation,6(6):551-562.

Bending J,Yu K,Aasen H,et al,2015. Combining UAV-based plant height from crop surface models,visible,and near infrared vegetation indices for biomass monitoring in barley [J]. International Journal of Applied Earth Observation & Geoinformation,39:79-87.

Blaes X,Vanhalle L,Defourny P,2005. Efficeency of crop identification based on optical and SAR image time series[J]. Remote Sensing of Environment,96(3/4):352-365.

Bonnett G D,2014. Developmental Stages(Phenology). In Moore P H and Botha F C(ed s.). Sugarcane:Physiology,Biochemistry,and Functional Biology,First Edition[J]. Published by John Wiley & Sons,Inc.

Boote K J,Loomis R S,1991. The prediction of canopy assimilation. In:Modeling Crop Photosynthesis-From Biochemistry to Canopy (eds K. J. Boote & R. S. Loomis),CSSA Special Publication No 19,109-140. CSSA Inc. ,Madison,Wisconsin.

Carbone G J,Narumalani S,King M,1996. Application of remote sensing and GIS technologies with physiological crop models[J]. Photogrametric Engineering and Remote Sensing,62(2):171-179.

Cheeroo-Nayamuth F C,Robertson M J,Wegener M K,et al,2000. Using a simulation model to assess potential and attainable sugar cane yield in Mauritius[J]. Field crops research,(66):225-243.

Chen R,Ersi K,Yang J,et al,2004. Validation of five global radiation models with measured daily data in China[J]. Energy Conversion and Management,45,1759-1769.

Chen Z M,Chen Z X,Komaki K,et al,2004. Estimation of interannual variation in productivity of global vegetation using NDVI data[J]. International Journal of Remote Sensing,25(16):3139-3159.

Cheng H D,Jiang X H,Sun Y,et al,2001. Color image segmentation:advances and prospects [J]. Pattern Recognition,34(12):2259-2281.

Choudhury B J,2000. A sensitivity analysis of the radiation use efficiency for gross photosynthesis and net carbon accumulation by wheat[J]. Agric For. Meteorol,101,217-234.

Clevers J G P W,vanLeeuwen H J C,1996. Combined use of optical and microwave remote sensing data for crop growth monitoring[J]. Remote Sensing of Environment,56(1):42-51.

Congalton Russell G,1991. A review of assessing the accuracy of classifications of remotely sensed data[J]. Remote Sensing of Environment,37(1):35-46.

Crop Evapotranspiration(guidelines for computing crop water requirements)FAO Irrigation and Drainage Paper No. 56. 1998:167-171.

Dai Y,Shangguan W,Duan Q,et al,2013. Development of a China Dataset of Soil Hydraulic Parameters Using Pedotransfer Functions for Land Surface Modeling [J]. Journal of Hydrometeorology.

Davranche Aurélie,Lefebvre Gaëtan,Poulin Brigitte,2010. Wetland monitoring using classification trees and SPOT-5 seasonal time series[J]. Remote Sensing of Environment,114(3):

552-562.

de Wit C T, Brouwer R, Penning de Vries, et al, 1970. The simulation of photosynthetic systems. In: Prediction and measurement of photosynthetic productivity (ed. I. Setlik), 47-70. Centre for Agricultural Publishing and Documentation, Wageningen, The Netherlands.

Delecolle R, Maas S J, Guerif M, et al, 1992. Remote sensing and crop production models: present trends [J]. ISPRS Journal of Photogrammetry & Remote Sensing, 47(2-3): 145-161.

Fang H L, Liang S L, Hoogenboom G, et al, 2008. Corn-yield estimation through assimilation of remotelysensed data into the CSM-CERES-Maize model[J]. International Journal of Remote Sensing, 29(10): 3011-3032

Fayyad Usama, Piatetsky-Shapiro Gregory, Smyth Padhraic, 1996. From data mining to knowledge discovery in databases[M], AI magazine: 37-54.

Fortes C, Demattê J A M, 2006. Discrimination of sugarcane varieties using Landsat 7 ETM+ spectral data[J]. International Journal of Remote Sensing, 27(7): 1395-1412.

Friedl M A, Brodley C E, 1997. Decision tree classification of land cover from remotely sensed data[J]. Remote Sensing of Environment, 61(3): 399-409.

Fu K S, Mui J K, 1981. A survey on image segmentation[J], Pattern Recognition, 13(1): 3-16.

Gago J, Douthe C, Coopman R E, et al, 2015. UAVs challenge to assess water stress for sustainable agriculture[J]. Agricultural Water Management, 153: 9-19.

Garry J, Leary O, 2000. A review of three sugarcane simulation models with respect to their prediction of sucrose yield[J]. Field CropsRes, 68 (2) : 97-111.

GB/T 32136—2015 农业干旱等级 .

Gomez-Candon D, Castro A I D, Lopez-Granados F, 2014. Assessing the accuracy of mosaics from unmanned aerial vehicle(UAV) imagery for precision agricultural purposes in wheat [J]. Precision Agriculture, 15(1): 44-56.

Gonzalez, Rafael C. Woods, Richard E, 2002. Digital image processing. 2nd ed[M]. Upper Saddle River Nj, 6(5): 186-191.

Guerif M, Duke C, 1998. Calibration of the SUCROS emergence and early growth module for sugar beet using optical remote sensing data assimilation[J]. European Journal of Agronomy, 9(2-3): 127-136.

Hadria R, Duchemin B, Lahrouni A, et al, 2006. Monitoring of irrigated wheat in a semiarid climate using crop modelling and remote sensing data: Impact of satellite revisit time frequency [J]. International Journal of Remote Sensing, 27(5-6): 1093-1117.

Haralick M Robert, 1992. Performance characterization in image analysis: thinning, a case in point[J]. Pattern Recognition Letters, 13(1): 5-12.

Hartt C E, Burr G O, 1967. Factors affecting photosynthesis in sugarcane[J]. Proc. Int. Soc. Sugar Cane Technol, 7: 748-749.

Huang Shengli, Potter Christopher, Robert L, 2010. Crabtree, et al. Fusing optical and radar data to estimate sagebrush, herbaceous, and bare ground cover in Yellowstone[J]. Remote Sensing of Environment, 114(2): 251-264.

Inman-Bamber N G,1991. A growth model for sugar-cane based on a simple carbon balance and the CERES-Maize water balance[J]. South African Journal Plant Soil,8,93-99.

Inman-Bamber N G,1994. Effect of age and season on components of yield of sugarcane in South Africa[J]. Proc. S. Afr. Sugarcane Technol. Assoc,(68):23-27

Inman-Bamber N G,1994a. Temperature and seasonal effects on canopy development and light interception of sugarcane[J]. Field Crops Research,36,41-51.

Inman-Bamber N G,2000. A growth model for sugarcane based on a simple carbon balance and the CERES-Maize water balance[J]. S Afr J Plant Soil,(2):93-99.

Inman-Bamber N G,Mcglinchey,2003. Crop coefficients and water-use estimates for sugarcane based on long-term bowen ratio energy balance measurements[J]. Field crops research,(83):125-138.

Inman-Bamber N G, Smith D M,2005. Water relations in sugarcane and response to water deficits[J]. Field Crops Research,(92):185-202.

Irvine J E,1983. Sugar-cane. In:Potential Productivity of Field Crops Under Different Environments,361-381. International Rice Research Institute,Los Banos,Philippines.

Jiang Z W,Chen Z X,Chen J,et al,2014. Application of crop model data assimilation with a particlefilter for estimating regional winter wheat yields[J]. IEEE Journal ofSelected Topics in Applied Earth Observations and Remote Sensing,7(11):4422-4431.

Jones J W ,Keating B A,et al,2001. Approaches to modular model development [J]. Agricultural Systems,(70):421-443.

Keating B A ,Carberry P S, Hammer GL,et al,2003. An overview of APSIM,a model designed for farming systems simulation[J]. Europ. J. Agronomy,18(3):267-288.

Keating B A ,Robertson M J,Muchow RC,et al,1999. Modelling sugarcane production systems I. Description and validation of the sugarcane module[J]. Field Crops Reserch,61(3) : 253-271.

Koren V,Smith M,Duan Q Y,et al,2004. Use of a priori parameter estimates in the derivation of spatially consistent parameter sets of rainfall-runoff models. [J].Journal of Biological Chemistry,290(6):3752-63.

Koschan A,Technischer,Ubersichtuber A F,1994. Colour Image Segmentation:A Survey [J]. Hw3. arz. oeaw. ac. at,(219).

Labus M P,Nielsen G A,Lawrence R L,et al,2002. Wheat yield estimates using multi-temporal NDVI satellite imagery[J]. International Journal of Remote Sensing,23(20):4169-4180.

Landis J Richard,Gary G Koch,1977. A One-Way Components of Variance Model for Categorical Data[J]. Biometrics,33(4):671-679.

Launay M,Guerif M,2000. Assimilating remote sensing data into a crop model to improve predictive performance for spatial applications[J]. Agriculture, Ecosystems&Environment2, 0051,11(1-4)3:21-339.

Laura D,Michele R,Francesco M,et al,2004. On the Assimilation of C-band Radar Datainto CERES-Wheat model[A]. Proc. IGARSS. 04 [C].

Laurila H,Karjalainen M,Kleemola J,et al,2010. Cereal Yield Modeling in Finland Using Optical and Radar Remote Sensing[J]. Remote Sensing,2(9):2185-2239.

Lee-Lovick G ,Kirchner L,1991. Limitations of Landsat TM data in monitoring growth and predicting yields in sugarcane[J]. Proceedings of the Australian Society of Sugar Cane Technology,13:124-129.

Li H,Chen Z X,Jiang Z W,et al. 2016. Comparative analysis of GF-1,HJ-1,and Landsat-8 datafor estimating the leaf area index of winter wheat[J]. Journal of IntegrativeAgriculture.

Lin H,Chen J S,Pei Zhiyuan,et al,2009. Monitoring sugarcane growth using ENVISAT ASAR data[J]. IEEE Transactions on Geoscience & Remote Sensing,47(8):2572-2580.

Liu D L ,Helyar K R,2003. Simulation of seasonal stalk water content and fresh weight yield of sugarcane[J]. Field Crops Research,82(1):59-73.

Liu D L,Allsopp P G,1996. QCANE and armyworms:to spray or not to spray,that is the question[J]. ProceedingsAustralian Society of Sugar Cane Technologists,18:106-112

Liu D L,Bull T A,2001. Simulation of biomass and sugar accumulation in sugarcane using a process-based model[J]. Ecological Modelling,(144):181-211.

Liu D L,Kingston G,Bull T A,1998. A new technique for determining the thermal parameters of phenological development in sugarcane,including suboptimum and supra-optimum temperature regimes[J]. Agricultural and Forest Meteorology,90:119-139.

Liu D L,Helyar K R,2003. Simulation of seasonal stalk water content and fresh weight yield of sugarcane[J]. Field Crops Research,82(1):59-73.

Lucieer A,turner D,King D H,et al,2014. Using an Unmanned Aerial Vehicle(UAV) to capture micro-topography of Antarctic moss beds[J]. International Journal of Applied Earth Observation and Geoinformation,27(4):53-62.

Maas S J,1998. Using Satellite Data to Imp rove Model Estimates of Crop Yield [J]. Agronomy Journal,80:655-662.

Macdonald R B,Hall F G,1980. Global Crop Forecasting[J]. Science,208(4445):670-679.

Manjunath K R,Ray S S,Panigraphy S,2011. Discrimination of spectrally-close crops using ground-based hyperspectral data[J]. Journal of the Indian Society of Remote Sensing,39(4):599-602.

Mass S J. Using satellite data to improve model estimates of crop yield[J]. Agronomy Journal,1998,80(4):655-662.

McCown R L,Hammer G L,Hargreaves J N G,et al,1996. APSIM:an agricultural production system simulation model for operational research[J]. Mathematics and Computers in Simulation,(39):225-231.

Mesas-Carrascosa F J,Notario-Garcia M D,Larriva J E M D,et al,2014. Validation of measurements of land plot area using UAV imagery[J]. International Journal of Applied Earth Observation and Geoinformation,33(12):270-279.

Onoyama H,Ryu C,Suguri M,et al,2011. Estimation of rice protein content using ground-based hyperspectral rempte sensing[J]. Engineering in Agriculture,Environment and Food,

4(3):71-76.

O'Leary G J,2000. A review of three sugarcane simulation models in their prediction of su-crose yield[J]. Field CropsResearch,68,97-111.

Pan Z K,Huang J F,Zhou Q B,et al,2015. Mapping crop phenology using NDVI time-series derived from HJ-1 A/B data[J]. International Journal of Applied Earth Observation & Geoinformation,34(1):188-197.

Probert M E,Dimes J P,Keating B A,1998. APSIM's Water and Nitrogen Modules and Simu-lation of the Dynamics of Water and Nitrogen in Fallow Systems[J]. Agricultural Systems, 56(1):1-28.

Qin Zu,Chunrong Mi,De Li Liu,et al,2018. Spatio-temporal distribution of sugarcane poten-tial yields and yield gaps in Southern China[J]. European Journal of Agronomy,(92):72-83.

Rechard E. Schapire,2013. Explaining AdaBoost[M]. Empirical Inference,37-52.

Ribbes F,1999. Rice field mapping and monitoring with RADARSAT data[J]. International Journal of Remote Sensing,20(4):745-765.

Richards A John,1996. Classifier performance and map accuracy[J]. Remote Sensing of Envi-ronment,57(3):161-166.

Rosenzweig C,Jones J W,Hatfield JL,et al,2013. The Agricultural Model Intercomparison and Improvement Project(Ag MIP):Protocols and pilot studies [J]. Agricultural & Forest Me-teorology,170:166-182.

Rouse J W,Haas R W,Schell J A,et al,1974. Monitoring the vernal advancement and retro-gradation(Greenwave effect) of natural vegetation[J]. NASA/GSFCT Type III final report.

Sage R F,Peixoto M M,Sage T L ,2014. Photosynthesis in Sugarcane. In Moore P H and Botha F C(eds.). Sugarcane:Physiology,Biochemistry,and Functional Biology,First Edi-tion. Published by John Wiley & Sons,Inc.

Sakamoto T,Gitelson A A,Nguy-Robertson A L,et al,2012. An Alternative Method Using Digital Cameras for Continuous Monitoring of Crop Status [J]. Agricultural And Forest Me-teorology,154:113-126.

Schapire R E. Explaining AdaBoost[M]//Empirical Inference,2013.

Schmidt E J,Gers CJ,Narciso G,et al,2001. Remote sensing in the South African sugar indus-try[J]. Proceedings of the International Society of Sugar Cane Technologists,24:241-245.

Serrano,Filella I,Penuelas J,2000. Remote sensing of biomass and yield of winter wheat under different nitrogen supplies[J]. Crop Science,40(3):723-731.

Shao Yun,Fan Xiangtao,Liu Hao,et al,2001. Rice monitoring and production estimation using multitemporal RADARSAT[J]. Remote Sensing of Environment,76(00):310-325.

She Bao,Huang Jingfeng,Guo Ruifang,et al,2015. Assessing winter oilseed rape freeze injury based on Chinese HJ remote sensing data[J]. Journal of Zhejiang Universityence B,16(2): 131-144.

Shen K,Li W,Pei Z,et al,2015. Crop area estimation from UAV transect and MSR image data using Spatial sampling method[J]. Procedia Environmental Sciences,26:95-100.

Sinclair T R, FariasJ R, N Neumaier, et al, 2004. Modeling nitrogen accumulation and use by soybean[J] . Field Crops Research, (81), 149-158.

Singels A, Jones M, van den Berg M, 2008. DSSAT v4. 5 Canegro Sugarcane Plant Module: Scientific Documentation, 34. South African Sugarcane Research Institute, Mount Edgecombe, South Africa.

Stephen V Stehman, 1997. Selecting and interpreting measures of thematic classification accuracy[J]. Remote Sensing of Environment, 62(1):77-89.

Tao F L, Yokozawa M, Zhang Z, et al, 2005. Remote sensing of crop production in China by production efficiency models: models comparisons, estimates and uncertainties[J]. Ecological Modelling, 183(4):385-396.

Techy L, Schmale I D G, Woolsey C A, 2010. Coordinated aerobiological sampling of a plant pathogen in the lower atmosphere using two autonomous unmanned aerial vechicles [J]. Journal of Field Robotics, 27(3):335-343.

Thornley J H M, 1976. Mathematical Models in Plant Physiology. Academic Press, London. 318.

Toan T Le, Laur H, 1988. Multitemporal And Dual Polarisation Observations Of Agricultural Crops By X-band SAR Images[C]. Geoscience and Remote Sensing Symposium. IGARSS ' 88. Remote Sensing: Moving Toward the 21st Century, International(pp. 1291-1294)

Torres-Sanchez J, 2013. Configuration and specifications of an Unmanned Aerial Vehicle (UAV) for early site specific weed management[J]. PlosOne, 8(3):134-149.

Torres-Sanchez J, Pena J M, Castro A I, et al, 2014. Multi-temporal mapping of the vegetation fraction in early-season wheat fields using images from UAV[J]. Computers & Electronics in Agriculture, 103(2):104-113.

Ulaby T F, Moore R K, Fung A K, 1981. Microwave Remote Sensing Active and Passive-Volume I: Microwave Remote Sensing Fundamentals and Radiometry[J].

Vega F A, Ramirez F C, Saiz M P, et al, 2015. Multi-temporal imaging using an unmanned aerial vechicle for monitoring a sunflower crop[J]. Biosystems Engineering, 132:19-27.

Vieira Alves Matheus, Antonio Roberto Formaggio, Camilo Daleles Rennó, et al, 2012. Object based image analysis and data mining applied to a remotely sensed Landsat time-series to map sugarcane over large areas[J]. Remote Sensing of Environment, 123(8):553-562.

Waclawovsky A J, Sato P M, Lembke C G, et al, 2010. Sugarcane for bioenergy production: an assessment of yield and regulation of sucrose content[J]. Plant Biotechnology Journal, 8, 263-276.

Wang J, Huang J F, Zhang K Y, et al, 2015. Rice Fields Mapping in Fragmented Area Using Multi-Temporal HJ-1A/B CCD Images[J]. Remote Sensing, 7(4):3467-3488.

Whisler F D , Acock B, Baker, D N, 1986. Crop simulation models in agronomic systems [J]. Advances in Agronomy, 40, 141-208.

Wood A W, Muchow R C, Robertson M J, 1996. Growth of sugarcane under high input conditions in tropical Australia. III. Accumulation, partitioning and use of nitrogen [J] . Field crops research,(48):223-233.

Xavier Cândido Alexandre, Bernardo FT Rudorff, Yosio Edemir Shimabukuro, et al, 2006. Multi-temporal analysis of MODIS data to classify sugarcane crop[J]. International Journal of Remote Sensing,27(4):755-768.

Xiang H T,Tian L,2011. Development of a low-cost agricultural remote sensing system based on an autonomus unmanned aerial vehicle(UAV)[J]. Biosystems Engineering,108(2): 174-190.

Xiao Xiangming, Boles Stephen, Liu Jiyuan, et al, 2005. Mapping paddy rice agriculture in southern China using multi-temporal MODIS images[J]. Remote Sensing of Environment,95 (4):480-492.

Xiong W,Holman I,Conway D,et al,2008. A crop model cross calibration for use in regional climate impacts studies[J]. Ecological Modelling,213:365-380.

Yang X,Zhou Q,Melville M,2010. Estimating local sugarcane evapotranspiration using Landsat TM imagery[J]. International Journal of Remote Sensing,18(2):453-459(7).

Yu Z,Cao Z,Wu X,et al,2013. Automatic image-based detection technology for two critical growth stages of maize:Emergence and three-leaf stage[J]. Agricultural and Forest Meteorology,174-175:65-84.

Zarco-Tejada P J,Gonzalez-Dugo V,Berni J A J,2012. Fluorescence,temperature and narrowband indices acquired from a UAV platform for water stress detection using a micro-hyperspectral imager and a thermal camera[J]. Remote Sensing of Environment,117(1):322-337.

ZuQ,Mi C R,LiuD L,et al,2018. Spatio-temporal distribution of sugarcane potential yields and yield gaps in Southern China[J]. European Journal of Agronomy,(92):72-83.